人工智能科学与技术丛书

DATA ANALYSIS USING PYTHON
PROGRAMMING LANGUAGE

Python 数据分析

江雪松　邹静◎编著
Jiang Xuesong　Zou Jing

清华大学出版社
北京

内 容 简 介

本书是一本系统讨论 Python 数据分析基础与案例实战的教程。全书共分为上下两篇：上篇为 Pandas 数据分析基础（第 1 章～第 10 章），首先介绍了数据分析及其基本流程、如何构建基于 Python 的数据科学开发环境，然后深入讨论了如何利用 Python 中的 Pandas 库进行基本的数据操作、数据清洗、数据整理，以及如何对数据进行可视化，最后用一个电商销售数据的分析案例对上篇的知识进行了总结；下篇为 Python 数据分析实战（第 11 章～第 21 章），尽可能多地为读者展示各种数据分析应用，目的是让读者体会到数据分析的作用。此外，下篇也对时间序列数据和大规模数据分析等进行了讨论。

为便于读者高效学习，快速掌握 Python 数据分析，本书提供全部的配套源代码以及数据。

本书适合作为高校数据分析相关专业的课程教材，也可以作为从事数据分析的广大工作者的自学参考用书。

本书封面贴有清华大学出版社防伪标签，无标签者不得销售。
版权所有，侵权必究。举报：010-62782989，beiqinquan@tup.tsinghua.edu.cn。

图书在版编目（CIP）数据

Python 数据分析/江雪松，邹静编著.—北京：清华大学出版社，2020.6（2024.12重印）
（人工智能科学与技术丛书）
ISBN 978-7-302-55517-9

Ⅰ.①P… Ⅱ.①江… ②邹… Ⅲ.①软件工具－程序设计 Ⅳ.①TP311.561

中国版本图书馆 CIP 数据核字（2020）第 085999 号

责任编辑：盛东亮　吴彤云
封面设计：李召霞
责任校对：李建庄
责任印制：曹婉颖

出版发行：清华大学出版社
  网　　址：https://www.tup.com.cn，https://www.wqxuetang.com
  地　　址：北京清华大学学研大厦 A 座　　　　　邮　编：100084
  社 总 机：010-83470000　　　　　　　　　　　邮　购：010-62786544
  投稿与读者服务：010-62776969，c-service@tup.tsinghua.edu.cn
  质量反馈：010-62772015，zhiliang@tup.tsinghua.edu.cn
  课件下载：https://www.tup.com.cn，010-83470236
印 装 者：三河市龙大印装有限公司
经　　销：全国新华书店
开　　本：185mm×260mm　　印　张：20　　　字　数：487 千字
版　　次：2020 年 7 月第 1 版　　　　　　　　印　次：2024 年 12 月第 4 次印刷
印　　数：3601～3800
定　　价：79.00 元

产品编号：084953-01

前 言
PREFACE

根据 Cummulus Media 2018 年的数据，全球每分钟向谷歌发起 370 万次搜索，发送 1800 万条短信，YouTube 上有 430 万条视频被观看，Facebook 登录超过 97 万次，等等。人们刷微博、聊微信、用滴滴打车、用淘宝购物、用美团点外卖，每一条信息，每一次出行，每一次消费，每一次互动都成为其数字足迹！未来已来，我们进入了数据时代！

本人与数据正式结缘还要追溯到 2003 年担任软件项目经理时，当时分析项目团队的软件问题成为我的第一个数据分析任务。2009 年，我开始管理多个产品的全球支持团队，与数据的关系更进了一步。作为通信设备商，我们的客户支持有本地技术支持、欧洲及美洲等区域技术支持以及全球技术支持。每层的技术人员解决的问题类型、难度、时间以及成本都不同，电信运营商的设备故障每分每秒都将给客户带来巨大影响。面对成千上万的客户问题，如何快速、高效、低成本地处理各种问题，需要用数据来帮助我们做出决策。2013 年后，我开始转向负责软件维护业务，此时我关心的是：如何从软件维护中获取更多收入；如何更好地提高客户服务质量；针对全球的客户，如何对客户进行细分；哪些客户的维护业务对公司更有价值；面对客户时如何说服他们维护业务带来的价值远远超过了成本。这一切更需要数据来支持！

不仅工作中需要数据思维，我们的生活也需要数据思维，它可以帮我们找工作、买房、从投资中获利，等等。那么什么是数据思维？数据思维最核心的思想是利用数据解决问题，而利用数据解决问题则需要深度了解需求，了解真正要解决什么样的问题，解决问题背后的真实目的是什么。在解决问题的过程中，使用数据分析的方法，帮助我们从庞杂的数据中提取有价值的信息，做出更好的决策，本书正是围绕此目标而编写。全书分上下两篇。上篇（第 1 章～第 10 章）介绍了什么是数据分析，如何利用 Python 中的 Pandas 库进行基本的数据操作、数据清洗、数据整理，如何对数据进行可视化。下篇（第 11 章～第 21 章）着重于数据分析实战，尽可能多地为读者展示各种数据分析应用，目的是让读者体会到数据分析的作用。其中既有数据分析在企业中的应用，如客户群组分析、客户细分、A/B 测试等，又有数据分析在我们生活中的应用，如找工作、买房、投资等。通过这些案例，希望读者能够理解数据分析是没有边界的，只要能提出问题，就能找到它的用武之地。

随着可穿戴设备的兴起，物联网、人工智能伴随 5G 而来，用数据定义问题、用数据讲故事、用数据支持决策的能力也越来越重要，本书是作者对过去学习与工作的总结，希望能成为读者迈入数据世界的第一本书。

本书第7章、第14章和第15章由邹静完成，其余章节由江雪松完成。由于作者水平有限，书中难免有不足之处，还望读者不吝指正！

感谢清华大学出版社的盛东亮老师为出版本书提供的帮助！同时也要感谢本书编辑团队付出的辛勤劳动！将近一年时间的写作，意味着无法陪伴家人，在此也要感谢他们的理解与支持。

江雪松

2020年4月

说 明
EXPLAIN

1. 写作风格

本书上篇为 Pandas 数据分析基础,因此作者对于代码的讲解相对详细。下篇为案例实战,经过上篇的学习,读者应该已经具备了自学 Pandas 中新函数的能力,因此在讲解时以案例为主,对部分代码不再逐行解读,希望读者能自己动手实践,加深理解。

2. 英文术语的翻译

本书中的英文术语在两种情况不进行翻译,采取保留英文原文的方式。第一种情况是专有术语,无中文翻译,如 Pandas、Jupyter Notebook 等。第二种情况是 Pandas 中的专有数据结构 DataFrame 和 Series,采取不翻译的方式,另外对于 DataFrame 中的 Index,如果可能在上下文产生歧义,我们会采取保留英文原文的方式。

3. 代码格式

本书中的代码均在 Jupyter Notebook 中编写完成,Jupyter Notebook 的一大优势是提供了良好的用户交互输出。为了更好地区分代码与输出,全书中的代码采用如下格式。

```
>>> retail_data.dtypes
InvoiceNo       object
StockCode       object
Country         object
Total_price     float64
dtype: object
```

其中,前面带有">>>"的代表 Jupyter Notebook 中的一段代码。例如,上面代码段中的">>> retail_data.dtypes"代表的是一行代码,前面没有">>>"的部分则代表了代码对应的输出。类似地,如下内容中">>>"后面代表的是一段代码。

```
>>> def rad_to_degrees(x, pos):
        '角度幅度转换'
        #两个参数分别是值与tick位置
        return round(x * 57.2985, 2)
```

4. 全书代码与数据下载

由于本书是一本数据分析实战的书,因此书中大量使用了各种不同真实场景的数据和代码,为了方便读者学习,我们也提供了数据和代码下载。读者可以关注微信公众号"见数知理"获得代码与数据的下载方式。

读者完成代码与数据下载后,如果按照本书第 2 章的方式设置了 Jupyter Notebook,那么请将数据放到 data 目录,该目录应该与代码目录平级。

5. 勘误表

全书的勘误将通过公众号发布,读者阅读本书若发现任何问题,也欢迎通过公众号与我们交流。

学习说明:请关注"人智能科学与技术"公众号,了解本书及后续可能更新的学习资源。

目 录
CONTENTS

上篇　Pandas 数据分析基础

第 1 章　数据分析初探 … 3
- 1.1 "数据+"时代的到来 … 3
- 1.2 什么是数据分析 … 4
  - 1.2.1 数据分析的目标 … 4
  - 1.2.2 数据分析分类 … 5
  - 1.2.3 典型的数据分析方法 … 5
- 1.3 数据分析的基本流程 … 7
  - 1.3.1 问题定义 … 7
  - 1.3.2 收集数据 … 7
  - 1.3.3 数据处理 … 8
  - 1.3.4 数据分析 … 9
  - 1.3.5 结果解读与应用 … 9
- 1.4 硝烟中的数据分析 … 9
  - 1.4.1 数据分析的产生 … 9
  - 1.4.2 验证问题 … 10
  - 1.4.3 寻找原因 … 10
  - 1.4.4 数据怎么说 … 12
  - 1.4.5 数据分析中应该避免的典型问题 … 12

第 2 章　搭建数据科学开发环境 … 14
- 2.1 为什么选择 Python … 14
  - 2.1.1 人生苦短，我用 Python … 14
  - 2.1.2 为何 Python 是数据科学家的最佳选择 … 16
- 2.2 Python 数据科学开发栈 … 17
  - 2.2.1 Cython … 17
  - 2.2.2 NumPy … 18
  - 2.2.3 IPython … 18
  - 2.2.4 Jupyter … 18
  - 2.2.5 SciPy … 19
  - 2.2.6 Matplotlib … 20
  - 2.2.7 Pandas … 21
  - 2.2.8 Scikit-learn … 22

2.2.9　NetworkX ……………………………………………………………… 24
　　2.2.10　PyMC3 ………………………………………………………………… 24
　　2.2.11　数据科学领域中最新的一些 Python 包 ……………………………… 24
2.3　Anaconda 的安装与使用 ……………………………………………………………… 25
　　2.3.1　安装 Anaconda …………………………………………………………… 25
　　2.3.2　利用 Conda 管理 Python 环境 …………………………………………… 30
　　2.3.3　利用 Conda 管理 Python 包 ……………………………………………… 34
　　2.3.4　安装本书所需的包 ………………………………………………………… 35
2.4　使用 Jupyter Notebook 进行可重复数据分析 ………………………………………… 36
　　2.4.1　Jupyter Notebook 的配置 ………………………………………………… 37
　　2.4.2　Jupyter Notebook 中的单元格 …………………………………………… 40
　　2.4.3　Jupyter Notebook 中的命令模式与编辑模式键 ………………………… 42
　　2.4.4　使用 Jupyter Notebook 进行数据分析 …………………………………… 44

第 3 章　Pandas 基础 …………………………………………………………………… 47
3.1　什么是 DataFrame ……………………………………………………………………… 47
　　3.1.1　DataFrame 的基本要素 …………………………………………………… 48
　　3.1.2　数据类型 …………………………………………………………………… 50
　　3.1.3　了解 Series ………………………………………………………………… 51
　　3.1.4　链式方法 …………………………………………………………………… 53
3.2　索引与列 ………………………………………………………………………………… 54
　　3.2.1　修改索引与列 ……………………………………………………………… 54
　　3.2.2　添加、修改或删除列 ……………………………………………………… 57
3.3　选择多列 ………………………………………………………………………………… 59

第 4 章　数据筛选 ……………………………………………………………………… 62
4.1　使用 .loc 和 .iloc 筛选行与列数据 …………………………………………………… 62
　　4.1.1　选择 Series 和 DataFrame 中的行 ………………………………………… 63
　　4.1.2　同时选择行与列 …………………………………………………………… 65
4.2　布尔选择 ………………………………………………………………………………… 67
　　4.2.1　计算布尔值 ………………………………………………………………… 68
　　4.2.2　多条件筛选数据 …………………………………………………………… 69

第 5 章　开始利用 Pandas 进行数据分析 …………………………………………… 73
5.1　了解元数据 ……………………………………………………………………………… 73
5.2　数据类型转换 …………………………………………………………………………… 75
5.3　缺失数据与异常数据处理 ……………………………………………………………… 77
　　5.3.1　缺失值与重复值 …………………………………………………………… 77
　　5.3.2　处理缺失数据 ……………………………………………………………… 80
　　5.3.3　NumPy 与 Pandas 对缺失数据的不同处理方式 ………………………… 81
　　5.3.4　填充缺失值 ………………………………………………………………… 82
5.4　处理重复数据 …………………………………………………………………………… 85
5.5　异常值 …………………………………………………………………………………… 86
5.6　描述性统计 ……………………………………………………………………………… 87

第 6 章 数据整理 90
6.1 什么是数据整理 90
6.1.1 数据的语义 90
6.1.2 整齐的数据 91
6.2 数据整理实战 92
6.2.1 列标题是值，而非变量名 92
6.2.2 多个变量存储在一列中 95
6.2.3 变量既在列中存储，又在行中存储 96
6.2.4 多个观测单元存储在同一表中 98
6.2.5 一个观测单元存储在多个表中 100
6.2.6 思考 100

第 7 章 分组统计 102
7.1 分组、应用和聚合 102
7.2 Pandas 中的 GroupBy 操作 103
7.2.1 单列数据分组统计 103
7.2.2 多列数据分组统计 106
7.2.3 使用自定义函数进行分组统计 108
7.2.4 数据过滤与变换 109

第 8 章 数据整合 111
8.1 数据读入 111
8.1.1 基本数据读入方法 111
8.1.2 文件读取进阶 114
8.1.3 读取其他格式文件 115
8.2 数据合并 117
8.2.1 认识 merge 操作 117
8.2.2 merge 进阶 119
8.2.3 join 与 concat 120

第 9 章 数据可视化 123
9.1 Matplotlib 123
9.1.1 绘制第一个散点图 123
9.1.2 理解 figure 与 axes 127
9.1.3 Matplotlib 中面向对象与类 Matlab 语法的区别 129
9.1.4 修改坐标轴属性 131
9.1.5 修改图形属性 132
9.1.6 定制图例，添加标注 135
9.1.7 子图 138
9.1.8 利用 Matplotlib 绘制各种图形 140
9.2 Pandas 绘图 144
9.2.1 Pandas 基础绘图 144
9.2.2 整合 Pandas 绘图与 Matplotlib 绘图 146
9.3 Seaborn 149
9.3.1 Seaborn 中的样式 150

9.3.2　Seaborn 绘制统计图形 152
　9.4　可视化进阶 160
　　　9.4.1　其他可视化工具 160
　　　9.4.2　推荐读物 162
第 10 章　探索性数据分析——某电商销售数据分析 163
　10.1　数据清洗 163
　　　10.1.1　分析准备 163
　　　10.1.2　了解数据 164
　10.2　数据清洗与整理 166
　　　10.2.1　数据类型转换与错误数据删除 166
　　　10.2.2　添加新数据 167
　10.3　探索性数据分析 168
　　　10.3.1　客户分析 168
　　　10.3.2　订单趋势分析 170
　　　10.3.3　客户国家分析 173
　　　10.3.4　留给读者的问题 175

下篇　Python 数据分析实战

第 11 章　群组分析 179
　11.1　群组分析概述 179
　　　11.1.1　从 AARRR 到 RARRA 的转变 179
　　　11.1.2　什么是群组分析 181
　11.2　群组分析实战 182
　　　11.2.1　定义群组以及周期 182
　　　11.2.2　群组分析具体过程 185
　　　11.2.3　思考 189
第 12 章　利用 RFM 分析对用户进行分类 190
　12.1　RFM 分析简介 190
　　　12.1.1　RFM 模型概述 190
　　　12.1.2　理解 RFM 191
　12.2　RFM 实战 192
　　　12.2.1　R、F、M 值的计算 192
　　　12.2.2　利用 RFM 模型对客户进行细分 195
　　　12.2.3　思考 197
第 13 章　购物篮分析 198
　13.1　购物篮分析概述 198
　　　13.1.1　什么是购物篮分析 198
　　　13.1.2　购物篮分析在超市中的应用 199
　　　13.1.3　购物篮分析实现 200
　13.2　购物篮分析案例 201
　　　13.2.1　Mlxtend 库中 Apriori 算法使用介绍 201
　　　13.2.2　在线销售数据购物篮分析 203

13.3 留给读者的思考 ··· 207

第14章 概率分布 ··· 208
14.1 随机数 ··· 208
14.2 常见的概率分布 ··· 209
14.2.1 均匀分布 ··· 209
14.2.2 正态分布 ··· 210
14.2.3 二项分布 ··· 211
14.2.4 泊松分布 ··· 213
14.2.5 几何分布与指数分布 ··· 214
14.3 点估计与置信区间 ··· 216
14.3.1 点估计 ··· 216
14.3.2 抽样分布与中心极限定理 ··· 216
14.3.3 置信区间 ··· 218
14.4 留给读者的思考 ··· 220

第15章 假设检验 ··· 221
15.1 假设检验概述 ··· 221
15.1.1 初识假设检验 ··· 221
15.1.2 假设检验的步骤 ··· 222
15.1.3 假设检验中的Ⅰ类错误与Ⅱ类错误 ··· 223
15.2 Python中的假设检验 ··· 224
15.2.1 单样本 t-test ··· 224
15.2.2 双样本 t-test ··· 225
15.2.3 配对 t-test ··· 225
15.2.4 卡方检验 ··· 226
15.3 留给读者的思考 ··· 227

第16章 一名数据分析师的游戏上线之旅 ··· 228
16.1 游戏启动时间是否超过目标 ··· 228
16.1.1 启动时间是否超过3秒 ··· 228
16.1.2 构造启动时间监测图 ··· 231
16.2 次日留存率是否大于30% ··· 234
16.3 应该在游戏第几关加入关联微信提示 ··· 236
16.3.1 A/B测试 ··· 236
16.3.2 贝叶斯解决方案 ··· 238
16.4 如何定价 ··· 239
16.5 留给读者的思考 ··· 242

第17章 利用数据分析找工作 ··· 243
17.1 设定分析目标 ··· 243
17.1.1 问题定义 ··· 243
17.1.2 获取数据 ··· 244
17.2 准备分析数据 ··· 244
17.2.1 数据准备 ··· 244
17.2.2 数据清洗 ··· 246

17.3 开始数据分析 247
    17.3.1 职位来自哪里 247
    17.3.2 职位薪酬如何 252
    17.3.3 岗位要求 254
    17.3.4 思考 257

第 18 章 用数据解读成都房价 258
18.1 设定分析目标 258
    18.1.1 问题定义 258
    18.1.2 获取数据 258
18.2 解读成都二手房 259
    18.2.1 数据准备 259
    18.2.2 列名调整 263
    18.2.3 数据类型转换 266
    18.2.4 数据解读 269
    18.2.5 思考 277

第 19 章 时间序列分析 278
19.1 认识时间序列数据 278
    19.1.1 读入时间序列数据 278
    19.1.2 时间序列数据的可视化 279
19.2 时间序列数据的分解 282
    19.2.1 认识时间序列数据中的模式 282
    19.2.2 Python 中进行时间序列数据的分解 283
19.3 时间序列的平稳性 285
    19.3.1 认识平稳与非平稳时间序列 285
    19.3.2 如何让时间序列平稳 286
19.4 利用 ARIMA 模型分析家具销售 288
    19.4.1 ARIMA 模型简介 288
    19.4.2 数据准备 288
    19.4.3 ARIMA 模型中的参数 290
19.5 留给读者的思考 293

第 20 章 股票数据分析 294
20.1 股票收益分析 294
    20.1.1 获取股票数据 294
    20.1.2 计算每日收益 295
    20.1.3 多只股票收益比较 296
    20.1.4 股价相关性分析 298
20.2 CAPM 资产定价模型选股 299
    20.2.1 CAPM 公式 299
    20.2.2 在 Python 中实现 CAPM 300
20.3 留给读者的思考 300

第 21 章 大规模数据处理 301
21.1 不同规模数据处理工具的选择 301

21.2 利用Pandas处理大规模数据 …………………………………………………… 302
　　21.2.1 文件分块读入 ………………………………………………………… 302
　　21.2.2 使用数据库 …………………………………………………………… 302
　　21.2.3 使用DASK …………………………………………………………… 303
21.3 其他可选方法 ……………………………………………………………………… 304
21.4 留给读者的思考 …………………………………………………………………… 304

上 篇

Pandas 数据分析基础

第 1 章

CHAPTER 1

数据分析初探

> 松下问童子,言师采药去。
> 只在此山中,云深不知处。
>
> ——贾岛《寻隐者不遇》

彭博社曾在报道中提到:"数据科学家将在职场受到万众瞩目,这些专业人士在市场上将供不应求,一些数据科学家的起薪将超过 20 万美元。"随着市场对数据分析技能的推崇,越来越多的人士也开始选择从事数据分析这一职业。然而,一些即使是从事数据分析多年的人士也简单地认为数据分析就是对数据进行清洗、整理后,要么把数据可视化,要么对数据进行建模或预测。殊不知数据分析是源于商业需求,唯有将其放入商业场景才能更好地理解数据分析,否则一切将成为无本之源。所谓纲举目张,作者希望通过本章的介绍,使读者更好地理解:

- 什么是数据分析以及数据分析的类型;
- 数据分析的基本流程;
- 现实中的数据分析;
- 数据分析中应避免的错误。

1.1 "数据+"时代的到来

根据 Cummulus Media 2018 年的数据,全球每分钟向谷歌发起 370 万次搜索,发送 1800 万条短信,YouTube 上有 430 万条视频被观看,Facebook 登录超过 97 万次。IBM 预测,2020 年人类产生的数据将会多达 40 万亿兆字节,这是一个天文数字。毋庸置疑,我们已经进入数据时代,我们每天发布微博、聊微信,线上淘宝、京东的每一次浏览、购物,线下超市、加油站、餐馆的每次消费,使用滴滴打车,用微信或支付宝付款,这些都在产生数据。然而对企业、政府而言,我们面临的问题不是缺少数据,而是拥有太多信息,无法做出清晰决策。我们需要正确的数据来回答企业、政府遇到的问题;需要从这些数据中得出准确的结论;需要数据来帮助做出决策。简而言之,企业、政府需要进行更好的数据分析,需要正确的数据分析流程、方法、工具来处理信息。

1.2 什么是数据分析

那么什么是数据分析呢？顾名思义，数据分析就是数据（Data）加分析（Analysis）。"数据"就是数值，也就是我们通过观察、实验或计算得出的结果。数据有很多种，最简单的就是数字，数据也可以是文字、图像、声音等。数据可以用于科学研究、设计、验证等。"分析"就是将研究对象的整体分为各个部分、方面、因素和层次，并分别加以考察的认识活动。分析的意义在于细致地寻找能够解决问题的主线，并以此解决问题。因此，数据分析就是：用适当的统计分析方法对收集来的大量数据进行分析，提取有用信息和形成结论，对数据加以详细研究和概括总结的过程。

这一过程也是质量管理体系的支持过程。在实际应用中，数据分析可帮助人们做出判断，以便采取适当行动。数据分析的数学基础在20世纪早期就已确立，但直到计算机的出现才使得实际操作成为可能，并使数据分析得以推广。数据分析是数学与计算机科学相结合的产物。如果用一句话来定义数据分析，那么可以认为数据分析就是利用数据来理性思考和决策的过程。

1.2.1 数据分析的目标

孤立的数据没有任何意义，唯有将其放到实际业务中才能产生价值，那么我们具体用数据分析来干什么呢？正如哲学有3个终极问题：我是谁？我从哪里来？我要到哪里去？与之对应，数据分析的目标也是回答这三大问题。

（1）我是谁：过去发生了什么。

如果你不知道自己在哪里，那么给你一张地图也没有任何意义。对企业而言，首要的任务就是了解过去发生了什么。以电商网站为例，企业需要了解新用户注册、用户复购、仓库备货、配送、营收等运营指标，提供这些指标来衡量公司的运营，用以说明当前业务是好还是坏，好的程度如何，坏的程度又如何。除了运营指标的监控，企业还需要了解各项业务的构成、业务的发展和变动情况等。针对"我是谁"的数据分析通常会以每天、每周、每月的报表形式来表现，有的时候企业还需要实时了解业务，如天猫"双十一"活动时，对销售额、订单、快递等的实时显示。

（2）我从哪里来：归因。

"我是谁"的问题，解决了现状问题，那么"我从哪里来"就需要解决问题的归因，即为什么会这样。通过现状分析，我们对企业的当前运营情况有了基本了解，但为什么用户最近流失，营收却增加了？为何配送最近总是延迟？客户满意度为什么最近在下降？这就是数据分析要解决的第二个问题，寻找问题的原因。

（3）我要到哪里去：预测。

"我要到哪里去"，简单来说就是告诉我们将来会发生什么。一方面，我们通过对企业运营现状的了解来帮助企业对未来发展趋势做出预测，为制定企业运营目标及策略提供有效的参考与决策依据，以保证企业的可持续健康发展；另一方面，我们需要实时预测客户的行为，针对客户进行精准营销，推断客户将商品加入购物车后的下一步行为。类似的预测还有很多,例如,国外有的银行根据求职网站的岗位数量推断就业率;美国疾病控制和预防中心依据网民搜索分析全球范围内流感等疾病的传播状况,这些都是对未知的预测。

1.2.2 数据分析分类

典型的数据分析或商业分析(Business Analytics)分为以下3类:
- 描述性分析(Descriptive Analytics):已经发生了什么?
- 预测性分析(Predictive Analytics):将发生什么?
- 指导性分析(Prescriptive Analytics):应该怎么办?

1. 描述性分析

描述性分析是传统数据分析的主要应用领域,使用的技术主要有基于数据仓库的报表、多维联机分析处理等,通过各种查询了解业务中发生了什么,寻找数据中的存在模式。例如,本月某类商品销售额是多少,客户平均订单价值是多少,客户留存率是多少。

2. 预测性分析

预测性分析主要是基于大数据(实际上也可以基于传统的数据仓库和数据库),采用各种统计方法以及数据挖掘技术预测业务中各个方面将要发生什么。例如,基于过去几年的时间序列销售数据预测明年的销售额;基于聚类分析、分类分析、逻辑回归等技术预测客户信用等级;基于关联分析预测不同商品组合可能产生的销售效果。目前各类热门的大数据方面的统计应用,包括数据挖掘技术等,都可归类到预测性分析。

3. 指导性分析

Prescriptive Analytics是一个比较难翻译的词,常规翻译为规范性分析,有些不明所以。此类分析的内在含义是它会告诉用户应该做什么以得到最优的结果,因此,翻译为指导性分析更加合适,也有翻译为决策分析的。它主要指采用运筹科学的方法,即运用数学模型或智能优化算法,对企业应该采取的最优行动给出建议。例如,采用数学模型确定最优的商品定价以实现利润最大化。再比如,应该怎样实现网页的最优广告位布局、生产企业最优的生产排程、最优的劳动力排班等。本书将重点讨论描述性分析与预测性分析。

1.2.3 典型的数据分析方法

数据分析与统计分析密不可分,从统计学角度,典型的数据分析方法可以分为以下几类。
- 描述性统计分析:应用统计特征、统计表、统计图等方法,对资料的数量特征及其分布规律进行测定和描述。
- 验证性统计分析:侧重于对已有的假设或模型进行验证。
- 探索性数据分析:主动在数据之中发现新的特征或有用的隐藏信息。

1. 描述性统计分析

描述性统计分析是用来概括、表述事物整体状况以及事物间关联、类属关系的统计方法。通过统计处理可以简单地用几个统计值来表示一组数据的集中趋势、离散程度以及分布形状,如图1.1所示。

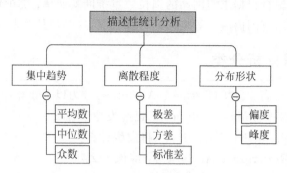

图 1.1 描述性统计分析

2. 验证性统计分析

验证性统计分析是对数据模型和研究假设的验证，参数估计、假设检验以及方差分析是验证性统计分析中常用的方法。所谓参数估计就是用样本统计量去估计总体的参数。假设检验与参数估计类似，但角度不同，参数估计是利用样本信息推断未知的总体参数，而假设检验是对总体参数提出一个假设值，然后利用样本信息判断这一假设是否成立。假设检验可分为：

- 单样本假设检验；
- 双样本的均值比较假设检验；
- 成对样本的均值比较假设检验。

而方差分析则是通过比较总体各种估计间的差异来检验方差的正态总体是否具有相同的均值，是检验多因素之间差异显著性的重要统计分析方法，常用的方差分析方法有：

- 单因子方差分析；
- 双因子方差分析。

3. 探索性数据分析

探索性数据分析（Exploratory Data Analysis，EDA）是指对已有数据在尽量少的先验假设下通过作图、制表、方程拟合、计算特征量等手段探索数据的结构和规律的一种数据分析方法，该方法在20世纪70年代由美国统计学家J. K. Tukey提出。传统的统计分析方法常常先假设数据符合一种统计模型，然后依据数据样本来估计模型的一些参数及统计量，以此了解数据的特征，但实际中往往有很多数据并不符合假设的统计模型分布，导致数据分析结果不理想。探索性数据分析则是一种更加贴合实际情况的分析方法，它强调让数据自身"说话"，通过探索性数据分析可以真实、直接地观察到数据的结构和特征。探索性数据分析出现之后，数据分析的过程就分为两个阶段：探索阶段和验证阶段。探索阶段侧重于发现数据中包含的模式或模型，验证阶段侧重于评估所发现的模式或模型，很多机器学习算法（分为训练和测试两步）都遵循这种思想。当拿到一份数据时，如果做数据分析的目的不是非常明确、有针对性，可能会感到有些茫然，那么此刻就更加有必要进行探索性数据分析了，它能帮助我们初步了解数据的结构和特征，甚至发现一些模式或模型，再结合行业背景知识，也许就能直接得到一些有用的结论。

1.3 数据分析的基本流程

一个完整的数据分析项目可以分为 5 步,如图 1.2 所示。

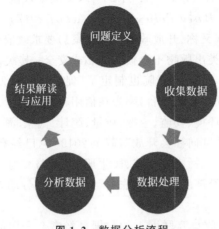

图 1.2 数据分析流程

1.3.1 问题定义

企业或组织中的数据分析必须从正确的问题开始,而该问题必须清晰、简洁,同时要可度量。我们的目标是通过提出问题来帮助寻找新的解决方案,或者说解决特定问题。例如,公司通常会有用户数据、运营数据、销售数据等,我们需要利用这些数据来解决什么问题,得出什么结论。以下有一些例子:

- 某移动应用的新用户注册率趋势如何?
- 某游戏的玩家用户画像是如何的?
- 经常购买电商网站某品类的是哪类人群?
- 如何提高企业的销售额?
- 如何对用户画像,如何进行精准营销?

问题的定义通常需要分析人员对业务有深入了解,这也是经常提到的数据思维。例如,要提高企业销售,那么需要理解企业盈利模式是什么;收入可以通过增加用户来提高,还是提高价格;又或者是公司不应该专注于销售额,而应该关注利润。需要明确的是开始提出的问题只是出发点而非终点,很可能在针对问题进行了一系列研究后,我们会修改最初的问题定义。而如何更好地定义问题,这就需要我们通过不断练习来寻找对数据的感觉。

1.3.2 收集数据

有了具体的问题,就需要准备获取相关的数据了。首先需要明确,问题对应的数据是什么,这些数据如何定义,如何度量。之后就需要考虑哪些数据是已经存在的,哪些数据需要通过对现有数据进行加工来获得,哪些数据还没有。典型的数据获取方式有以下几种。

(1) 企业数据库/数据仓库。大多数公司的销售、用户数据都可以直接从企业数据库获取。例如，可以根据需要提取某年所有的销售数据、提取今年销量最大的 50 件商品的数据、提取上海及广东地区用户的消费数据等。通过结构化查询语言（Structured Query Language, SQL）命令，我们可以快速完成这些工作。

（2）外部公开数据集。一些科研机构、企业、政府都会开放一些数据。开放政府数据更是成为近年的热潮，典型的有 2018 年 12 月 21 日，美国众议院投票决定启用"H. R. 4174"（Foundations for Evidence-Based Policymaking Act of 2017）。首先，这项《公共、公开、电子与必要性政府数据法案》（又称《开放政府数据法案》）要求政府信息应以机器可读的格式，默认向公众开放数据，且此类出版物不会损害隐私或安全；其次，联邦机构在制定公共政策时，应循证使用。与之对应，我国国务院也制定了《促进大数据发展行动纲要》，要求"2018 年底前建成国家政府数据统一开放平台，率先在信用、交通、医疗、卫生、就业、社保、地理、文化、教育、科技、资源、农业、环境、安监、金融、质量、统计、气象、海洋、企业登记监管等重要领域实现公共数据资源合理适度向社会开放"，截至 2019 年，已经有 50 多个地市开放了平台，开放了约 15 个领域的数据，包括教育科技、民生服务、道路交通、健康卫生、资源环境、文化休闲、机构团体、公共安全、经济发展、农业农村、社会保障、劳动就业、企业服务、城市建设、地图服务。

（3）爬虫。利用爬虫去收集互联网上的数据是经常会采用的数据获取方式。例如，爬取淘宝上的商品信息；通过爬虫获取招聘网站某一职位的招聘信息；爬取租房网站上某城市的租房信息等。

（4）实验。如果想要判断新的应用界面是否会提高用户转化率，那么可以通过实验方式来获取，这其实就是我们熟悉的 A/B 测试。针对不同的问题可以设计各种不同的实验来获取相应的数据。

值得一提的是，我们有时并不能够获得所有需要的数据，不过这并不重要，因为我们的目标是通过有限的可获取的数据，提取更多有用的信息。

1.3.3 数据处理

数据处理是指对采集到的数据进行加工整理，形成适合数据分析的样式，保证数据的一致性和有效性。它是数据分析前必不可少的阶段。数据处理的基本目的是从大量的、可能杂乱无章的、难以理解的数据中抽取并推导出对解决问题有价值、有意义的数据。如果数据本身存在错误，那么即使采用最先进的数据分析方法，得到的结果也是错误的，不具备任何参考价值，甚至还会误导决策。

数据处理主要包括数据清洗、数据转化、数据抽取、数据合并、数据计算等处理方法。一般的数据都需要进行一定的处理才能用于后续的数据分析工作，即使再"干净"的原始数据也需要先进行一定的处理才能使用。现实世界中的数据大体上都是不完整、不一致的脏数据，无法直接进行数据分析，或分析结果不尽如人意。数据预处理有多种方法：数据清理、数据集成、数据变换、数据归约等。把这些影响分析的数据处理好，才能获得更加精确的分析结果。

以大众最近关心的空气质量数据为例，很可能其中有很多天的数据由于设备的原因是没有监测到的，有一些数据是记录重复的，还有一些数据是设备故障时监测无效的。那么需要用相应的方法去处理，如残缺数据，是直接去掉这条数据，还是用临近的值去补全，这些都是需要考虑的问题。当然在这里我们还可能会进行数据分组、基本描述统计量的计算、基本统计图形的绘制、数据取值的转换、数据的正态化处理等，通过这些操作掌握数据的分布特征，以帮助我们进一步深入分析和建模。

1.3.4　数据分析

进入数据分析阶段，需要了解不同方法适用的场景和问题。分析时应切忌滥用和误用统计分析方法。滥用和误用统计分析方法主要是由于对方法能解决哪类问题、方法适用的前提、方法对数据的要求等不清造成的。选择几种统计分析方法对数据进行探索性的反复分析也是极为重要的。每一种统计分析方法都有自己的特点和局限，因此，一般需要选择几种方法反复印证分析，仅依据一种分析方法的结果就断然下结论是不科学的。例如，在一定条件下，发现销量和价格成正比关系，那么可以据此建立一个线性回归模型，如果发现价格和广告是非线性关系，可以先建立一个逻辑回归模型来进行分析。一般情况下，回归分析的方法可以满足很大一部分的分析需求，当然也可以了解一些数据挖掘的算法和特征提取的方法来优化自己的模型，获得更好的结果。

通过数据分析，隐藏在数据内部的关系和规律就会逐渐浮现出来，那么通过什么方式展现出这些关系和规律，才能一目了然呢？一般情况下，数据是通过表格和图形的方式来呈现的，即用图表说话。常用的数据图表包括饼图、柱状图、条形图、折线图、散点图、雷达图等，当然可以对这些图表进一步整理加工，使之变为我们所需要的图形，如金字塔图、矩阵图、瀑布图、漏斗图、帕累托图等。多数情况下，人们更愿意接受图形这种数据展现方式，因为它能更加有效、直观地传递出分析师所要表达的观点。

1.3.5　结果解读与应用

数据分析的结果需要以报告的形式展现，数据分析师如何把数据观点展示出来则至关重要。这一过程需要数据分析师的数据沟通能力、业务推动能力和项目工作能力。首先，深入浅出的数据报告、言简意赅的数据结论将更有利于业务理解和接受。其次，在理解业务数据的基础上，推动业务落地实现数据建议。通常，从业务最重要、最紧急、最能产生效果的环节开始是个好方法，与此同时需要考虑到业务落地的客观环境，即好的数据结论需要具备客观落地条件。最后，需要明确的是一个数据项目工作是循序渐进的过程，无论是数据分析项目还是数据产品项目，都需要数据分析师具备计划、领导、组织、控制的项目工作能力。

1.4　硝烟中的数据分析

数据分析源于具体的商业问题、商业需求，唯有将其放到实际的场景才能更好地理解数据，应用数据来创造价值。在本节中，我们将置身于一些真实的场景中，来讨论如何进行数据分析。

1.4.1　数据分析的产生

现实中的数据分析总是带着紧迫性。也许数据分析人员每天听到最多的就是："事情紧急，我们需要现在就找到问题的答案！"以下场景相信大多数数据分析师都不陌生。

- 客户支持团队负责人发现最近客户问题响应时间严重滞后,需要知道这是什么原因导致的。
- 某家互联网公司发现最近新用户注册率下降,公司领导想知道这是什么原因导致的。
- 某移动应用激活率显著下降,需要找到问题根源。
- 某电子商务网站用户购物车弃购率增加,需要知道这是什么原因导致的。

无论是什么问题,找到原因并解决它是当务之急。公司领导者需要专注于从大量可用信息中获取可行动的知识,使用有效的工具以及流程来做出明智的决策,而数据分析则是背后的驱动工具。真实的数据分析无一例外都可能由上述的某一场景触发。

1.4.2 验证问题

开始任何数据分析之前,我们都需要快速验证前面定义的问题。为了验证问题,通常会提出更多问题。例如,思考这个问题可能导致更严重的问题吗?注册率的下降是否是网站故障导致?客户响应时间的增加是否是人员不足导致?如果考察更长的时间,能否确认这真的是一个异常吗?是否还有其他与此相关的问题发生?

另外,我们需要思考这个问题是否只是一个特例。例如,是否是报告错误(如选择了错误的日期或报告软件中的错误)?其他相关指标同样下降吗?如果下载量急剧下降但是激活却没有下降,那么是否可以得出"这是由于下载问题导致的"结论呢?如果公司同时使用多个系统的度量指标(如 Google Analytics 和公司自己的统计),两个系统是否都显示相同的下降?

这个快速的初步评估回答了两个问题:这实际上是一个问题吗?如果是的话,这里的核心问题是什么?对发生了什么的探究可以帮助我们确认这是否是一个值得进一步研究的问题。

1.4.3 寻找原因

现在已经验证了问题,接下来是解决问题的时候了,通常会以如下步骤进行。

1. 寻找任何快速解决问题的可能性

需要明确的是,我们的目标总是尽可能用最小代价获取最大回报。因此,尽可能预先思考是否有明显的可能原因或问题的答案是开始数据分析前的第一步。我们需要思考是否仔细检查了问题的来源或报告,是否有任何异常或一次性原因(如已知的网站故障)。例如,电子商务网站的安全证书(Secure Socket Layer Certificates)可能已过期,浏览器弹出窗口警告,从而导致了购物车弃购率提高。如果能够快速解决问题,就无须开始更复杂的数据分析!如果不能,那可能需要进入下一步。

2. 询问其他团队

这个问题会影响或涉及其他团队吗?如果是,其他团队是否对可能的原因有了解?即使问题与其他团队之间没有明显的联系,也值得快速询问。例如,营销经理可能会询问后台部门:"我们注意到用户注册数量下降了,你们能想到在过去几周内部署的任何可能导致问题的软件变更吗?"这里获取到的回答将帮助我们进入第 3 步时更好地对问题原因进行假设。

3. 对可能原因进行假设

一个假设只是一个尚未得到证实的有根据的猜测。我们可以将其视为需要测试的问题的可能解释。如美国理论物理学家爱德华·泰勒所说:"事实是每个人都相信的简单陈述。除非被判有罪,否则就是无辜的。一个假设是一个没有人想要相信的新颖建议。在发现有效之前,它是无效的。"在这一步,最重要的是要考虑多个关于问题原因的假设,然后证明、反驳每一个问题。

回到前面提到的场景,我们可能会有不同假设。

(1) 客户支持问题的假设:问题单响应时间因何增加。
- 大量与服务相关的问题单,而与产品相关的问题单相比,服务问题响应时间更长。
- 只是某一个呼叫中心的问题。
- 客户支持团队成员不足,导致问题积压。
- 最近推出的新产品功能导致。

(2) 营销问题的假设:注册减少的原因。
- 某些地区的公众假期。
- 最近对营销网站(或网站中断)的更改。
- 星期一早上网站中断导致注册过程中出现错误。
- 转换率下降减少了注册量。
- 搜索排名(针对我们的产品页面)下降到搜索结果的第二页。

(3) 电子商务问题的假设:平均购物车弃购率因何增加。
- 加购物车的人绝对数值增加。
- 最近更改部分结账流程。
- 季节性原因(如假期、学校休息等)。
- 结束促销活动,导致更多人放弃购物车。
- 特定产品导致。

(4) 移动应用问题的假设:激活率下降的原因。
- 产品中的某些内容已发生变化,导致整体激活率下降。
- 一群新的(和不同的)用户开始尝试该产品。

在分析数据之前,假设问题的多个可能原因非常重要。有时在对数据进行探索时我们还可能会产生一个新的假设,之后需要测试该假设。一个好的假设需要满足以下几点:
- 它涉及一个自变量和一个因变量;
- 它是可测试的;
- 它是可证伪的。

自变量是原因(可以改变或控制),因变量是效果(可测试结果)。可证伪意味着假设可被证明是错误的。确保有一个可证伪的假设的有效方法是在这个问题中放弃变量:如果自变量/原因发生,因变量/效果是真还是假?无论是正式的还是非正式的,我们的假设将在下一步使用数据得到证实或反驳。分析将从最有可能的假设开始,然后在找到原因之前继续进行。

1.4.4 数据怎么说

通常人们通过假设并将观察与假设进行比较来发现真相。前面的假设已经探索了有几个可能的原因,现在要做的就是看看数据是怎么说的。这是一个简单的数据分析过程,通过这一过程可以测试我们的假设。

1. 确定并分割相关数据

根据之前的假设,判断需要查看哪些数据,哪些指标可以帮助证明或推翻可能的原因。通过隔离可能与问题相关或导致问题的不同数据,能够更轻松地发现趋势或异常。例如,可以按国家、地区、渠道或网络会话持续时间来细分注册用户,据此测试假设(解决前面提到的营销问题)。

2. 探索数据

有经验的数据分析人员肯定知道什么情况下指标是"正常"的;基于这些知识并运用常识,会注意到什么;数据的任何方面是否出现异常。例如,针对安卓(Android)手机用户的注册量下降了20%这一问题,如果尚未为"正常"建立基线,就需要使用历史数据作为起点,可以将本月的注册与去年同月的注册进行比较,或者看看过去12个月的注册趋势。

3. 评估异常或趋势的影响

这是一个完整性检查,以查看发现的趋势、异常是否足以解释潜在问题。数据分析人员最常听到的就是这样的问题:"结果是否具有统计意义?"不过解决日常业务问题意味着我们正在寻找数据中的异常或趋势,这些异常或趋势不仅具有统计意义,而且具有实际意义。换句话说,我们需要弄清楚是什么将对我们的用户注册、问题响应时间、购物车弃购率和激活率产生实际影响。

1.4.5 数据分析中应该避免的典型问题

数据并不总是有价值的,在数据分析中需要牢记数据有时会对我们有用!下面将讨论一些常见的数据谬论,以帮助大家在数据分析过程中避免它们的发生。最常见的谬论是假设数据集是值得信赖的,直到后来的分析才发现它不是。在数据收集中经常会遇到如下陷阱。

1. 单方论证

诺贝尔经济学奖获得者罗纳德·科斯说:"如果你对数据进行足够长时间的折磨,它就会承认任何事情。"数据分析中,我们有时会陷入单方论证的陷阱(即 Cherry Picking [①]),仅选择支持自己观点的数据,同时丢弃不支持自己观点的部分。例如,我们可能会注意到产品某个新功能相关的支持问题响应时间增加了。如果只是着眼于此,可能会得出结论,响应时间增加是新产品功能导致。但如果查看过去两个月的所有客户支持问题,可能会看到整体响应时间增加,是因为问题数量增加了。我们需要保持中立,并且不要爱上某个假设!

---

① https://en.wikipedia.org/wiki/Cherry_picking

2. 错误因果关系

我们经常会因为两个事件同时发生,就认为二者相关,这可能会导致错误因果关系(False Causality)。有时似乎相关的模式可能与第三个独立因子相关,而不是彼此相关。然而更好的方法是,收集更多数据并查看可能的第三方原因。例如,我们发现放弃在线购物车的潜在客户往往具有较低的总购物价值。然而当我们深入挖掘时,可能会发现实际是由于运费的原因导致购物车弃购率上升,因为免费送货仅适用于超过特定金额的订单。

3. 幸存者偏差

幸存者偏差(Survivorship Bias)是一种常见的逻辑谬误(而不是"偏差"),指的是只能看到经过某种筛选而产生的结果,而没有意识到筛选的过程,因此忽略了被筛选掉的关键信息。即从不完整的数据集中得出结论,因为这些数据也仅仅是碰巧符合了一些选择标准。分析数据时,一个很重要的步骤是问一下自己有什么缺失的数据。有时可能没办法掌握数据的整体情况就是因为它们只反映了一部分。例如,在第二次世界大战中,英美空军为了加强战斗机的保护措施,对参战飞机中弹区域进行了详细统计,结果显示机翼部位中弹最密集,而机舱部位中弹最少。于是军方决定对飞机机翼进行加固,但一名统计学家站出来反对。他表示真正需要加固的是机舱,因为机舱中弹的飞机大概率无法返航,才导致了这样的统计结果。最终军方采纳了他的建议,战斗机坠毁率果然降低。这就是所谓的幸存者偏差,也称为"死人不会说话"效应,幸存者的经验往往误导了我们的判断。

4. 采样偏差

由于我们并不总是能获得全部数据,那么数据能代表总体样本就变得至关重要。我们经常会发现在进行 A/B 测试时,某种产品改进确实提高了转化率,但是当产品上线后转化率反而下降了。通常这种问题的发生都与试验设计时样本的采样偏差(Sampling Bias)有关。

第 2 章 搭建数据科学开发环境

CHAPTER 2

> 工欲善其事，必先利其器。
>
> ——《论语》

在数据分析过程中需要考虑如何获取数据、整合数据源；对数据进行清洗、整理；之后可能还需要进行统计分析、数据可视化；有时还需要进行数据挖掘，根据模型做出预测；有的情况下还需要据此开发出一个数据应用。因此，在选择对应的数据科学开发环境时就需要考虑软件能否提供强大的数据爬取、多数据源整合、统计分析、数据可视化、机器学习等功能。本章将介绍：

- 为什么选择基于 Python 的数据科学开发环境；
- Python 数据科学开发栈；
- 基于 Anaconda 的 Python 环境安装；
- Conda 环境基本使用；
- 利用 Jupyter Notebook 进行可重复的数据分析。

2.1 为什么选择 Python

2.1.1 人生苦短，我用 Python

Python 开发领域流传着一句话："人生苦短，我用 Python"，很多人还把它印在了衣服上，如图 2.1 所示。某种程度上，这也表明了 Python 的功能强大与简洁。

这可不是一句戏言，先来看一组统计数据，在著名的程序员问答社区 Stack Overflow 2019 年的开发者年度调查报告中，Python 成为增长最快的开发语言，仅次于 Rust 语言，并成为最受喜爱的语言之一，如图 2.2 所示。

不仅程序员对 Python 钟爱有加，Python 也是数据科学家的标配语言。在著名的数据科学竞赛网站 Kaggle (www.kaggle.com) 2018 年对数据科学家使用何种语言的调查中，Python 也是拔得头筹，如图 2.3 所示。

图 2.1 人生苦短，我用 Python

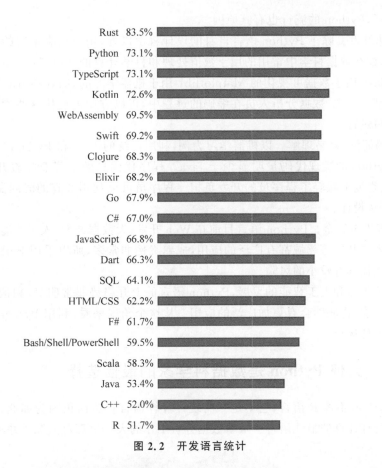

图 2.2 开发语言统计

图 2.3 数据工作中使用语言的统计

毋庸置疑，Python 的流行也有其原因。

（1）快速开发。除了 Python 语言自身的设计哲学以外，用户还有丰富的 Python 三方库可以使用，如在数据科学中常用的用于数值处理和科学计算的 NumPy、SciPy；用于数据处理的 Pandas；用于数据可视化的 Matplotlib；用于机器学习的 Scikit-learn 等。这些库提供了大量的基础实现，数据分析人员在编码的过程中，可以方便地使用这些库，从而避免了大量代码编写过程。

（2）代码简洁，容易理解。以机器学习为例，利用传统的 Java 和 Python 完成同一个算法实现时，Python 的实现代码明显少于 Java。程序代码量的下降意味着开发周期的缩短，这在一定程度上减轻了程序员的开发负担。程序员可以利用节省的时间做更多有意义的事情，如算法设计。

（3）语言生态健全。Python 语言目前在 Web 开发、大数据开发、人工智能开发、后端服务开发和嵌入式开发等领域都有广泛的应用，成熟案例非常多，所以采用 Python 完成代码实现的时候往往具有较小的风险。

伴随着大数据和人工智能的发展，Python 语言的上升趋势非常明显，相信未来 Python 语言在人工智能、物联网会有更加广泛的应用。从这个角度来看，利用 Python 进行数据分析也是一个绝佳选择。

2.1.2　为何 Python 是数据科学家的最佳选择

首先，Python 不像 R 语言，它不是一门统计计算语言。然而正因为如此，Python 成为了一门用于统计计算的最佳语言。从事数据分析工作的人一定都对图 2.4 并不陌生。

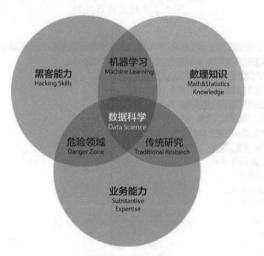

图 2.4　数据科学

首先，数据科学工作需要用到数学和统计科学的知识，因此选择数据科学语言时要考虑其对数值处理、统计分析、矩阵运算等的良好支持。Python 中提供了第三方包 NumPy 和 SciPy，它们很好地提供了这些功能。其次，从事数据科学工作还需要整合各种数据源、开发数据应用。这些需要语言能支持各种数据库的连接、不同数据格式文件读取、与企业当前的应用整合以及外部数据爬取等功能。Python 作为一门高级面向对象编程语言可以完美完成上述工作。最后，数据科学家还需要结合领域知识完成数据分析、机器学习，最终形成报告。而利用基于 Python 的 Jupyter Notebook，数据科学家可以进行可重复的数据分析，快速与团队分享，编写分析报告，同时基于 Python 第三方软件包 Scikit-learn、Tensorflow、Pytorch 和 Keras，既可以完成传统的机器学习应用开发，又可以完成最前沿的深度学习应用开发。

2.2　Python 数据科学开发栈

武侠作家古龙曾经写过一本书叫《七种武器》，书中描述了长生剑、孔雀翎、碧玉刀等武器，而基于 Python 的数据武器远不止 7 种，它是以一套数据科学开发栈的方式来呈现给大家的，如图 2.5 所示。

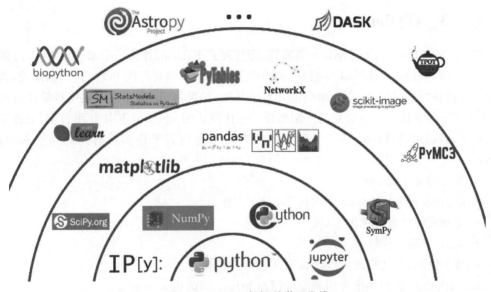

图 2.5　Python 数据科学开发栈

图 2.5 中最核心的部分当然还是 Python；第二层的 Cython、NumPy、IPython、Jupyter Notebook 为基于 Python 的程序交互运行、数值计算等提供了支持；第三层的 SciPy、Matplotlib、Pandas、SymPy 提供了基础的数据处理、科学计算、数据可视化、符号运算的支持；基于前面 3 层的支持，StatsModels、Scikit-learn、NetworkX、PyMC3 等模块更进一步提供了统计分析、机器学习、网络分析、概率编程等的支持；最后第五层提供了各种不同应用领域的软件包，如用于生物分析领域、天文领域的 biopython、Astropy，大数据方面的 DASK，自动机器学习的 TPOT，此外还有深度学习领域的 Keras 和 Pytorch 等。下面将选取部分软件包进行简单介绍。

2.2.1　Cython

Cython 是用 C 语言实现 Python，是目前应用最广泛的解释器。Python 最新的语言特性都是在这个上面先实现，Linux、OS X 等自带的也是这个版本，包括 Anaconda 里面用的也是 Cython。Cython 是官方版本加上对于 C/Python API 的全面支持，基本包含了所有第三方库支持，如 NumPy、SciPy 等。

2.2.2　NumPy

NumPy 是一个运行速度非常快的数学库，主要用于数组计算，包含：
- 一个强大的 N 维数组对象；
- 广播功能函数；
- 整合 C/C++/FORTRAN 代码的工具；
- 线性代数、傅里叶变换、随机数生成等功能。

同时，NumPy 内部解除了 Python 的 PIL（全局解释器锁），运算效率极高，是大量机器学习框架的基础库。关于 NumPy 的更详细介绍请参考网站 https://www.numpy.org/。

2.2.3　IPython

IPython 是 Interactive Python 的简称，即交互式 Python，作为一个增强的 Python 解释器，由 Fernando Perez 于 2001 年启动，并由此发展为一个项目。用 Perez 的原话来说，该项目致力于提供"科学计算的全生命周期开发工具"。如果将 Python 看作数据科学任务的引擎，那么 IPython 就是一个交互式控制面板。它比默认的 python shell 好用得多，支持变量自动补全、自动缩进、bash shell 命令，同时 IPython 还内置了许多很有用的功能和函数，包括：
- 强大的交互式 shell；
- 供 Jupyter Notebooks 使用的 Jupyter 内核；
- 交互式的数据可视化工具；
- 灵活、可嵌入的解释器；
- 易于使用，高性能的并行计算工具。

关于 IPython 的更详细介绍请参考网站 https://ipython.org/。

2.2.4　Jupyter

在 2011 年，IPython 首次发布 10 年后，IPython Notebook 被引入。这个基于 Web 的 IPython 接口把代码、文本、数学表达式、内联图、交互式图形、小部件、图形界面以及其他丰富的媒体集成到一个独立的可共享的 Web 文档中。该平台为交互式科学计算和数据分析提供了理想的门户。IPython 已经成为研究人员、工程师、数据科学家、教师和学生不可或缺的工具。

几年后，IPython 在科学界和工程界获得了不可思议的盛誉。Notebook 开始支持越来越多的 Python 以外的编程语言。2014 年，IPython 开发者宣布了 Jupyter 项目，该项目旨在改进 Notebook 的实现并通过设计使其与语言无关。目前，Notebook 支持 3 种主要科学计算语言：Julia、Python 和 R。至此，Jupyter 成为一个完整生态系统，同时提供几种可供选择的 Notebook 界面（JupyterLab、Hydrogen 等）、交互式可视化库、与 Notebook 兼容的创作工具。它的优点也显而易见，具体如下。

- 所有内容聚合在一个地方。Jupyter Notebook 是一个基于 Web 的交互式环境，它将代码、富文本、图像、视频、动画、数学公式、图表、地图、交互式图形、小部件以及图形用户界面组合成一个文档。
- 易于共享。Notebook 保存为结构化文本文件（JSON 格式），这使得它们可以轻松共享。
- 易于转换。Jupyter 附带了一个特殊的工具 nbconvert，可将 Notebook 转换为其他格式，如 HTML 和 PDF。另一个在线工具 nbviewer 允许用户直接在浏览器中渲染一个公共可用的 Notebook。
- 独立于语言。Jupyter 的架构与语言无关。客户端和内核之间的解耦使用任何语言编写内核成为可能。
- 易于创建内核包装器。Jupyter 为可以用 Python 包装的内核语言提供了一个轻量级接口。包装内核可以实现可选的方法，特别是自动代码补齐和代码检查。
- 易于定制。Jupyter 界面可用于在 Jupyter Notebook（或其他客户端应用程序，如控制台）中创建完全定制的体验。
- 自定义魔术命令的扩展。使用自定义魔术命令创建 IPython 扩展，使交互式计算变得更加简单。许多第三方扩展和魔术命令都存在，例如，允许在 Notebook 中直接编写 Cython 代码的％％cython 指令。
- 轻松可重复实验。Jupyter Notebook 可以帮助用户轻松进行高效且可重复的交互式计算实验。它可以让用户保存详细的工作记录。此外，Jupyter Notebook 的易用性意味着用户不必担心可重复性，只需要在 Notebook 上做所有的互动工作，将它们置于版本控制之下，并定期提交。
- 有效的教学和学习工具。Jupyter Notebook 不仅是科学研究和数据分析的工具，而且是教学的好工具。
- 交互式代码和数据探索。ipywidgets 包提供了许多用于交互式浏览代码和数据的通用用户界面控件。

关于 Jupyter 的更详细内容请参考网站 https://jupyter.org/，本书后续章节也将对 Jupyter Notebook 的使用进行更详细的介绍。

2.2.5　SciPy

SciPy 是基于 Python 的 NumPy 构建的一个集成了多种数学算法和函数的 Python 模块。它为用户提供了一些高层的命令和类，SciPy 在 Python 交互式会话中，大大增加了操作和可视化数据的能力。通过 SciPy，Python 的交互式会话变成了一个数据处理和系统原型设计环境，足以与 Matlab、IDL、Octave、R-Lab 和 SciLab 等系统相媲美。

更重要的是，在 Python 中使用 SciPy，还可以同时用一门强大的语言——Python 来开发复杂和专业的程序。用 SciPy 写科学应用，还能获得世界各地的开发者开发的模块的帮助。从并行程序到网络应用，再到数据库子例程和各种类，Python 都已经有可用的模块。SciPy 最强大的功能还是在于它的数学库。SciPy 中提供的具体功能如表 2.1 所示。

表 2.1　SciPy 中的核心包

功　能	描　述	功　能	描　述
SciPy.cluster	向量计算/K-means	SciPy.odr	正交距离回归
SciPy.constants	物理和数学常量	SciPy.optimize	优化
SciPy.fftpack	傅里叶变换	SciPy.signal	信号处理
SciPy.integrate	积分程序	SciPy.sparse	稀疏矩阵
SciPy.interpolate	插值	SciPy.spatial	空间数据结构和算法
SciPy.io	数据输入和输出	SciPy.special	一些特殊数学函数
SciPy.linalg	线性代数程序	SciPy.stats	统计
SciPy.ndimage	n 维图像包		

关于 SciPy 的更详细介绍，请参考网站 https://www.scipy.org/。

2.2.6　Matplotlib

Matplotlib 是利用 Python 实现的绘图套件，其中包含两个最重要的模块——pylab 和 pyplot。pylab 已经几乎实现了在学术界最常用的软件 Matlab 所支持的绘图功能，或者可以说 pylab 其实就是 Matlab 的 Python 版本；而 pyplot 是将 pylab 再加上 Python 中有名的数学计算软件——NumPy，让使用者在使用 pyplot 时，可以直接调用 NumPy 的函数做计算后再以图形的方式呈现。Matplotlib 功能十分强大，可以说是基于 Python 的图形可视化标准，利用 Matplotlib，用户几乎可以完成任何图形的绘制，从传统的线图、条形图（如图 2.6 所示）、统计图（如图 2.7 所示）到图像、热图、等高图（如图 2.8 所示）等，同时用户还可以利用 Matplotlib 的子图功能实现多图绘制、定制图形（如图 2.9 所示）等。

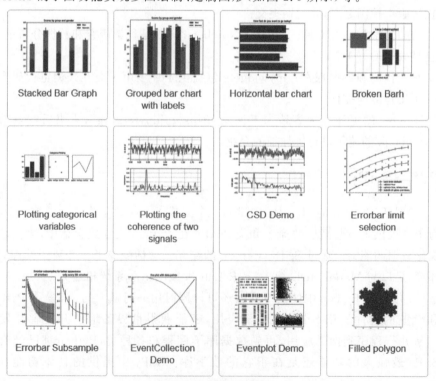

图 2.6　线图与条形图

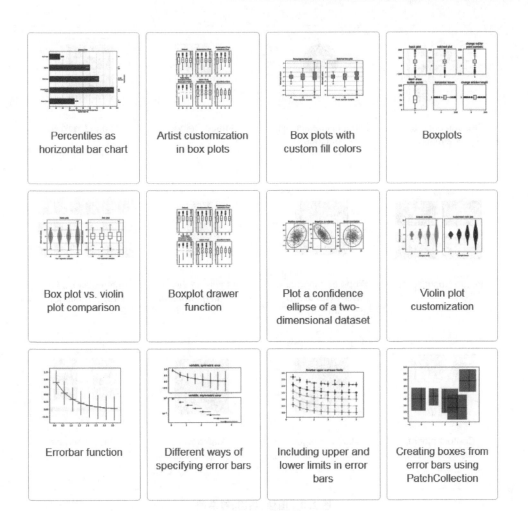

图 2.7 统计图

当然，Python 中的图形可视化工具不只有 Matplotlib，还有专门进行统计图形可视化的 Seaborn，交互图形可视化的 Ploty、Bokeh 等。本书后续章节将对 Matplotlib 和 Seaborn 进行更详细介绍。

上述包的更详细介绍可以参考下列网站：
- Matplotlib：https://matplotlib.org/；
- Seaborn：https://seaborn.pydata.org/；
- Ploty：https://plot.ly/；
- Bokeh：https://bokeh.pydata.org。

2.2.7 Pandas

Pandas 为 Python 提供了高效的数据处理、数据清洗与整理的工具。关于 Pandas 的更详细介绍，请参考网站 https://pandas.pydata.org/。本书的后续章节将对 Pandas 的功能进行深入介绍。

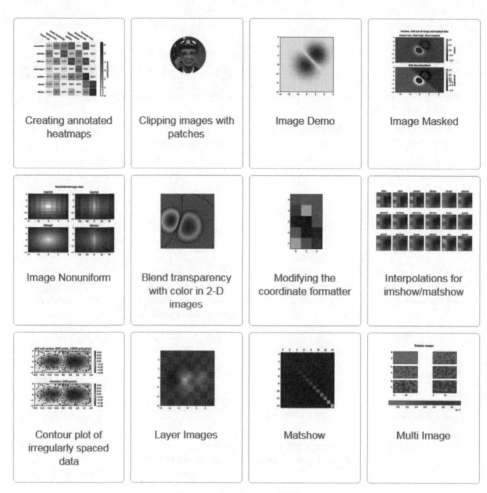

图 2.8　图像、热图、等高图

2.2.8　Scikit-learn

Scikit-learn 的官方解释很简单：Machine Learning in Python，即用 Python 进行机器学习。Scikit-learn 的优点也非常明显，具体如下。

- 构建于现有的 NumPy、SciPy、Matplotlib、IPython、Pandas 之上，做了易用性的封装。
- 简单且高效的数据挖掘、数据分析工具。
- 对所有人开放，且在很多场景易于复用。
- 基于 BSD(Berkly Software Distribution)授权的开源实现。

Scikit-learn 是一个非常强大的机器学习库，它包含了从数据预处理到训练模型的各个方面。Scikit-learn 不仅提供了各种分类、聚类、回归、降维等经典算法的实现(如图 2.10 所示)，同时还提供了机器学习中必需的数据预处理功能。使用 Scikit-learn 可以极大地节省开发人员编写代码的时间并减少程序代码量，使用户有更多的精力去分析数据分布、调整模型和优化超参数。

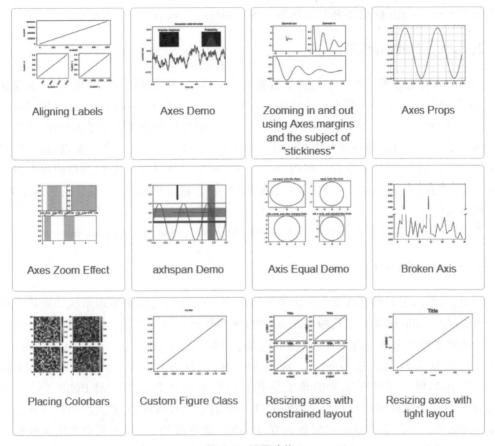

图 2.9　子图功能

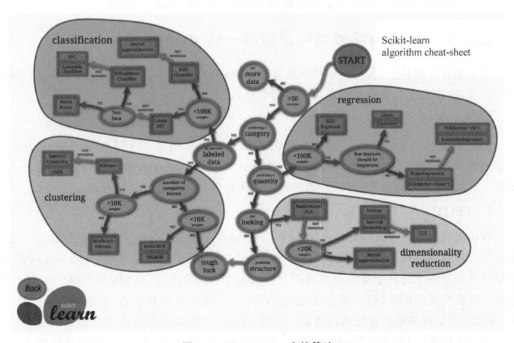

图 2.10　Scikit-learn 中的算法

关于 Scikit-learn 的更详细介绍请参考网站 https://scikit-learn.org/。

2.2.9　NetworkX

网络的研究是运筹学的一个经典而重要的分支,是很多领域研究的基础工具,在交通运输、经济管理和工业工程等都有广泛的应用。从广义上讲,我们都生活在一个由网络组成的世界里,各种网络组成了现下复杂的生活环境。故而要分析身边各个领域的规律,就需要对其组成基础——网络的特性进行分析。NetworkX 作为 Python 的一个开源包,便于用户对复杂网络进行创建、操作和学习。利用 NetworkX 可以以标准化和非标准化的数据格式存储网络、生成多种随机网络和经典网络、分析网络结构、建立网络模型、设计新的网络算法、进行网络绘制等。

关于 NetworkX 的更详细介绍请参考网站 https://networkx.github.io/。

2.2.10　PyMC3

历史上,帮助在不确定性下做出决策的方法之一就是使用概率推理系统。而计算机运算能力的提高,相应的编程工具的出现,使得概率编程逐渐成为可能。概率编程允许在用户自定义的概率模型上进行自动贝叶斯推断。新的 MCMC(Markoc Chain Monte Carlo)采样方法允许在复杂模型上进行推断。这类 MCMC 采样方法被称为 HMC(Hamliltinian Monte Carlo),但是其推断需要的梯度信息有时候是无法获得的。而 PyMC3 是一个用 Python 编写的开源的概率编程框架,使用 Theano 通过变分推理进行梯度计算,并使用了 C 实现加速运算。不同于其他概率编程语言,PyMC3 允许使用 Python 代码来定义模型。这种没有作用域限制的语言极大地方便了模型定义和直接交互。

关于 PyMC3 的更详细介绍请参考网站 https://docs.pymc.io/。

2.2.11　数据科学领域中最新的一些 Python 包

近年随着数据科学、人工智能的快速发展,不断有新的基于 Python 的数据科学应用软件包出现,这里选取几个典型软件包进行简单介绍。

1. DASK

DASK 是一个用于分析计算的灵活的并行计算库。因为 DASK 中的 DataFrame 与 Pandas 库中的相同,它的 Array 对象的工作方式类似于 NumPy,能够并行化以纯 Python 编写。因此,通过只更改几行代码,用户可以快速对现有代码进行并行处理。

2. TPOT

自动化机器学习(Automatic Machine Learning,AML)是一种流水线(也称管道),它能够让用户自动执行机器学习(Machine Learning,ML)问题中的重复步骤,从而省略时间,让数据科学家专注于使其专业知识发挥更高价值的工作。实际上,AML 是在 Scikit-learn 中应用的网格搜索的扩展,而不是迭代这些值预先定义的集合和其组合,它通过搜索方法、特征、变换和参数值来获得最佳解决方案。因此,AML 网格搜索不需要在可能的配置空间上进行详尽的搜索。TPOT 就是提供了自动化机器学习功能的包,它提供了像遗传算法这样的应用,可用来在某个配置中混合各个参数并达到最佳设置。数据科学家甚至还可以把 DASK 与 TPOT 结合起来,进行分布式的自动化机器学习。

3. Keras

Keras 是一个高层神经网络应用程序接口(Application Programming Interface,API),由纯 Python 编写而成,用户可以选择 Tensorflow、Theano 以及 CNTK 后端。Keras 开发的宗旨是为支持快速实验而生,能够把开发人员的想法迅速转换为结果。如果数据科学家需要完成简易和快速的原型设计,同时支持卷积神经网络、循环神经网络或二者的结合,以及 CPU 和 GPU 无缝切换,那么 Keras 将是最佳选择。

上述包的更详细介绍可以参考下列网站:

- DASK:https://dask.org/;
- TPOT:https://epistasislab.github.io/tpot/;
- Keras:https://keras.io/。

2.3 Anaconda 的安装与使用

Python 中除了前面已经介绍过的包以外,还有各种第三方包。这是一个优势,因为用户总可以找到某个特定功能的包,但这也给 Python 的用户带来了许多困扰。实际开发中经常会遇到这样的问题,开发某一应用使用的分别是 A 包的 1.0.5 版本,B 包的 2.0.6 版本,C 包的 0.8 版本,Python 使用的是 2.7 版本;而另一应用则需要使用 Python 3.6 版本,A 包的 1.1.2 版本,B 包的 2.2.0 版本,C 包的 0.8 版本,如何管理这些不同的环境是开发人员的一大难题。对数据分析人员而言,通常需要同时使用 SciPy、NumPy、Matplotlib、Pandas、DASK、Scikit-learn 等包,而不同包之间还存在兼容问题,如何快速完成这些包的安装和升级也是一个问题。

开源 Anaconda 正是为解决这些问题应运而生,它是在 Linux、Windows 和 Mac OS X 上搭建基于 Python 语言和 R 语言数据科学、机器学习环境的最简单方法。Anaconda 在全球有超过 1100 万用户,利用它可以实现以下功能。

- 快速下载 1500 多个 Python/R 数据科学包。
- 使用 Conda 管理库、依赖项和环境。
- 使用 Scikit-learn、TensorFlow 和 Theano 开发和训练机器学习和深度学习模型。
- 使用 DASK、NumPy、Pandas 和 Numba 分析具有可伸缩性的数据。
- 使用 Matplotlib、Bokeh、Datashader 和 Holoviews 可视化结果。

2.3.1 安装 Anaconda

首先访问网站 https://www.anaconda.com/distribution/,根据对应的操作系统和期望的 Python 版本,单击 Download 按钮完成 Anaconda 应用的下载,如图 2.11 所示。

本书以 Windows 操作系统、Python 3.7 版本的 Anaconda 为例进行讲解,针对其他系统的安装,读者可参考网站 https://docs.anaconda.com/anaconda/install/。

(1)在 Windows 系统中完成 Anaconda 程序的下载后,只需要直接运行 Anaconda3-2019.03-Windows-x86_64.exe,单击 Next 按钮,如图 2.12 所示。

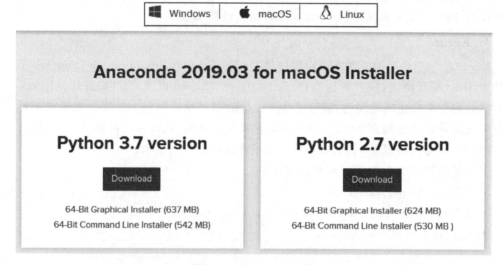

图 2.11 Anaconda 下载

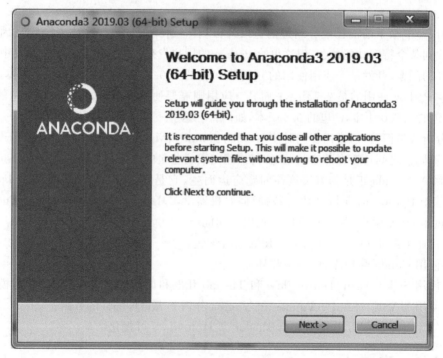

图 2.12 安装 Anaconda

(2) 选择"I Agree"接受用户许可协议,进入如图 2.13 所示的界面,选择安装类型是当前用户使用还是系统全部用户都可以使用。第二种情况需要具有 Windows 系统管理员权限。

(3) 选择程序的安装目录,如图 2.14 所示。

(4) 选择是否把 Anaconda 注册为系统默认的 Python 环境,除非想在系统里面安装多个不同版本的 Anaconda 或 Python,那么通常建议使用系统默认推荐,如图 2.15 所示。

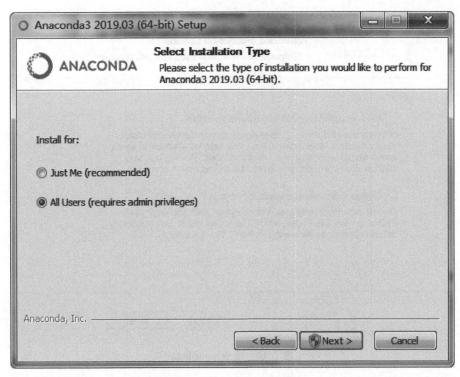

图 2.13 选择安装类型

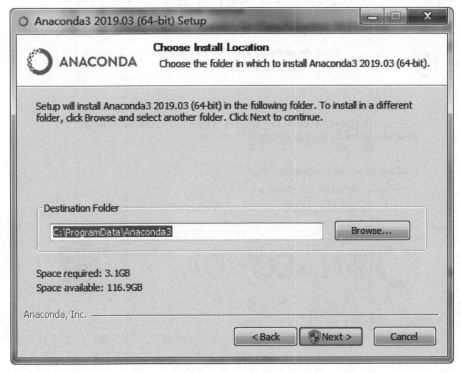

图 2.14 选择安装目录

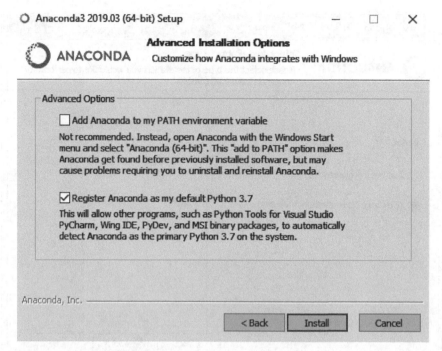

图 2.15 注册 Anaconda

（5）单击 Install 按钮后，Anaconda 将开始安装，当完成安装后，程序将提示是否安装 PyCharm，如图 2.16 所示，这里直接单击 Next 按钮，进入下一步。

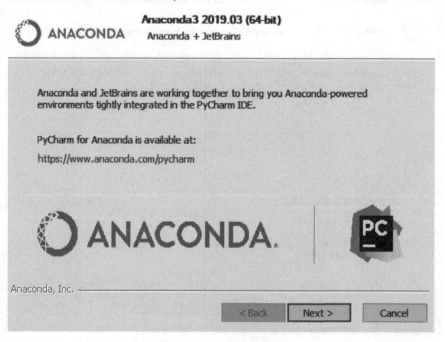

图 2.16 PyCharm 安装

(6) 直接单击 Finish 按钮完成 Anaconda 安装,如图 2.17 所示。

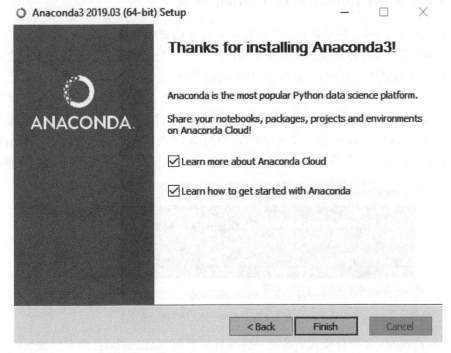

图 2.17 完成 Anaconda 安装

成功安装 Anaconda 后,可以在 Windows 的开始菜单中找到 Anaconda 的启动菜单,如图 2.18 所示。

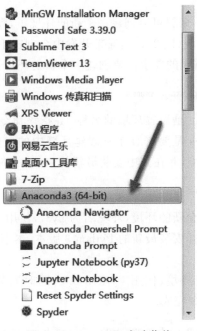

图 2.18 Anaconda 启动菜单

2.3.2 利用 Conda 管理 Python 环境

Conda 是 Anaconda 提供的包及其依赖项和环境的管理工具，利用它可以：
- 快速安装、运行和升级包及其依赖项；
- 在计算机中便捷地创建、保存、加载和切换环境。

有了 Anaconda 就可以利用它提供的 Conda 命令来管理环境，从而解决前面提到的 Python 版本问题和各种数据分析中用到的包管理问题。要使用 Conda，首先需要在系统菜单中单击"Anaconda Prompt"进入命令行模式，如图 2.19 所示（对 Linux/Mac OS，Conda 命令可以直接在命令行运行）。需要注意的是，这里是以管理员身份运行的"Anaconda Prompt"。

图 2.19 Anaconda Prompt

进入 Anaconda 命令行模式后的第一件事就是更新 Anaconda，在命令行输入：

conda update conda

并在提示是否更新的时候输入 y(Yes)让更新继续。

1. 创建环境

完成了 Conda 更新，接下来就可以创建一个新的环境了，默认打开 Anaconda 命令行的时候进入的是系统的 base 环境（图 2.19），通常开发中会创建不同的环境以满足不同应用对各种 Python 版本以及第三方包的要求。要创建一个新的环境，可以在命令行输入：

conda create –n env_name package_names

上面的命令中，env_name 是设置环境的名称(-n 指该命令后面的 env_name 是要创建环境的名称)，package_names 是要安装在所创建环境中的包名称，同时还可以指定版本。例如，要创建名为 py37 的环境，并在其中安装最新的 Python 版本，可以在终端中输入：

conda create –n py37 python = 3

此时 Conda 将创建一个全新的环境，环境名为 py37，使用的 Python 版本为 3，由于没有指定小版本号，此时系统将选择安装最新的 Python 3 版本，本书写作时最新版本是 3.7.3，如图 2.20 所示。

同样地，如果想创建一个环境，使用 Python 3.6，同时安装 Pandas 0.24.0 版本，以及 NumPy 包，可以通过如下命令完成。

conda create –n py36 python = 3.6 numpy pandas = 0.24.0

如果想在创建环境同时安装其他的包，只需要在创建环境时添加对应的包就可以了。

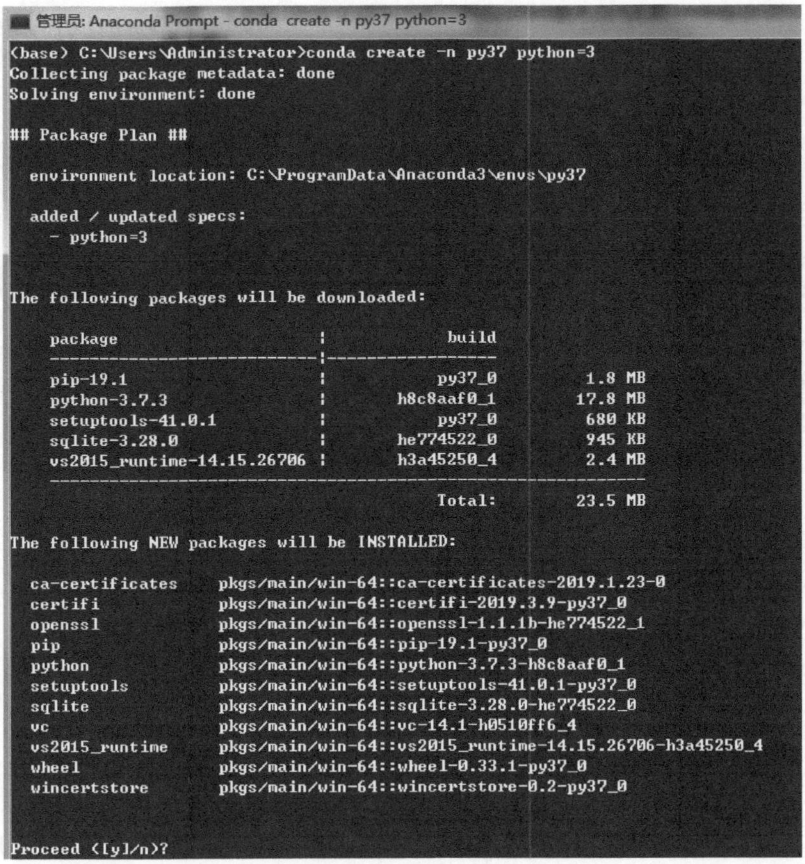

图 2.20 创建 py37 环境

2. 切换环境

在 Windows 上,可以使用 activate my_env 进入对应的环境;而在 OS X/Linux 上则使用 source activate my_env 进入环境。进入环境后,用户会在终端提示符中看到环境名称。图 2.21 所示为进入前面创建的 py37 环境。

图 2.21 进入 py37 环境

进入环境后可以通过命令 conda list 来列出当前环境已经安装的包,以及对应版本,如图 2.22 所示。

可以用下面的命令来检查当前环境的 Python 版本。

```
python – version
```

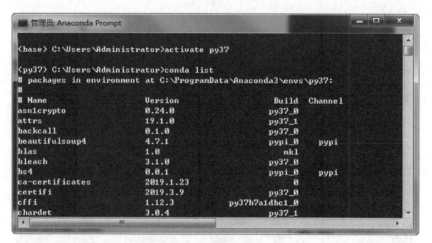

图 2.22　列出当前环境中的包

这里要特别强调的是不同的环境类似于在系统里面建立了隔离沙箱,相互之间不影响,这样开发人员就可以通过切换不同环境满足不同的开发需求。

3. 离开环境

要离开当前环境,在命令行输入:

conda deactivate

4. 环境共享

环境共享是非常实用的功能,它能保证让整个项目的协作人员都使用相同的软件包,并确保这些包的版本正确。例如,当前数据分析员李四正在进行网络促销数据分析,他需要提交应用给另一部门的张三来部署项目,但是张三并不知道数据分析时使用的是哪个 Python 版本,以及使用了哪些包和包的版本。这时应该怎么办呢？李四就可以在当前的环境终端输入:

conda env export > environment.yaml

将当前的环境的配置(包括 Python 版本和所有包的名称)保存到一个 YAML 文件中。命令的第一部分 conda env export 用于输出环境中所有包的名称(包括 Python 版本),第二部分是对应的文件名。那么张三拿到了导出的环境文件,在其他电脑环境中如何使用呢？首先在 Conda 中进入当前的环境,如:

activate py37

然后再使用以下命令更新环境。

conda env update –f = /path/to/environment.yml

其中,-f 表示要使用的环境文件在本地的路径,读者将/path/to/environment.yml 替换成本地的实际路径即可。

5. 列出环境

有时用户可能会忘记自己创建的环境名称,这时就可以用 conda env list 命令来列出本地创建的所有环境。用户会看到本地所有环境的列表，而当前所在环境的旁边会有一个星号，Anaconda 命令行默认的环境（即还没有选定环境时使用的环境）名为 base，如图 2.23 所示。

图 2.23　列出环境

6．删除环境

如果不再使用某个环境，可以使用以下命令删除指定的环境，这里的 env_name 为想删除的本地环境名。

conda env remove -n env_name

7．查看环境信息

如果想了解当前环境，可以使用以下命令。

conda info

此命令会列出该环境的所有信息，如图 2.24 所示。

图 2.24　查看环境信息

2.3.3 利用 Conda 管理 Python 包

创建好对应的工作环境后,通常还需要对环境中的包进行管理。利用 Conda 命令可以实现各种包的安装、升级以及卸载。

1. 安装包

例如,想安装 requests 这个包,进入创建好的 py37 环境后,在命令行模式下输入:

```
conda search requests
```

将在 Anaconda 提供的库(repository)里面搜索这个包是否存在,以及有哪些版本。之后可以利用如下命令来完成该包的安装。

```
conda install requests
```

在安装时用户也可以指定对应的 requests 版本。此外,如果在 Anaconda 提供的库里面找不到想安装的包,或者想安装更新的版本,那么也可以通过社区维护的 conda-forge 来安装。例如,如果想使用 conda-forge 来安装 Pandas,可以使用如下命令。

```
conda install -c conda-forge pandas
```

如果在上面的库都无法找到想安装的包,也可以用标准的 Python 包管理命令 pip 来完成在当前环境中第三方包的安装。例如,用来获取国内财经以及股票数据的 tushare 包,就可以通过在当前环境下使用如下命令来完成安装。

```
pip install tushare
```

2. 包的卸载与升级

包的卸载可以通过如下命令完成。

```
conda uninstall packages_name
```

这里的 packages_name 就是当前环境中要删除的包。如果想在当前环境中删除另一个环境中的包,可以通过如下命令完成。

```
conda uninstall my_env packages_name
```

这里的 my_env 就是对应的环境名。同时,对于任何 Conda 命令都可以通过获取帮助的方式来详细了解命令的使用方法,如:

```
conda uninstall -help
conda install -help
```

如果想对已经安装的包进行升级,则可以输入:

```
conda update my_env packages_name
```

如果是对当前环境中包升级,则可以略去环境名。如果想对所有包升级,则可以输入:

```
conda update -all
```

3. 为 Anaconda 添加新的库

有时在国内使用 Anaconda 提供的库来安装包会比较缓慢，这时可以考虑添加国内镜像来解决这个问题。例如，通过如下命令可以使用中国科学技术大学的镜像。

```
conda config -- add channels https://mirrors.ustc.edu.cn/anaconda/pkgs/free/
conda config -- set show_channel_urls yes
```

上面的第二个命令是显示当前有哪些镜像地址。可以通过如下命令来将刚才添加的镜像地址移除，用 conda config -show 来确认该地址已经移除。

```
conda config -- remove channels 'https://mirrors.ustc.edu.cn/anaconda/pkgs/free/'
conda config - show
```

2.3.4 安装本书所需的包

前面已经创建好了一个使用 Python 3.7 的环境 py37，在 Anaconda 命令行模式使用 activate py37 进入该环境，接下来需要在该环境中安装本书所需的软件包。在命令行模式输入：

```
conda install scipy numpy statsmodels pandas scikit-learn matplotlib seaborn ipython jupyter
```

即可完成所有本书中用到的包的安装。本书中用到的包的版本可以通过如下方式获得。

```
python -- version
ipython -- version
jupyter -- version
jupyter notebook -- version
```

分别输入上述命令，可以获得环境中用到的包的版本信息，如图 2.25 所示。除此之外，也可以利用 conda list 方式获得版本信息，如 conda list ipython 可以查询 IPython 包的信息。

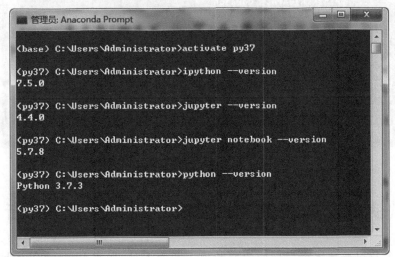

图 2.25 检查软件包版本

对于 Pandas、SciPy 等包的版本信息，可以首先在命令行输入 ipython，进入 IPython 的交互模式后查询，具体代码如下。

```
>>> import numpy as np
>>> import scipy
>>> import matplotlib
>>> import pandas as pd
>>> import seaborn
>>> import sklearn
>>> import statsmodels

>>> print(np.__version__)
>>> print(scipy.__version__)
>>> print(matplotlib.__version__)
>>> print(pd.__version__)
>>> print(seaborn.__version__)
>>> print(sklearn.__version__)
>>> print(statsmodels.__version__)
```

输入上述代码，将看到如图 2.26 所示的输出。

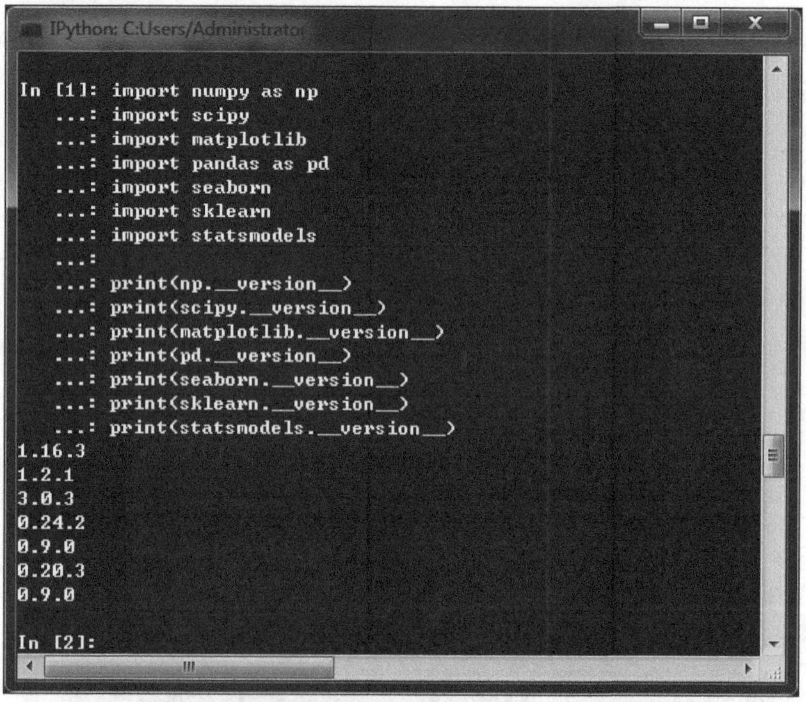

图 2.26　Pandas 等的版本信息

2.4　使用 Jupyter Notebook 进行可重复数据分析

说到每个数据科学家都应该使用或必须了解的工具，那非 Jupyter Notebook 莫属了（之前也被称为 IPython 笔记本）。Jupyter Notebook 功能强大，数据科学家可以在其中进行数据可视化,也可以创建和共享他们的文档,无论代码还是整个报告都可以利用它完成。Jupyter Notebook 能帮助数据科学家简化工作流程,实现更高的生产力和更便捷的协作,因此是数据科学家最常用的工具之一。本书在开始正式的数据分析学习之前将先简单介绍 Jupyter Notebook 的使用。需要说明的是,本书的代码全部在 Jupyter Notebook 中完成,同时也将以 Notebook 的形式提供给读者下载。

2.4.1 Jupyter Notebook 的配置

在 py37 环境中已经安装了 Jupyter Notebook,要运行它,只需在进入 Anaconda 命令行模式后,输入:

```
activate py37
jupyter notebook
```

我们将看到如图 2.27 所示的提示,此时只需要按照提示把箭头所指的那一行复制到浏览器,就可以看到 Jupyter Notebook 的启动页面。

图 2.27 启动 Jupyter Notebook

每次都复制一遍会比较麻烦,所以我们通常会修改配置,采用密码方式启动 Jupyter Notebook,同时也会修改 Jupyter Notebook 从工作目录启动,具体方法如下。

1. 生成一个 Notebook 配置文件

默认情况下,配置文件 jupyter_notebook_config.py 是不存在的,使用如下命令生成配置文件。

```
jupyter notebook --generate-config
```

该命令将在当前计算机中生成一个新的配置文件,对于 Windows 用户,通常它位于 C:\Users\Administrator\.jupyter(这里用的是管理员身份,所以是 Administrator 用户,如果是其他用户,Administrator 通常会替换为对应的用户名);对于 Linux 用户,通常它位于~/.jupyter/jupyter_notebook_config.py(如果是以 Root 用户运行命令,需要使用 jupyter notebook --generate-config --allow-root)。

2. 生成密码

从 Jupyter Notebook 5.0 版本开始,Jupyter Notebook 提供了一个命令来设置密码,在 Anaconda 命令行模式输入:

```
jupyter notebook password
```

根据提示输入你的密码,假设这里输入的密码为"databook",之后生成的密码存储在文件 jupyter_notebook_config.json 中,通常该文件和前面生成的配置文件位于同一目录。打开该文件,可以发现文件中 password 后面有一段密码,例如作者的 jupyter_notebook_config.json 文件内容为:

```
{
  "NotebookApp": {
    "password": "sha1:0223a0449c12:796970c4a4f4d6b5c2de90b077e7372ed59a5188"
  }
}
```

3. 修改配置文件

在 jupyter_notebook_config.py 中找到 c.NotebookApp.password 所在行,取消注释,并将前面提到的密码复制到后面,代码如下。

```
c.NotebookApp.password = 'sha1:0223a0449c12:796970c4a4f4d6b5c2de90b077e7372ed59a5188'
```

此外还可通过修改 c.NotebookApp.port 来自行指定 Notebook 运行的端口。

4. 修改 Notebook 启动时的工作目录

在 jupyter_notebook_config.py 中找到下面的行:

```
## The directory to use for notebooks and kernels.
#c.NotebookApp.notebook_dir = ''
```

取消 c.NotebookApp.notebook_dir 行的注释,并将目录修改为想要的目录,例如本书中使用的目录为 D:\data-ana-book\notebook,那么需要将该行修改为:

```
c.NotebookApp.notebook_dir = 'D:\\data-ana-book\\notebook'
```

需要说明的是,在 Windows 系统下,由于转义符的原因需要使用"\\",对于 Linux 是不需要这样做的。现在我们已经为 Jupyter Notebook 设置了密码,并配置了默认的启动目录,再次在 Anaconda 命令行模式输入:

```
jupyter notebook
```

将看到浏览器启动,并提示输入密码,此时输入前面设置的密码"databook",将进入 Jupyter Notebook 界面,如图 2.28 所示。

由于当前工作目录 D:\data-ana-book\notebook 下面没有任何文件,所以没有任何 Notebook 显示出来。此时可以通过单击右侧"New"菜单,选择"Python 3"来创建新的 Notebook。细心的读者可能会发现,前面不是创建了一个 py37 的环境吗?为什么这里没有提供用该环境来创建 Notebook 的选项?要使 Jupyter Notebook 支持虚拟环境,还需要安装一个新的包:nb_conda。首先回到命令行窗口,连续按两次 Ctrl+C 组合键来退出 Jupyter Notebook,然后输入:

```
conda install nb_conda
```

图 2.28　Jupyter Notebook 启动界面

完成 nb_conda 包的安装后，再次启动 Jupyter Notebook，在右侧菜单选择"New"，就可以看到如图 2.29 所示的界面。

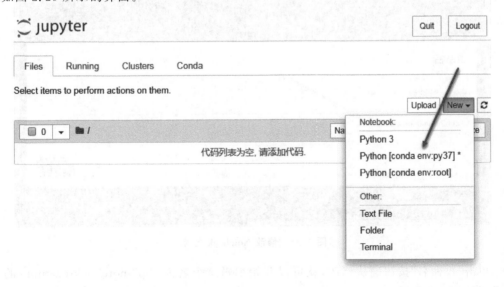

图 2.29　支持虚拟环境的 Jupyter

下拉菜单中出现了之前创建的 py37 环境选项以及 Anaconda 安装时默认创建的环境选项。切换窗口回到 Anaconda 命令提示窗口，可以看到 Jupyter 启动时也确实使用的是前面设置的目录 D:\data-ana-book\notebook，如图 2.30 所示。

图 2.30　Jupyter 默认启动目录

2.4.2　Jupyter Notebook 中的单元格

首先进入 py37 环境运行命令 jupyter notebook，单击右侧菜单 "New"，选择使用 py37 环境创建新的 Notebook，此时浏览器将在新的标签页中创建一个 Notebook。该 Notebook 的文件名为 Untitled，可以单击 Notebook 中的 "Untitled" 对文件名进行修改，如图 2.31 所示。

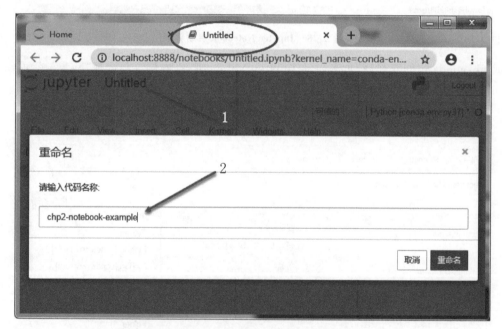

图 2.31　修改 Notebook 名称

单击 "重命名" 按钮确认修改，就可以开始编辑这个名为 chp2-notebook-example 的文件了，如图 2.32 所示。

可以看到最顶部是对应的 Notebook 的名称，接下来是菜单栏/工具栏，读者可以通过菜单栏/工具栏执行选择不同操作。接下来就是 Notebook 中最重要的部分——单元格（Cell），单元格可分为 3 种不同类型：Code、Markdown 和 Raw NBConvert，这里需要重点

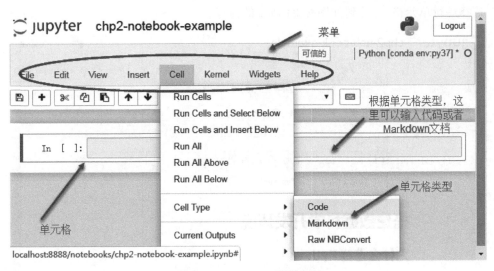

图 2.32　Notebook 界面介绍

掌握前面两种。如果一个单元格为 Code 类型，那么这意味着在这个单元格中可以输入一行或多行的 Python 代码，同时可以运行该代码。如图 2.33 所示，我们在 Code 单元格中输入了一行代码，然后单击工具栏中的"运行"按钮，Notebook 中将打印输出：My first line of code in Jupyter!

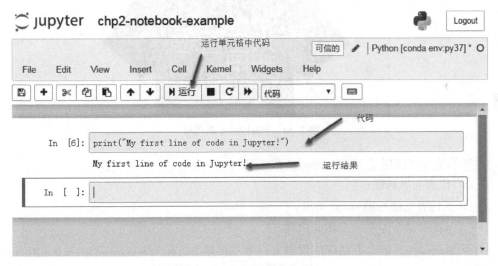

图 2.33　运行单元格中代码

而如果单元格类型为 Markdown，那么输入的就是 Markdown 格式的文档，Notebook 将按照 Markdown 文档的规范显示该段文档。例如，在新的单元格中输入如下内容。

\# 搭建数据科学开发环境
\#\# 为什么选择 Python?
\#\#\# 人生苦短,我用 Python
Python 开发领域流传着一句话："人生苦短,我用 Python"，很多人还把它印在了衣服上，如图 2.1 所示.某种程度这也表明了 Python 的功能强大与简洁
![人生苦短](1.jpg)

选择运行单元格,将看到如图 2.34 所示的内容。

图 2.34　Markdown 单元格

这里的单元格使用了 Markdown 语法,其中:
- ♯ 代表一级标题;
- ♯♯代表二级标题,以此类推;
- 是一个图片链接。

关于 Markdown 语法更详细的说明可以参考网站 https://markdown-zh.readthedocs.io/en/latest/。

2.4.3　Jupyter Notebook 中的命令模式与编辑模式键

Jupyter Notebook 有两种模式:编辑模式与命令模式。编辑模式下可以输入代码或文档,而命令模式下可以执行 Jupyter Notebook 命令。在编辑和命令模式之间切换,分别使用 Esc 键和 Enter 键。无论当前为何种模式,按下 Esc 键就可以进入命令模式,此时:
- 按 Up 和 Down 键可以向上和向下移动单元格;
- 按 A 键在活动单元格上方插入一个新单元格;

- 按 B 键在活动单元格下方插入一个新单元格；
- 按 M 键将活动单元格转换为 Markdown 单元格；
- 按 Y 键将激活的单元格设置为一个代码单元格；
- D+D(按两次 D 键)将删除活动单元格；
- 按 Z 键将撤销单元格删除；
- 按住 Shift 键,同时按 Up 或 Down 键,一次选择多个单元格；
- 按下 Ctrl+Shift+-组合键,在编辑模式下,将在光标处拆分活动单元格；
- 选中单元格,按下 Enter 键将进入编辑模式。

更多的快捷键命令可以通过在命令模式下按 H 键来获得帮助,即首先按 Esc 键,然后按 H 键,此时将看到 Jupyter 帮助页面,如图 2.35 所示。

图 2.35 Jupyter 帮助页面

2.4.4 使用 Jupyter Notebook 进行数据分析

在 py37 环境中启动 Jupyter Notebook，并创建一个新的 Notebook，文件名为 chp2-adult-data-analysis。按 Esc 键进入命令模式，在命令模式按 M 键将单元格设置为 Markdown 类型。在该单元格中按下 Enter 键进入编辑模式，输入：

```
# 业务理解
"adult dataset",也称为"Cenus Income"数据集来自 1994 年人口普查数据库.人口普查是一项广泛的活动…包括但不限于人口统计状况(使用最终,年龄,性别,原籍国),社会和经济状况(教育和就业)相关数据)等.
# 数据统计
```

按下 Shfit＋Enter 组合键运行该单元格，并自动在当前单元格下方创建一个新代码单元格(如果按 Ctrl＋Enter 组合键将只运行单元格，不创建新单元格)。在新单元格中输入：

```python
# Loading required modules
>>> import numpy as np
>>> import pandas as pd
>>> import seaborn as sns
>>> import matplotlib.pyplot as plt
>>> %matplotlib inline

# loading the data
>>> file_name = "../data/adult.data"

>>> columns = ["age", "work-class", "fnlwgt", "education", \
    "education-num","marital-status", "occupation", "relationship",\
    "race", "sex", "capital-gain", "capital-loss", "hours-per-week",\
    "native-country", "income"]
>>> data = pd.read_csv(file_name, names=columns, sep=',', \
        na_values='?', skipinitialspace=True)
```

再次按下 Shift＋Enter 组合键，在新单元格中输入：

```python
>>> data.head()
```

再次按下 Shift＋Enter 组合键，此时运行结果如图 2.36 所示。可以看出，Notebook 既是文档，又是代码，显著提高了数据分析与交流的效率。

接下来按 Esc 键进入命令模式，再次按 B 键在当前单元格输入：

```
# Data Visualization
```

按 Esc 键，再按 M 键将单元格变成 Markdown 类型单元格。按 Shift＋Enter 组合键后，在新单元格输入：

```python
# Plotting histogram for numerical values
>>> numerical_attributes = data.select_dtypes(include=['int64'])
>>> numerical_attributes.hist(figsize=(12,12))
```

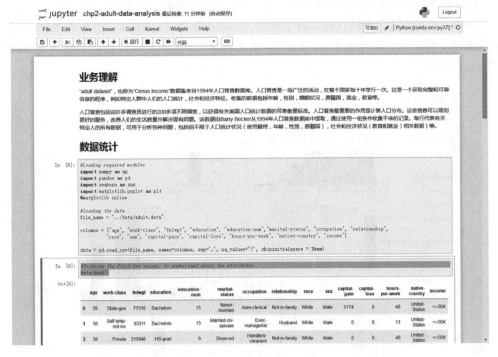

图 2.36　Notebook 运行结果

按 Shift+Enter 组合键运行该单元格,将看到 Notebook 中出现如图 2.37 所示的内容。

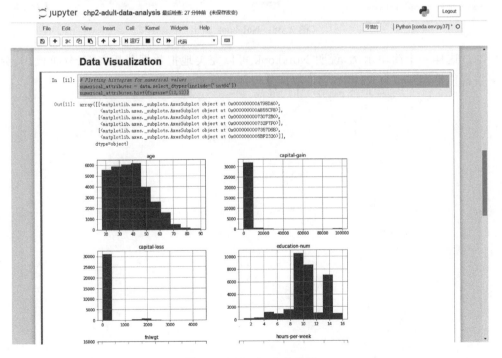

图 2.37　Notebook 中绘图

可见，在 Notebook 中不仅可以运行代码，还可以很好地完成数据可视化。最后，当完成了 Notebook 代码后，我们既可以将结果以 Notebook 格式（即保存为 ipynb 格式文件）分享给其他人，也可以输出为 HTML、PDF 等格式，这样即使管理人员也可以很方便地阅读，如图 2.38 所示。

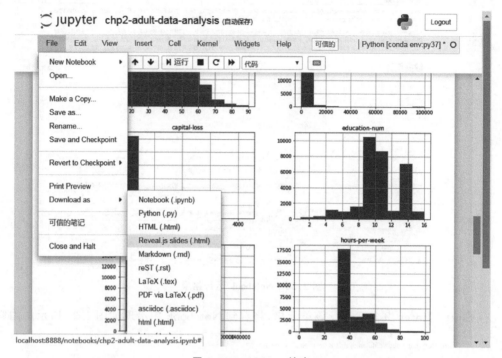

图 2.38　Notebook 输出

通过这样一个简单示例，说明 Notebook 可以完美地把数据分析文档、分析代码、分析结果可视化整合到一个文件中，它是数据分析师的重要工具之一。

第 3 章 Pandas 基础

CHAPTER 3

> 九层之台,始于垒土。
>
> ——《老子》

使用 Python 进行数据挖掘和数据分析时,一个必不可少的利器就是 Pandas 库。利用 Pandas 库可以快速地完成数据读写、数据分片/分组统计、数据整理等操作。Pandas 的所有功能都是构建在两个最基础的数据结构之上:Series 与 DataFrame。本章将围绕这两个基础的数据结构,详细讨论以下内容:

- 如何理解 DataFrame,以及它的基本要素;
- DataFrame 中的数据类型;
- 如何选择 DataFrame 中的某一列;
- 什么是 Series,以及针对 Series 的链式方法;
- 如何对 DataFrame 的列名、行名、索引进行修改;
- 如何选择 DataFrame 中的多列;
- 面向 DataFrame 的操作符。

3.1 什么是 DataFrame

Pandas 中有两种基础数据类型:Series 与 DataFrame。Series 是一种类似于一维数组的对象,由一组数据(各种 NumPy 数据类型)以及一组与之相关的数据标签(即索引)组成。而 DataFrame 则是一个表格型的数据结构,包含一组有序的列,每列可以是不同的值类型(数值、字符串、布尔型等),DataFrame 既有行索引,也有列索引,可以看作是由 Series 组成的字典。在程序中要使用 Pandas,第一步需要导入该库。为了方便,通常在导入 Pandas 时会给它一个别名"pd",后面如果需要使用该库,只需要输入 pd 就可以了。此外,在 Jupyter Notebook 中,我们还可以根据自己的需要设置数据显示多少行、多少列,超出设置的部分就会用省略号代替。下面的代码完成了 Pandas 库的导入,同时设置 Jupyter Notebook 中显示数据时,最多显示 7 行 6 列,超出部分用省略号代替。

```
>>> import pandas as pd
# set max display row,columns
>>> pd.set_option('display.max_rows', 7)
>>> pd.set_option('display.max_columns',6)
```

3.1.1　DataFrame 的基本要素

DataFrame 有 3 个基本要素，它们分别是索引、列、数据。首先运行如下代码。

```
>>> retail_data = pd.read_csv("../data/Online_Retail_Fake.csv")
>>> retail_data.head()
```

如果是在 Jupyter Notebook 中运行上述代码，那么会得到如图 3.1 所示的输出。

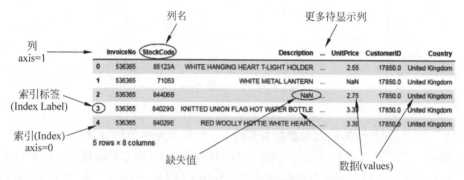

图 3.1　DataFrame 三要素

上面的代码中，第一行首先使用了 read_csv() 函数来将本地目录下的数据文件 Online_Retail_Fake.csv 读入到一个 DataFrame 中。关于读取数据部分，我们在第 8 章会有更深入的介绍。读者现在只需要知道 read_csv() 函数可以将 CSV 格式的文件的内容读入到一个 DataFrame 中就可以了。现在数据已经读入到 retail_data 这个 DataFrame 中，我们就可以利用 DataFrame 对象中的方法（函数）head() 来查看数据内容，在 Jupyter 中 DataFrame 的列名以及索引均以黑体显示，如图 3.1 所示。一个 DataFrame 包含了 3 个基本组件：索引、列和数据。通过指定对应的索引标签（Index Label）和列可以快速访问一个 DataFrame 的指定行或列的数据。在多个 Series 或 DataFrame 合并时，索引会用来做数据对齐。实际上 DataFrame 把索引和列都当作轴（axis），一个 DataFrame 有一个竖轴（Index）和一个横轴（Columns）。Pandas 借用了 NumPy 的命名，分别用 0/1 来表示竖/横轴。图 3.1 中最左边一列的 0、1、2、3、4 就是 DataFrame 的索引，我们也把索引（Index）称为 DataFrame 的 0 轴，后面经常会遇到在函数中指定参数 axis=0 的情况，就是指函数是作用于行。而具体的每一个索引标签（Index Label）对应于一行数据，如图 3.1 中的 3 就对应了数据的第 4 行（Pandas 中的索引也采用了从 0 开始计数的方式）。图中最顶端一行则代表了该数据的列（Columns），也可以用 axis=1 表示。例如，StockCode 就是其中一列的名称，正如图中显示的一样，每一列的数据都是同一类型，要么是数字，要么是字符串。虽然 DataFrame 中每一列数据要求是相同类型，但是不同列却可以是不同数据类型。对于数据缺失的情况，Pandas 中采用了 NaN 进行表示。实际数据分析中的数据经常是几千甚至几万行，所以为了方便分析，Jupyter Notebook 提供了设置最多显示多少行、多少列的功能。对于超出设置的部分，Jupyter Notebook 会用省略号进行表示，如图 3.1 所示。Jupyter Notebook 还具有代码补齐功能，按下 Tab 键可以帮助补齐后面的代码。如图 3.2 所示，按下 Tab 键后，Notebook 中会给出对应 retail_data 对象的方法，可以从列表中选择对应方法来补齐代码。

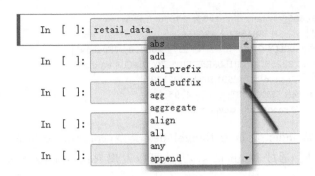

图 3.2　代码补齐

如果对某一个函数的使用存在任何疑问,也可以在函数名称后面输入"?"后按下 Shift+Enter 组合键运行该行代码来查看函数帮助,如图 3.3 所示。

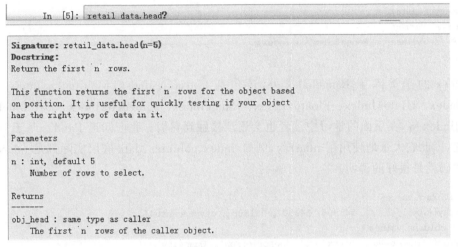

图 3.3　查看函数帮助

由于 index、columns、values 都是 DataFrame 对象中的属性,所以我们可以直接访问这些属性。例如,我们可以用如下代码来获取上述属性的值。

```
>>> index = retail_data.index
>>> columns = retail_data.columns
>>> data = retail_data.values
```

上面 3 行代码直接获取了 retail_data 对象的 index、columns、values 属性,并赋值给了变量 index、columns、data。接下来,运行如下代码依次查看这 3 个变量的值。

```
>>> index
RangeIndex(start = 0, stop = 541909, step = 1)
>>> columns
Index(['InvoiceNo', 'StockCode', 'Description', 'Quantity',
 'InvoiceDate','UnitPrice', 'CustomerID', 'Country'],
      dtype = 'object')
>>> data
array([['536365', '85123A', 'WHITE HANGING HEART T - LIGHT HOLDER', ...,2.55, 17850.0, 'United Kingdom'],['536365', '71053', 'WHITE METAL LANTERN', ..., nan, 17850.0,'United Kingdom'],
```

```
       ['536365', '84406B', nan, ..., 2.75, 17850.0,
 'United Kingdom'], ..., ['581587', '23254',
 'CHILDRENS CUTLERY DOLLY GIRL ', ..., 4.15, 12680.0, 'France'],
        ['581587', '23255', 'CHILDRENS CUTLERY CIRCUS PARADE', ...,
   4.15, 12680.0, 'France'], ['581587', '22138',
 'BAKING SET 9 PIECE RETROSPOT ', ..., 4.95,
        12680.0, 'France']], dtype = object)
```

从输出内容可知 index 变量为 RangeIndex 类型，columns 变量为 Index 类型，而 data 变量为 ndarray 类型。通过 issubclass() 方法可以发现 RangeIndex 本质上就是 Index 的子类，代码如下。

```
>>> type(index)
pandas.core.indexes.range.RangeIndex
>>> type(columns)
pandas.core.indexes.base.Index
>>> type(data)
numpy.ndarray
>>> issubclass(pd.RangeIndex, pd.Index)
True
```

index 的子类除了 RangeIndex 外，还包括 CategoricalIndex、MultiIndex、IntervalIndex、Int64Index、UInt64Index、Float64Index、RangeIndex、TimedeltaIndex、DatetimeIndex、PeriodIndex 等，在后面的学习中读者也会逐渐接触到它们。我们知道 Pandas 基于 NumPy 而构建，因此它大量地使用了 ndarray，例如，index、columns、data 底层实际都是 ndarray，下面的代码就是很好的说明。

```
>>> index.values
array([ 0, 1, 2, ..., 541906, 541907, 541908], dtype = int64)
>>> columns.values
array(['InvoiceNo', 'StockCode', 'Description', 'Quantity',
 'InvoiceDate','UnitPrice', 'CustomerID', 'Country'], dtype = object)
```

3.1.2 数据类型

数据分析中通常将数据简单地分为连续变量和离散变量，而 Pandas 对数据的类型有更详细的分类。表 3.1 给出了 Pandas 中的主要数据类型。

表 3.1 Pandas 中的数据类型

Pandas Type	Python Type	NumPy Type	使用场景
object	str	str	文本
int64	int	int,int8,int16,int32,int64,uint8,uint16,uint32,uint64	整数
float64	float	float	浮点数
bool	bool	bool	布尔类型
datetime64	NA	NA	日期
timedelta[ns]	NA	NA	日期间隔
category	NA	NA	分类变量

通过 3.1.1 节,我们已经知道 DataFrame 的每一列只能是一种数据类型,而不同列则可以是不同数据类型。如果要具体了解一个 DataFrame 对象中列的数据类型,可以通过 dtypes 属性来查看,代码如下。

```
>>> retail_data.dtypes
InvoiceNo        object
StockCode        object
Description      object
Quantity          int64
InvoiceDate      object
UnitPrice       float64
CustomerID      float64
Country          object
dtype: object
```

这里 retail_data 的 UnitPrice 列中每个数据都是 64 位浮点数,而 Quantity 列则都是 64 位整数。对应 object 类型,它可以是任何的 Python 对象,不过通常在数据分析中遇到的 object 类型都是字符串。要方便地查看 DataFrame 中每种数据类型各有几列,可以通过 get_dtype_counts() 方法,代码如下。

```
>>> retail_data.get_dtype_counts()
float64    2
int64      1
object     5
dtype: int64
```

3.1.3 了解 Series

Series 就是构成 DataFrame 的列,每一列就是一个 Series。一个 Series 是一个一维的数据类型,其中每一个元素都有一个标签,类似于 NumPy 中元素带标签的数组。其中,标签可以是数字或字符串。如果访问 DataFrame 中的某一列,可以采用如下代码。

```
>>> retail_data['Country']
0           United Kingdom
1           United Kingdom
              ...
541907               France
541908               France
Name: Country, Length: 541909, dtype: object
>>> type(retail_data.Country)
pandas.core.series.Series
```

这一段代码访问的是 Country 列,正如我们所料,返回的是一个 Series。它包含 Index 和数据,同时该 Series 的 Name(即列名)为 Country,数据类型为 object,数据长度为 541909。除了用"[ ]"操作符来访问某一列,DataFrame 还提供了另一种用"."操作符来访问列的方法,代码如下。

```
>>> retail_data.Country
```

```
0             United Kingdom
1             United Kingdom
                   ...
541907            France
541908            France
Name: Country, Length: 541909, dtype: object
```

通常情况下，我们不建议采用这种方法，原因有二：其一，如果对应的列名包含特殊字符，这种方法可能无效，如果列名为 Country Name，那么无法通过代码 retail_data.Country Name 来访问对应列；其二，如果列名与 DataFrame 的方法重名，那么也会无效，如果数据中某列名为 mean，此时也是无法采用该方法访问列的。获取了某一列数据后，Python 中支持的大部分运算操作符都可以应用于 Series，代码如下。

```
>>> retail_data['UnitPrice']
0         2.55
1          NaN
           ...
541907    4.15
541908    4.95
Name: UnitPrice, Length: 541909, dtype: float64
>>> retail_data['UnitPrice'] + 1
0         3.55
1          NaN
           ...
541907    5.15
541908    5.95
Name: UnitPrice, Length: 541909, dtype: float64
>>> retail_data['UnitPrice'] * 2
0         5.1
1         NaN
          ...
541907    8.3
541908    9.9
Name: UnitPrice, Length: 541909, dtype: float64
>>> retail_data['UnitPrice'] > 2
0         True
1         False
          ...
541907    True
541908    True
Name: UnitPrice, Length: 541909, dtype: bool
```

上述代码分别将 UnitPrice 列的每个数据都加 1，乘以 2，将 UnitPrice 列中的每个数据与 2 比较，返回取值为 True/False 的新 Series。

除了数值操作，还可以将一个 Series 与字符串进行比较，例如：

```
>>> country = retail_data['Country']
>>> country == 'France'
0         False
1         False
```

```
541907         True
541908         True
Name: Country, Length: 541909, dtype: bool
```

这里将 Country 这个 Series 中的每个数据与字符串 France 进行逻辑比较,返回一个新的取值为 True/False 的 Series。数据分析中会大量用到类似的布尔判断来对数据进行过滤,后续章节会对此进行更详细的介绍。

3.1.4 链式方法

在 Python 这一面向对象的高级语言中,一切皆对象,只要是对象,就有着自己的属性和方法,而对这些属性和方法的调用可能会返回新的对象和方法。这种通过"."操作来顺序调用对象方法的方式称为链式方法。在 Pandas 库中,DataFrame 和 Series 的很多操作都将返回一个新的 DataFrame 或 Series,此时我们又可以对新的 DataFrame 和 Series 进行方法调用,下面来看一段关于链式方法的代码。

```
>>> customers = retail_data['CustomerID']
>>> customers.value_counts().head()
17841.0    7983
14911.0    5903
14096.0    5128
12748.0    4642
14606.0    2782
Name: CustomerID, dtype: int64
>>> retail_data['Country'].value_counts().head()
United Kingdom    495477
Germany             9495
France              8557
EIRE                8196
Spain               2533
Name: Country, dtype: int64
```

上述第一段代码先获取了 CustomerID 列,并将其赋值给了一个新变量 customers。之后用 value_counts() 方法统计了 customers 这个 Series 中每个顾客的购物记录总数,最后用 head() 方法显示前 5 行。而第二段代码直接对 Country 列中来自不同国家的购物记录进行汇总,之后再显示前 5 行。数据分析中经常会用到链式方法来对 DataFrame 或 Series 中的缺失值进行统计,例如:

```
>>> retail_data['UnitPrice'].isnull()
0           False
1            True
            ...
541907      False
541908      False
Name: UnitPrice, Length: 541909, dtype: bool
>>> retail_data['UnitPrice'].isnull().sum()
3
```

第一段代码使用 isnull() 方法来判断 UnitPrice 列中的每一行数据是否缺失,如果是,则返回 True。最终将得到一个新的 Series,它的长度与 UnitPrice 列一样。通过链式方法可以继续调用 sum() 函数,该函数将对 Series 求和,这样就可以得出 UnitPrice 列共有 3 行数据缺失。当然,除了采用求和的方式统计总的缺失数据个数,也可以用求平均值函数 mean() 来获取缺失数据所占比例,代码如下。

```
>>> retail_data['UnitPrice'].isnull().mean()
5.535984824020269e-06
```

此外,也可以利用 fillna() 函数对缺失数据进行填充,之后再利用 mean() 函数查看缺失数据,此时可以发现 UnitPrice 中已经没有缺失数据了,代码如下。

```
>>> retail_data['UnitPrice'].fillna(0).isnull().mean()
0.0
```

fillna() 函数是处理缺失数据时常用到的一个方法,在后续章节还将更详细地介绍该方法。同时,对于任何函数,在 Jupyter 中都可以通过"?"操作符来获取详细的使用说明,读者可以通过帮助详细了解该函数的使用。

另一个 Pandas 新用户经常会遇到的问题就是 DataFrame 和 Series 中大部分对原有数据的修改操作都是产生一个全新的 Series 或 DataFrame,而不是对原数据的修改。例如,前面的代码 retail_data['UnitPrice'].fillna(0) 产生了一个新的 Series,那么对它修改不会对原来的 DataFrame(即 retail_data)产生任何改变。通过运行如下代码可以得到验证。

```
>>> retail_data['UnitPrice'].fillna(0).head()
0    2.55
1    0.00
2    2.75
3    3.39
4    3.39
Name: UnitPrice, dtype: float64
>>> retail_data.head()
0    2.55
1     NaN
2    2.75
3    3.39
4    3.39
Name: UnitPrice, dtype: float64
```

如果想直接在原 DataFrame 上进行修改,通常只需要在函数中加上参数 inplace=True 就可以了。

3.2 索引与列

3.2.1 修改索引与列

在数据分析过程中经常会遇到需要修改 DataFrame 中的索引与列名的问题,这里以 gapminder 数据集为例进行讲解,首先读入该数据,代码如下。

```
>>> gapminder = pd.read_csv("../data/gapminder.csv")
>>> gapminder.head()
```

显示结果如图 3.4 所示。

	Unnamed: 0	1800	1801	...	2015	2016	Life expectancy
0	0	NaN	NaN	...	NaN	NaN	Abkhazia
1	1	28.21	28.20	...	NaN	NaN	Afghanistan
2	2	NaN	NaN	...	NaN	NaN	Akrotiri and Dhekelia
3	3	35.40	35.40	...	NaN	NaN	Albania
4	4	28.82	28.82	...	NaN	NaN	Algeria

5 rows × 219 columns

图 3.4 gapminder 原始显示结果

从数据的显示看出 gapminder 采用了默认的索引值，取值为 0,1,…然而分析中想要的是用 Life expectancy 列的数据作为 gapminder 的索引，因此可以用如下代码完成修改。

```
>>> gapminder = pd.read_csv("../data/gapminder.csv",
     index_col = 'Life expectancy')
>>> gapminder.head()
```

修改结果如图 3.5 所示。

Life expectancy	Unnamed: 0	1800	1801	...	2014	2015	2016
Abkhazia	0	NaN	NaN	...	NaN	NaN	NaN
Afghanistan	1	28.21	28.20	...	NaN	NaN	NaN
Akrotiri and Dhekelia	2	NaN	NaN	...	NaN	NaN	NaN
Albania	3	35.40	35.40	...	NaN	NaN	NaN
Algeria	4	28.82	28.82	...	NaN	NaN	NaN

5 rows × 218 columns

图 3.5 修改结果（1）

通过 index_col='Life expectancy'参数可以让 read_csv()函数在读取数据时就将某列设置为索引。当然，Pandas 也支持在读入数据后再进行修改，代码如下。

```
>>> gapminder = pd.read_csv("../data/gapminder.csv")
>>> gapminder.set_index('Life expectancy')
>>> gapminder.head()
```

修改结果如图 3.6 所示。set_index()函数可以将指定的列设置为对应 DataFrame 对象的 Index，但是从代码输出来看似乎设置没有成功，我们用 gapminder.head()看到的还是原来的 Index。细心的读者应该会记得前面已经指出 Pandas 中大部分函数执行后返回的都是一个新的对象。因此，如果想在原来的对象上修改，有两种方法：一种就是使用 inplace=True 参数；另一种就是将返回的对象赋值给原来的变量，代码如下。

	Unnamed: 0	1800	1801	...	2015	2016	Life expectancy
0	0	NaN	NaN	...	NaN	NaN	Abkhazia
1	1	28.21	28.20	...	NaN	NaN	Afghanistan
2	2	NaN	NaN	...	NaN	NaN	Akrotiri and Dhekelia
3	3	35.40	35.40	...	NaN	NaN	Albania
4	4	28.82	28.82	...	NaN	NaN	Algeria

5 rows × 219 columns

图 3.6 修改结果(2)

```
>>> gapminder = pd.read_csv("../data/gapminder.csv")
>>> gapminder = gapminder.set_index('Life expectancy')
>>> gapminder.head()
```

既然可以设置索引,那么必然有将其恢复到列的方法,如下代码就可以将索引重新恢复到列中,结果如图 3.7 所示。

```
>>> gapminder.reset_index()
```

	Life expectancy	Unnamed: 0	1800	...	2014	2015	2016
0	Abkhazia	0	NaN	...	NaN	NaN	NaN
1	Afghanistan	1	28.21	...	NaN	NaN	NaN
...	...	...	...	...	...	...	...
778	Åland	258	NaN	...	NaN	NaN	NaN
779	South Sudan	259	NaN	...	56.1	56.1	56.1

780 rows × 219 columns

图 3.7 修改结果(3)

修改后返回一个新的 DataFrame,如果想在原来的 DataFrame 上修改,请使用 inplace=True 参数。掌握了索引的修改,接下来看看如何同时修改索引与列名,示例代码如下。

```
>>> gapminder = pd.read_csv("../data/gapminder.csv",
    index_col = 'Life expectancy')
>>> idx_rename = {'Abkhazia':'Abk', 'Afghanistan': 'Afg'}
>>> col_rename = {'Unnamed: 0':'Wrong Column', '1801': '1801Y'}
## 再次强调返回的是一个新的 DataFrame 而不是对原有 DataFrame 的修改
>>> gapminder_new = gapminder.rename(index = idx_rename,
    columns = col_rename)
>>> gapminder_new.head()
```

修改结果如图 3.8 所示。上述代码通过 rename()函数完成了对 gapminder 的索引和列名的修改。其中,idx_rename 和 col_rename 均为字典对象,字典的 key 对应了需要修改的内容,value 则是对应要修改成的那个值。同时,index 和 columns 也都可以转换为列表对象,可以通过直接将一个列表赋值给 index 和 columns 的方法来完成修改,具体代码如下。

	Wrong Column	1800	1801Y	...	2014	2015	2016
Life expectancy							
Abk	0	NaN	NaN	...	NaN	NaN	NaN
Afg	1	28.21	28.20	...	NaN	NaN	NaN
Akrotiri and Dhekelia	2	NaN	NaN	...	NaN	NaN	NaN
Albania	3	35.40	35.40	...	NaN	NaN	NaN
Algeria	4	28.82	28.82	...	NaN	NaN	NaN

5 rows × 218 columns

图 3.8　修改结果（4）

```
>>> index = gapminder.index
>>> columns = gapminder.columns
>>> index_list = index.tolist()
>>> column_list = columns.tolist()
>>> print(index_list[0])
Abkhazia
>>> index_list[0] = 'Abk'
>>> index_list[1] = 'Afg'
>>> column_list[0] = 'Wrong Column'
>>> gapminder.index = index_list
>>> gapminder.columns = column_list
>>> gapminder.head()
```

修改结果如图 3.9 所示。

	Wrong Column	1800	1801	...	2014	2015	2016
Abk	0	NaN	NaN	...	NaN	NaN	NaN
Afg	1	28.21	28.20	...	NaN	NaN	NaN
Akrotiri and Dhekelia	2	NaN	NaN	...	NaN	NaN	NaN
Albania	3	35.40	35.40	...	NaN	NaN	NaN
Algeria	4	28.82	28.82	...	NaN	NaN	NaN

5 rows × 218 columns

图 3.9　修改结果（5）

正如我们所期望的，gapminder 的列名和前两行的索引标签都已经修改为想要的内容。

3.2.2　添加、修改或删除列

在数据分析过程中经常需要添加新的列，或对当前列的数据进行修改，有时还需要删除某些列。本节将一一讨论如何实现它们。首先使用如下代码读入新的数据，并查看前 5 行。

```
>>> retail_data = pd.read_csv("../data/Online_Retail_Fake.csv")
>>> retail_data.head()
```

如图 3.10 所示，retail_data 数据包含了单价 UnitPrice 列和数量 Quantity 列，但是没有总价信息，分析中如果想添加新的一列 TotalPrice 到 retail_data 中，那么可以采取如下方法，结果如图 3.11 所示。

	InvoiceNo	StockCode	Description	...	UnitPrice	CustomerID	Country
0	536365	85123A	WHITE HANGING HEART T-LIGHT HOLDER	...	2.55	17850.0	United Kingdom
1	536365	71053	WHITE METAL LANTERN	...	NaN	17850.0	United Kingdom
2	536365	84406B	NaN	...	2.75	17850.0	United Kingdom
3	536365	84029G	KNITTED UNION FLAG HOT WATER BOTTLE	...	3.39	17850.0	United Kingdom
4	536365	84029E	RED WOOLLY HOTTIE WHITE HEART.	...	3.39	17850.0	United Kingdom

5 rows × 8 columns

图 3.10 读入数据

```
>>> retail_data['Total_price'] = retail_data['UnitPrice'] * \
        retail_data['Quantity']
>>> retail_data[['Total_price','UnitPrice','Quantity']]
```

从上述代码可以看出,添加新列是非常简单的,直接给该列赋值就可以完成。上面的第二行代码表示只取这3列数据,在第4章数据筛选中还会更详细地介绍,现在只需要理解['Total_price','UnitPrice','Quantity']代表只取这个列表中的列就可以了。默认情况下采用上述代码增加的新列都会作为最后一列,如果想在 DataFrame 的中间增加列,此时就需要采用 insert() 方法。例如,如果要在 CustomerID 列后添加刚才的数据,代码如下。

	Total_price	UnitPrice	Quantity
0	15.30	2.55	6
1	NaN	NaN	6
2	22.00	2.75	8
...	...	...	...
541906	16.60	4.15	4
541907	16.60	4.15	4
541908	14.85	4.95	3

541909 rows × 3 columns

图 3.11 添加新列

```
>>> totalPrice_index = retail_data.columns.get_loc
('CustomerID') + 1
>>> totalPrice_index
7
>>> retail_data.insert(loc = totalPrice_index,
                column = 'New_totalPrice',
                value = retail_data['Total_price'])
>>> retail_data.head()
```

运行结果如图 3.12 所示。

	InvoiceNo	StockCode	Description	Quantity	...	CustomerID	New_totalPrice	Country	Total_price
0	536365	85123A	WHITE HANGING HEART T-LIGHT HOLDER	6	...	17850.0	15.300000	United Kingdom	15.300000
1	536365	71053	WHITE METAL LANTERN	6	...	17850.0	27.666699	United Kingdom	27.666699
2	536365	84406B	NaN	8	...	17850.0	22.000000	United Kingdom	22.000000
3	536365	84029G	KNITTED UNION FLAG HOT WATER BOTTLE	6	...	17850.0	20.340000	United Kingdom	20.340000
4	536365	84029E	RED WOOLLY HOTTIE WHITE HEART.	6	...	17850.0	20.340000	United Kingdom	20.340000

5 rows × 10 columns

图 3.12 insert()插入列

从代码输出可以看出新的 New_totalPrice 列位于 CustomerID 后。了解了如何在 DataFrame 中添加新列后,下面来看一下如何删除列。删除列需要使用 drop() 方法,如果想删除 New_totalPrice 列,则可以运行如下代码。

```
>>> retail_data.drop('New_totalPrice',axis = 'columns')
```

运行结果如图 3.13 所示。

	InvoiceNo	StockCode	Description	Quantity	...	UnitPrice	CustomerID	Country	Total_price
0	536365	85123A	WHITE HANGING HEART T-LIGHT HOLDER	6	...	2.550000	17850.0	United Kingdom	15.300000
1	536365	71053	WHITE METAL LANTERN	6	...	4.611117	17850.0	United Kingdom	27.666699
...	...	...	...	...	...	...	...	...	...
541908	581587	22138	BAKING SET 9 PIECE RETROSPOT	3	...	4.950000	12680.0	France	14.850000
541909	581587	22138	Wrong booking	3	...	4.950000	12680.0	France	14.850000

541910 rows × 9 columns

图 3.13　删除列

需要注意的是，drop()方法返回的是一个新的 DataFrame，而不是在原来的 DataFrame 进行列的删除。因此，如果需要保留这个新的 DataFrame，可以使用参数 inplace=True 来指明修改在原来的 DataFrame 上进行。或者也可以将返回的 DataFrame 赋值给一个新的变量。除了采用 drop()方法以外，还可以用如下代码直接在原来的 DataFrame 中删除列。

```
>>> del retail_data['New_totalPrice']
```

除了常规的数学运算，还可以对 DataFrame 的列进行逻辑运算，之后将其赋值给新的列，例如：

```
>>> retail_data['key_customer'] = retail_data['Total_price']> 1000
>>> retail_data['key_customer'].sum()
388
```

通过上述代码将购物总金额超过 1000 的定义为关键客户，首先将 Total_price 列的数据与 1000 比较，此时返回的是一个取值为 True/False 的 Series。然后将该 Series 添加到 retail_data 中，命名该列为 key_customer，对该列求和就可以得出关键客户总数为 388。这种将 DataFrame 的列与某个值进行比较后得到一个取值为布尔值 Series 的方法在后面章节还会多次使用，希望读者能熟练掌握。

3.3　选择多列

前面已经学习了如何选择 DataFrame 中的某一列，那么如果想选择多列，应该怎么操作呢？例如，选择 retail_data 中的 3 列，依次为 Total_price、UnitPrice、Quantity，那么可以用如下代码完成，结果如图 3.14 所示。

```
>>> retail_data[['Total_price','UnitPrice','Quantity']]
```

上述代码中用了一个列表（即 ['Total_price', 'UnitPrice', 'Quantity']）作为变量在 retail_data 中指出想要选择的列，此时将返回一个新的 DataFrame，即使该列表中只有一个元素，返回的也是一个 DataFrame。下面的代码可以帮助我们对此有更好的理解。

```
>>> type(retail_data[['Total_price']])
pandas.core.frame.DataFrame
>>> type(retail_data['Total_price'])
```

	Total_price	UnitPrice	Quantity
0	15.300000	2.550000	6
1	27.666696	4.611116	6
...	...	...	...
541907	16.600000	4.150000	4
541908	14.850000	4.950000	3

541909 rows × 3 columns

图 3.14　选择结果(1)

```
pandas.core.series.Series
```

利用 type() 函数进行检查,可以确认输入为列表时返回的是 DataFrame,而直接输入 Total_price 返回的则是 Series。除了通过明确指定列名的方式来选择列以外,还可以根据列的数据类型或列的名称字符串匹配来选择列,代码如下。

```
>>> retail_data.get_dtype_counts()
float64    4
int64      1
object     5
dtype: int64
>>> retail_data.select_dtypes(include = ['float64']).head()
```

运行结果如图 3.15 所示。

	UnitPrice	CustomerID	New_totalPrice	Total_price
0	2.550000	17850.0	15.300000	15.300000
1	4.611116	17850.0	27.666696	27.666696
2	2.750000	17850.0	22.000000	22.000000
3	3.390000	17850.0	20.340000	20.340000
4	3.390000	17850.0	20.340000	20.340000

图 3.15 选择结果(2)

第一段代码统计了 retail_data 中各种数据类型的数量,其中 float64 类型有 4 列。第二段代码则通过 select_dtypes() 函数指定选择 float64 数据类型的列。当然,Pandas 也支持一次选择多种数据类型,例如:

```
>>> retail_data.select_dtypes(include = ['float64','int']).head()
```

这段代码同时选择了 float64 和 int 类型的列。除了根据数据类型选择列,Pandas 中还可以根据列名称来进行选择,代码如下。

```
#字符串部分匹配
>>> retail_data.filter(like = 'Price')

#正则表达式
>>> retail_data.filter(regex = '_').head()
```

运行结果如图 3.16 和图 3.17 所示。

	UnitPrice	New_totalPrice
0	2.550000	15.300000
1	4.611116	27.666696
2	2.750000	22.000000
...	...	...
541906	4.150000	16.600000
541907	4.150000	16.600000
541908	4.950000	14.850000

541909 rows × 2 columns

图 3.16 选择结果(3)

	New_totalPrice	Total_price
0	15.300000	15.300000
1	27.666696	27.666696
2	22.000000	22.000000
3	20.340000	20.340000
4	20.340000	20.340000

图 3.17 选择结果(4)

filter()方法有 3 个互斥的参数,分别为 items、regex 和 like。通过前面的代码已经知道了 regex 和 like 参数的用法,接下来看看 items 参数,该参数实际对应的就是列名。例如,如下代码将选择 Total_price 和 UnitPrice 列,结果如图 3.18 所示。

```
>>> retail_data.filter(items = ['Total_price', 'UnitPrice']).head()
```

使用 items 参数的一个好处是,如果 items 中的列名不存在,此时不会返回 KeyError 错误,而只是返回包含正确列的 DataFrame,代码如下。

```
>>> retail_data.filter(items = ['Total_price', 'UnitPrice',
    'wrong']).head()
```

	Total_price	UnitPrice
0	15.300000	2.550000
1	27.666696	4.611116
2	22.000000	2.750000
3	20.340000	3.390000
4	20.340000	3.390000

图 3.18 选择结果(5)

前面学习了如何选择特定列,利用这一方法还可以对数据中的列进行重排。例如,根据列数据类型(连续变量或离散变量)组织 DataFrame 中的列,或者将关联的列顺序排列。如果从数据分析角度看,retail_data 中 UnitPrice、Quantity、Total_price 列是一组关联数据,InvoiceNo、InvoiceDate、StockCode、Description 列为另一组数据,CustomerID 和 Country 为一组,那么可以采用如下方式完成列的重排。

```
>>> price_info = ['UnitPrice', 'Quantity', 'Total_price']
>>> invoice_info = ['InvoiceNo', 'InvoiceDate', 'StockCode',
    'Description']
>>> customer_info = ['CustomerID', 'Country']
>>> columns_new = price_info + invoice_info + customer_info
>>> set(columns_new) == set(retail_data.columns)
True
```

上述代码首先定义了 3 个列表,分别包含了想要的 3 组列的名称。然后将 3 个列表汇总到 columns_new 这个新的列表,它里面的列名称实际上和原来的 retail_data 一样,只是列的排序不一样。通过集合比较的输出也可以确认二者是一致的。直接将 columns_new 这个列表传入到 retail_data 的"[]"操作符就完成了列的选择,新的 DataFrame 中列的顺序即是所期望的顺序了,代码如下。

```
>>> retail_data_new = retail_data[columns_new]
>>> retail_data_new.head()
```

运行结果如图 3.19 所示。

	UnitPrice	Quantity	Total_price	InvoiceNo	InvoiceDate	StockCode	Description	CustomerID	Country
0	2.550000	6	15.300000	536365	2010/12/1 8:26	85123A	WHITE HANGING HEART T-LIGHT HOLDER	17850.0	United Kingdom
1	4.611117	6	27.666699	536365	2010/12/1 8:26	71053	WHITE METAL LANTERN	17850.0	United Kingdom
2	2.750000	8	22.000000	536365	2010/12/1 8:26	84406B	NaN	17850.0	United Kingdom
3	3.390000	6	20.340000	536365	2010/12/1 8:26	84029G	KNITTED UNION FLAG HOT WATER BOTTLE	17850.0	United Kingdom
4	3.390000	6	20.340000	536365	2010/12/1 8:26	84029E	RED WOOLLY HOTTIE WHITE HEART.	17850.0	United Kingdom

图 3.19 列的重排

第 4 章 数 据 筛 选

CHAPTER 4

> 众里寻他千百度。
> 蓦然回首,那人却在,灯火阑珊处。
> ——辛弃疾《青玉案·元夕》

如果用一句话来概括数据分析,可以认为数据分析的过程就是找到所关心的问题的答案。而要回答这一问题,我们需要像炼金术士一样对数据不断提炼。在这一过程中需要频繁选取特定数据放到放大镜下进行观察。在 Pandas 中,选择特定行、列有两种方式:一种是操作符"[]"访问方式,"[]"称为 Indexing Operator(索引操作符);另一种是通过 .loc 或 .iloc 的方式,即 Indexer(索引器)来选择特定行、列。通过第 3 章的学习,读者对使用操作符方式访问 DataFrame 的行和列已经有所了解,本章将重点介绍通过索引器选择行、列的方法。

4.1 使用 .loc 和 .iloc 筛选行与列数据

Series 和 DataFrame 具有极大的灵活性,数据分析人员既可以像访问 Python 中的列表那样利用整数索引的方式对 Series 和 DataFrame 中的数据进行访问,也可以像 Python 中的字典一样通过标签(Label)来访问。其中 .loc 支持通过索引标签(Index Label)的方式访问数据,而 .iloc 支持通过整数索引的方式访问数据。在开始本节的讲解之前,首先读入要使用的数据,同时完成一些 Jupyter Notebook 中的基本设置,代码如下。

```
>>> import pandas as pd
# set max display row,columns
>>> pd.set_option('display.max_rows', 10)
>>> pd.set_option('display.max_columns',10)
>>> retail_data = pd.read_csv("../data/Online_Retail_Fake.csv")
>>> retail_data['UnitPrice'] = retail_data['UnitPrice'].\
    fillna(retail_data['UnitPrice'].mean())
>>> retail_data['Quantity'] = retail_data['Quantity'].\
    fillna(retail_data['Quantity'].mode())
>>> retail_data['Total_price'] = retail_data['UnitPrice'] * \
    retail_data['Quantity']
```

上述代码完成了 Pandas 模块的导入,同时设置 Jupyter Notebook 中行、列显示限制为

10。然后程序读入数据到 retail_data 中,并使用 fillna()函数将 UnitPrice 列缺失数据用均值来填充,Quantity 列缺失数据用众数填充,最后在 retail_data 中添加了新列 Total_price。

4.1.1 选择 Series 和 DataFrame 中的行

.loc 和.iloc 在 Series 和 DataFrame 的工作方式基本一样,首先来看一下 Series 中使用整数索引方式来选择数据的方法——.iloc。

```
>>> country = retail_data['Country']
>>> country.head()
0    United Kingdom
1    United Kingdom
2    United Kingdom
3    United Kingdom
4    United Kingdom
Name: Country, dtype: object
```

上述代码通过"[]"操作访问 retail_data 的 Country 列,并将其赋值给了变量 country,通过前面章节的学习,读者应该知道该变量为 Series 类型。此时如果想选择 country 的某一特定行,应该怎么办呢?通过.iloc 可以实现,代码如下。

```
>>> country.iloc[0],country.iloc[7279],country.iloc[541909]
('United Kingdom', 'Belgium', 'France')
```

这段代码分别选择了 country 的第 0 行、第 7279 行和第 541909 行数据。如果想访问多行数据,可以直接输入一个列表来完成,例如:

```
>>> country.iloc[[0,7279,541909]]
0         United Kingdom
7279             Belgium
541909            France
Name: Country, dtype: object
```

这一行代码就可以同时完成对多行数据的选择。除了支持采用列表方式选择离散的多行数据以外,.iloc 还支持更多样的选择行的方式,即切片(Slicing),例如:

```
>>> country.iloc[10:50:10]
10    United Kingdom
20    United Kingdom
30            France
40            France
Name: Country, dtype: object
```

上述代码中的 10:50:10,代表从整数索引 10 开始到 50,每隔 10 个选择一个,其中 50 不包括在里面。所以上述代码得到的是对应 country 这个 Series 中排在第 10,20,30,40 的数据。需要强调的是,这里所指的索引是指数据在 Series 中的排列位置,而不是 Series 的索引(Index)。而当前变量 country 的索引只是碰巧也是数字而已。下面的代码很好地说明了其中的区别。

```
>>> s1 = pd.Series([1, 2, 3, 4], index = ['A', 'B', 'C', 'D'])
>>> s2 = pd.Series([1, 2, 3, 4], index = [4, 1, 3, 2])
>>> s1
A    1
B    2
C    3
D    4
dtype: int64
>>> s2
4    1
1    2
3    3
2    4
dtype: int64
>>> s1.iloc[[1,3]]
B    2
D    4
dtype: int64
>>> s2.iloc[[1,3]]
1    2
2    4
dtype: int64
```

上述代码中 s1 变量的索引为['A'，'B'，'C'，'D']，而 s2 的索引为[4，1，3，2]。如果利用 .iloc 选择 Series 中的第 2 行和第 4 行（对应的是下标 1 和 3，因为计数从 0 开始），那么对应 s2 返回的值是 2 和 4，而不是对应于索引值 1 和 3 的数据。希望读者能理解索引和值在 Series 中的顺序的区别。有时索引和顺序值一样，但是不一定总是如此。例如，对如下的数据 college，两者就不一样，如图 4.1 所示。

```
>>> college = pd.read_csv("../data/College.csv", index_col = 0)
>>> college.head()
```

	Private	Apps	Accept	Enroll	Top10perc	...	Terminal	S.F.Ratio	perc.alumni	Expend	Grad.Rate
Abilene Christian University	Yes	1660	1232	721	23	...	78	18.1	12	7041	60
Adelphi University	Yes	2186	1924	512	16	...	30	12.2	16	10527	56
Adrian College	Yes	1428	1097	336	22	...	66	12.9	30	8735	54
Agnes Scott College	Yes	417	349	137	60	...	97	7.7	37	19016	59
Alaska Pacific University	Yes	193	146	55	16	...	72	11.9	2	10922	15

5 rows × 18 columns

图 4.1 college 数据

college 中的索引是各学校的名称，而不是像前面的 retail_data 中的索引刚好为 0,1,…，和顺序值一样。对于这种类型的数据，通常会考虑使用 .loc 来选择对应的行，例如：

```
>>> college.loc['Yale University']
Private            Yes
Apps             10705
Accept            2453
Enroll            1317
```

```
Top10perc              95
                       ...
Terminal               96
S.F.Ratio             5.8
perc.alumni            49
Expend              40386
Grad.Rate              99
Name: Yale University, Length: 18, dtype: object
```

这一行代码就是选择对应索引标签为 Yale University 的行。如果要一次访问多行，也可以采用如下代码。

```
>>> college.loc['Abilene Christian University':\
'Alaska Pacific University']
```

与 .iloc 类似，.loc 也支持数据分片，因此也可以用如下代码来选择数据。

```
>>> college.loc['Abilene Christian University':'Yale University':50]
```

选择结果如图 4.2 所示。

	Private	Apps	Accept	Enroll	Top10perc	...	Terminal	S.F.Ratio	perc.alumni	Expend	Grad.Rate
Abilene Christian University	Yes	1660	1232	721	23	...	78	18.1	12	7041	60
Bethany College	Yes	878	816	200	16	...	68	11.6	29	7718	48
...	...	...	...	...	...	...	...	...	...	...	...
University of Wisconsin at Madison	No	14901	10932	4631	36	...	96	11.5	20	11006	72
Westminster College of Salt Lake City	Yes	917	720	213	21	...	83	10.5	34	7170	50

16 rows × 18 columns

图 4.2　数据选择结果（1）

上述代码，在索引标签 Abilene Christian University 与 Yale University 之间，每隔 50 个选择一行数据。

4.1.2　同时选择行与列

掌握了选择行的方式后，可以将类似方法应用到列中。使用类似下面代码的方式，可以同时选择列和行。

```
df.iloc[rows, columns]
df.loc[rows, columns]
```

其中，rows 代表了行的选择，它既可以是列表，也可以是数据切片方式的输入，columns 代表了列的选择。例如，如下代码选择了索引标签值从 Westminster College of Salt Lake City 开始到最后一行，以 Accept 列为结束的前面所有列。这里需要注意，与 .iloc 方式不同的是，Accept 列是包含在其中的，因为切片时如果采用的是数字，那么后面的值是不包含的，而在不是数字时则是包含的，结果如图 4.3 所示。

```
>>> college.loc['Westminster College of Salt Lake City':,
      :'Accept'].head(3)
```

另外需要说明的是，如果":"后没有内容，那么代表直到结束；如果是前面没有内容，那

	Private	Apps	Accept
Westminster College of Salt Lake City	Yes	917	720
Westmont College	No	950	713
Wheaton College IL	Yes	1432	920

图 4.3　数据选择结果（2）

么代表直到开始。如果说只是":"，那么代表所有行或列，如下代码就选择了所有行。

```
>>> college.loc[:,['Apps','Accept']].head(3)
```

选择结果如图 4.4 所示。

	Apps	Accept
Abilene Christian University	1660	1232
Adelphi University	2186	1924
Adrian College	1428	1097

图 4.4　数据选择结果（3）

Pandas 中的数据切片除了上面提到的几种用法，还有更多用法，例如：

```
>>> college.iloc[-5:,:]
```

选择结果如图 4.5 所示。

	Private	Apps	Accept	Enroll	Top10perc	...	Terminal	S.F.Ratio	perc.alumni	Expend	Grad.Rate
Worcester State College	No	2197	1515	543	4	...	60	21.0	14	4469	40
Xavier University	Yes	1959	1805	695	24	...	75	13.3	31	9189	83
Xavier University of Louisiana	Yes	2097	1915	695	34	...	75	14.4	20	8323	49
Yale University	Yes	10705	2453	1317	95	...	96	5.8	49	40386	99
York College of Pennsylvania	Yes	2989	1855	691	28	...	75	18.1	28	4509	99

5 rows × 18 columns

图 4.5　数据选择结果（4）

这段代码选择了最后 5 行和所有列，其中的-5 代表了倒数第 5 行。而如下代码则选择最后 5 行中的第 1 列和第 2 列（分别对应的是 Apps 和 Accept 列，因为它们在列中的顺序是 1,2），结果如图 4.6 所示。

```
>>> college.iloc[-5:,[1,2]]
```

在不输入列的情况下，默认选择所有列，代码如下。

```
>>> college.iloc[:5]
```

结果如图 4.7 所示。这段代码的效果和如下代码一样。

```
>>> college.iloc[:5,:]
```

	Apps	Accept
Worcester State College	2197	1515
Xavier University	1959	1805
Xavier University of Louisiana	2097	1915
Yale University	10705	2453
York College of Pennsylvania	2989	1855

图 4.6　数据选择结果（5）

	Private	Apps	Accept	Enroll	Top10perc	...	Terminal	S.F.Ratio	perc.alumni	Expend	Grad.Rate
Abilene Christian University	Yes	1660	1232	721	23	...	78	18.1	12	7041	60
Adelphi University	Yes	2186	1924	512	16	...	30	12.2	16	10527	56
Adrian College	Yes	1428	1097	336	22	...	66	12.9	30	8735	54
Agnes Scott College	Yes	417	349	137	60	...	97	7.7	37	19016	59
Alaska Pacific University	Yes	193	146	55	16	...	72	11.9	2	10922	15

5 rows × 18 columns

图 4.7　数据选择结果（6）

有时列的内容太多，在不知道该列的数字顺序时，可以通过 get_loc() 函数来获得该列位于第几列，代码如下。

```
>>> college.columns.get_loc('Expend')
16
>>> start = college.columns.get_loc('Apps')
>>> end = college.columns.get_loc('Top10perc')
>>> college.iloc[10:100:10, start:end]
```

结果如图 4.8 所示。这段代码首先采用 get_loc() 函数获得了 Apps 和 Top10perc 列的顺序值，之后使用该值进行列的选择。此外，有的读者可能在某些书中看到使用 .ix 方式也可以实现对行和列

	Apps	Accept	Enroll
Alfred University	1732	1425	472
Antioch University	713	661	252
Augustana College	761	725	306
Beaver College	1163	850	348
Bethany College	878	816	200
Bowdoin College	3356	1019	418
Brown University	12586	3239	1462
Calvin College	1784	1512	913
Carthage College	1616	1427	434

图 4.8　get_loc() 函数获得顺序值

的选择，它还可以支持顺序值和索引混用。这里要说明的是该方式在新的版本中已经不再推荐，请读者谨慎使用。

4.2　布尔选择

4.1 节学习了如何对指定的行列进行筛选，然而在数据分析中应用最广泛的还是利用布尔选择的方式来筛选数据。该方法的基本思路是通过对 Pandas 中的 Series 和 DataFrame 进行逻辑运算后得到一个新的 Series 或 DataFrame，其中的数据是布尔值（True/False）。利用这些布尔值数据，分析人员就可以完成数据的筛选。本节将以 CWUR 数据为例来对布尔选择进行说明。CWUR 指的是世界大学排名中心（Center for World University Rankings），该中心以"对学校教学质量的评估尤为关注"而闻名世界。CWUR 世界大学排名是除了 QS 世界大学排名、THE 世界大学排名、USNews 全球大学排名和上海软科世界大学学术排名外，另一大备受关注的世界大学排名，可以通过网站 https://cwur.org/ 进行访问。该排名通过以下几个指标完成：

- 教育质量（Quality of Education），25%；
- 校友就业（Alumni Employment），25%；
- 师资力量（Quality of Faculty），10%；
- 研究成果（Research Output），10%；
- 高质量出版物（High Quality Publications），10%；

- 影响力(Influence),10%;
- 引用(Citations),10%。

首先读入数据,如图 4.9 所示。

```
>>> cwur = pd.read_csv('../data/cwurData.csv')
>>> cwur.head()
```

	world_rank	institution	country	national_rank	quality_of_education	...	citations	broad_impact	patents	score	year
0	1	Harvard University	USA	1	7	...	1	NaN	5	100.00	2012
1	2	Massachusetts Institute of Technology	USA	2	9	...	4	NaN	1	91.67	2012
2	3	Stanford University	USA	3	17	...	2	NaN	15	89.50	2012
3	4	University of Cambridge	United Kingdom	1	10	...	11	NaN	50	86.17	2012
4	5	California Institute of Technology	USA	4	2	...	22	NaN	18	85.21	2012

5 rows × 14 columns

图 4.9　读入 CWUR 数据

4.2.1　计算布尔值

现在已经有了大学排名数据,如果想选择那些 score>85 的大学,应该如何操作呢? 首先需要构建一个布尔值构成的 Series,方法如下。

```
>>> cwur_85 = cwur['score']>85
>>> cwur_85.head(5)
0    True
1    True
2    True
3    True
4    True
Name: score, dtype: bool
```

这里得到的 cwur_85 是一个新的 Series,它的长度和原来的 cwur['score']列一样,而取值则是列中的每一个值和 85 比较后返回的布尔值。对该值求和可以得出共有多少所学校得分大于 85,代码如下。

```
>>> cwur_85.sum()
35
```

通过下面的代码还可以计算得分大于 85 的学校比例是多少。

```
>>> cwur_85.mean()
0.015909090909090907
```

因为 mean()函数的计算是求和后求平均,而 True=1,False=0,因此求平均就得到了比例。除了直接用">"操作符的方式进行比较,还可以利用函数进行比较。例如,下面的一行代码也可以完成对得分大于 85 的学校比例的统计。

```
>>> cwur['score'].gt(85).mean()
```

类似的函数还有 eq()、ne()、le()、lt()、ge(),读者可以通过查看帮助来了解它们的用法。除了与某一个值进行比较可以构造用于布尔选择的 Series，还可以用在 DataFrame 中的列之间进行比较的方式进行数据选择，例如：

```
>>> edu_faculty = cwur['quality_of_education']>\
    cwur['alumni_employment']
```

这一段代码就是比较学校的教育质量得分与职员得分列。现在分别构造学校得分大于 85 分的一个布尔条件选择，以及学校教育质量得分大于职员得分的另一个布尔条件选择，之后可以将两者进行逻辑运算。

```
>>>(cwur_85&edu_faculty).head()
0    False
1    False
2     True
3    False
4    False
dtype: bool
```

需要强调的是，在进行这样的布尔运算时一定要使用括号。例如，运行如下代码就会遇到错误。

```
>>> cwur['score']> 85 &\
    cwur['quality_of_education']> cwur['alumni_employment']
```

在这种情况下，正确的代码应该是：

```
>>>(cwur['score']> 85) & \
    cwur['quality_of_education']> cwur['alumni_employment'])
0       False
1       False
        ...
2198    False
2199    False
Length: 2200, dtype: bool
```

4.2.2 多条件筛选数据

掌握了构造数据的选择条件后，后面的数据选择就是很简单的事情了。例如，如下代码就筛选了中国历年在全球排名前 100 的大学。

```
>>> crit_1 = cwur['world_rank']< 100
>>> crit_2 = cwur['country'] == 'China'
>>> criterial = crit_1&crit_2
>>> cwur[criterial]
```

筛选结果如图 4.10 所示。条件 1 是排名前 100，条件 2 是中国，将两者求"与"，就得到同时满足这两个条件的新变量 criterial，将该条件应用到 cwur 数据中就可以筛选出满足条件的数据了。类似地，还可以构造各种更复杂的条件，如全球排名前 100，专利大于 100，影响力大于 200 的大学可以通过如下方式筛选。

world_rank		institution	country	national_rank	quality_of_education	...	citations	broad_impact	patents	score	year
254	55	Peking University	China	1	355	...	250	155.0	7	55.30	2014
286	87	Tsinghua University	China	2	294	...	134	162.0	16	52.60	2014
1255	56	Peking University	China	1	182	...	182	125.0	20	54.26	2015
1277	78	Tsinghua University	China	2	309	...	65	156.0	30	52.21	2015

4 rows × 14 columns

图 4.10 筛选结果(1)

```
>>> crit_3 = cwur['world_rank']< 100
>>> crit_4 = cwur['patents']> 100
>>> crit_5 = cwur['broad_impact']> 200
>>> criteria2 = crit_3&(crit_4|crit_5)
>>> cwur[criteria2].head()
```

筛选结果如图 4.11 所示。

world_rank		institution	country	national_rank	quality_of_education	...	citations	broad_impact	patents	score	year
5	6	Princeton University	USA	5	8	...	26	NaN	101	82.50	2012
10	11	University of Chicago	USA	9	15	...	28	NaN	101	73.82	2012
20	21	Rockefeller University	USA	15	1	...	96	NaN	101	61.74	2012
28	29	University of Texas Southwestern Medical Center	USA	21	19	...	84	NaN	101	56.43	2012
34	35	University of Toronto	Canada	1	101	...	18	NaN	101	53.43	2012

5 rows × 14 columns

图 4.11 筛选结果(2)

对于复杂的条件,通常需要采用构造新的条件选择变量的方式来完成,对于一些逻辑比较清楚的选择则可以直接进行数据的筛选。例如,如下代码直接筛选了 CWUR 数据集中所有中国的大学。

```
>>> cwur[cwur['country'] == 'China'].head()
```

筛选结果如图 4.12 所示。

world_rank		institution	country	national_rank	quality_of_education	...	citations	broad_impact	patents	score	year
254	55	Peking University	China	1	355	...	250	155.0	7	55.30	2014
286	87	Tsinghua University	China	2	294	...	134	162.0	16	52.60	2014
388	189	Fudan University	China	3	355	...	310	230.0	100	48.14	2014
394	195	Shanghai Jiao Tong University	China	4	325	...	250	234.0	138	48.02	2014
405	206	Zhejiang University	China	5	355	...	493	290.0	94	47.76	2014

5 rows × 14 columns

图 4.12 筛选结果(3)

最后用一个实际的例子来完成本章的内容,假如从事股票投资时想知道上证指数在过去一年里出现极端情况(涨跌大于或等于 2.5%)的比例有多少,我们应该怎么办呢? 首先获取上证指数的数据,代码如下。

```
# import tushare as ts
# sh = ts.get_h_data('000001',start = '2009 - 01 - 01',\
    end = '2019 - 09 - 01', index = True)
>>> sh = pd.read_csv('../data/sh.csv',index_col = 'date')
>>> sh.head()
```

	open	high	close	low	volume	amount
date						
2019-08-30	2907.383	2914.577	2886.237	2874.103	19395995100	224751169931
2019-08-29	2895.999	2898.605	2890.919	2878.588	17861308200	196332770521
2019-08-28	2901.627	2905.435	2893.756	2887.012	18309790300	201805050637
2019-08-27	2879.515	2919.644	2902.193	2879.406	20814179400	230999692857
2019-08-26	2851.016	2870.494	2863.567	2849.238	16989536300	191036667851

图 4.13 获取上证指数数据

结果如图 4.13 所示。这里作者安装了 tushare 库来获取上证指数过去一年的数据,读者既可以使用作者提供的数据来完成后面的练习,也可以自己使用 tushare 下载实时数据。由于数据是倒序排列,所以需要按照索引重新排序,代码如下。

```
>>> sh.sort_index(inplace = True)
>>> sh.head()
```

重新排序结果如图 4.14 所示。

	open	high	close	low	volume	amount
date						
2009-01-05	1849.020	1880.716	1880.716	1844.094	6713671200	46100959232
2009-01-06	1878.827	1938.690	1937.145	1871.971	9906675200	69012570112
2009-01-07	1938.974	1948.233	1924.012	1920.515	9236008800	63931166720
2009-01-08	1890.242	1894.171	1878.181	1862.263	8037400000	55076814848
2009-01-09	1875.164	1909.349	1904.861	1875.164	7122477600	50131263488

图 4.14 重新排序

由于这里得到的是每日收盘价,为了转换成每天的涨跌幅,需要利用 pct_change()函数来实现该功能,代码如下。

```
>>> percent = sh['close'].pct_change()
>>> sh['perc'] = percent
>>> sh.head()
```

转换结果如图 4.15 所示。得到涨跌幅后,下一步就是构造条件,并计算极端值的比例。这里使用了 shape[0]来得到极端值出现的次数(shape 是 DataFrame 对象的属性,它返回的

	open	high	close	low	volume	amount	perc
date							
2009-01-05	1849.020	1880.716	1880.716	1844.094	6713671200	46100959232	NaN
2009-01-06	1878.827	1938.690	1937.145	1871.971	9906675200	69012570112	0.030004
2009-01-07	1938.974	1948.233	1924.012	1920.515	9236008800	63931166720	-0.006780
2009-01-08	1890.242	1894.171	1878.181	1862.263	8037400000	55076814848	-0.023821
2009-01-09	1875.164	1909.349	1904.861	1875.164	7122477600	50131263488	0.014205

图 4.15 换算涨跌幅

是数据的总行数、总列数,更详细的介绍请读者参考本书第 5 章),代码如下。

```
>>> extreme = sh[(sh['perc']>=0.025)|(sh['perc']<=-0.025)].shape[0]
>>> normal = sh.shape[0]
>>> extreme/normal
0.07797805642633229
```

从计算结果可以看出上证指数出现极端值的比例很低,不到 8%。

第 5 章 开始利用 Pandas 进行数据分析

CHAPTER 5

纸上得来终觉浅，绝知此事要躬行。

——陆游《冬夜读书示子聿》

在开始正式的数据分析之前，数据分析人员通常都会进行探索性数据分析。这一工作的目标是对要分析的数据有一个初步了解：各项数据的定义如何、数据有无缺失、是否有异常数据、数据的分布如何。在探索性数据分析过程中，数据分析人员还经常会对数据进行描述性统计、简单的数据可视化等操作以发现数据中的模式，帮助他们提出假设。

5.1 了解元数据

元数据（Metadata），又称中介数据、中继数据，它是描述数据的数据（Data about Data），主要是描述数据属性（Property）的信息。Pandas 数据分析中所指的元数据主要包括了数据维度、数据类型、大小以及数据字典等。在了解元数据之前，首先完成相关库导入、基本设置以及数据读入等工作，代码如下。

```
>>> import numpy as np
>>> import pandas as pd
# set max display row,columns
>>> pd.set_option('display.max_rows', 10)
>>> pd.set_option('display.max_columns',10)
>>> retail_data = pd.read_csv("../data/Online_Retail_Fake.csv")
>>> retail_data['UnitPrice'] = retail_data['UnitPrice'].\
    fillna(retail_data['UnitPrice'].mean())
>>> retail_data['Quantity'] = retail_data['Quantity'].\
    fillna(retail_data['Quantity'].mode())
>>> retail_data['Total_price'] = retail_data['UnitPrice'] * \
    retail_data['Quantity']
```

上述代码读入了一个修改过的在线网站销售数据，其中的缺失值分别采用了均值（mean）和众数（mode）来填充。接下来可以利用 head() 函数查看数据的前 5 行，这是数据分析人员在进行任何数据分析前的例行工作，如图 5.1 所示。通过查看数据的前几行或最后几行（利用 tail() 函数），数据分析人员可以对要分析的数据有一个初步印象，对后续分析

	InvoiceNo	StockCode	Description	Quantity	InvoiceDate	UnitPrice	CustomerID	Country	Total_price
0	536365	85123A	WHITE HANGING HEART T-LIGHT HOLDER	6	2010/12/1 8:26	2.550000	17850.0	United Kingdom	15.300000
1	536365	71053	WHITE METAL LANTERN	6	2010/12/1 8:26	4.611117	17850.0	United Kingdom	27.666699
2	536365	84406B	NaN	8	2010/12/1 8:26	2.750000	17850.0	United Kingdom	22.000000
3	536365	84029G	KNITTED UNION FLAG HOT WATER BOTTLE	6	2010/12/1 8:26	3.390000	17850.0	United Kingdom	20.340000
4	536365	84029E	RED WOOLLY HOTTIE WHITE HEART.	6	2010/12/1 8:26	3.390000	17850.0	United Kingdom	20.340000

图 5.1　head()函数查看数据

也大有帮助。

```
>>> retail_data.head()
```

大致了解了数据后,接下来就需要查看数据的大小,利用 DataFrame 提供的 shape 属性可以得到该信息。输入如下代码。

```
>>> retail_data.shape
(541909, 9)
```

从代码输出可以看出数据有 541909 行,9 列。而数据总数则可以通过 size 属性获得,代码如下。

```
>>> retail_data.size
4877181
```

此外,还可以用 ndim 属性查看数据的维度,当然要分析的数据通常都是二维的,所以在实际分析中使用不多。

```
>>> retail_data.ndim
2
```

在对数据有了第一印象后,接下来要了解的元数据信息是数据的类型、占用内存大小信息。这可以通过 info()函数得到,代码如下。

```
>>> retail_data.info()
<class 'pandas.core.frame.DataFrame'>
RangeIndex: 541909 entries, 0 to 541908
Data columns (total 9 columns):
InvoiceNo      541909 non-null object
StockCode      541908 non-null object
Description    540453 non-null object
Quantity       541909 non-null int64
InvoiceDate    541909 non-null object
UnitPrice      541909 non-null float64
CustomerID     406827 non-null float64
Country        541908 non-null object
Total_price    541909 non-null float64
dtypes: float64(3), int64(1), object(5)
memory usage: 37.2+ MB
```

从 info()函数的输出可以看出 retail_data 中有 3 列 float64 类型的数据,1 列 int64 类型的数据,5 列 object 类型的数据。此外,从上面代码的输出还可以发现 CustomerID 和

Description 列均存在缺失数据。除了以上的元数据信息,有的数据文件还会提供一个数据字典,该数据字典通常会提供各数据列的名称、说明、数据类型、取值范围等信息。下面就是一个简单的数据字典信息,如图 5.2 所示。

```
>>> lc = pd.read_excel('../data/LCDataDictionary.xlsx',
    sheet_name = 'LoanStats')
>>> lc.head()
```

	LoanStatNew	Description
0	addr_state	The state provided by the borrower in the loan...
1	annual_inc	The self-reported annual income provided by th...
2	annual_inc_joint	The combined self-reported annual income provi...
3	application_type	Indicates whether the loan is an individual ap...
4	collection_recovery_fee	post charge off collection fee

图 5.2　一个简单的数据字典信息

5.2　数据类型转换

数据分析人员通常会把数据分为连续变量和离散变量。然而在 Python 数据科学库中却有着更详细的数据类型,图 5.3 所示是 SciPy 中的详细数据类型。

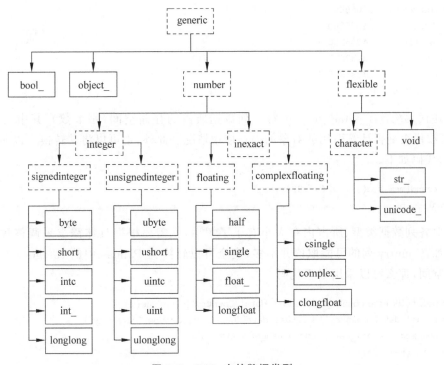

图 5.3　SciPy 中的数据类型

对一些只有几万行或十几万行的小型数据集而言，数据所占用的内存可能不是特别重要，但是在分析上百万行的数据时，由于 Pandas 是将数据先读取到内存中，此时正确的数据类型就变得无比重要了。因此，数据分析人员需要详细地了解每一列的数据类型，要完成这一工作，可以采用如下代码。

```
>>> retail_data.dtypes
InvoiceNo          object
StockCode          object
Description        object
Quantity            int64
InvoiceDate        object
UnitPrice         float64
CustomerID        float64
Country            object
Total_price       float64
dtype: object
```

通常在数据分析时还会对数据所占内存进行精确统计，例如：

```
>>> mem = retail_data.memory_usage(deep = True)
>>> mem
Index                 80
InvoiceNo       34149621
StockCode       33648312
Description     45252183
Quantity         4335280
InvoiceDate     39006854
UnitPrice        4335280
CustomerID       4335280
Country         38137522
Total_price      4335280
dtype: int64
```

上述代码统计了 retail_data 中每一列数据所占的存储空间（字节数），其中的 deep = True 参数代表是否计算引用的对象的内存使用情况。此外，也可以将其转换为以兆字节方式显示，代码如下。

```
>>> round(mem.sum()/(1024 * 1024))
198.0
```

在对各列数据类型、所占内存大小有了了解后，就需要根据具体需求来调整数据的类型。例如，Country 列的可能取值并不多，完全可以转换为 Pandas 中的 category 变量以减少存储空间，那么可以采用如下代码。

```
>>> print('Unique country: ',retail_data['Country'].nunique())
>>> retail_data['Country'] = retail_data['Country'].astype('category')
>>> new_mem = retail_data.memory_usage(deep = False)
>>> print(new_mem)
Unique country:  38
Index                 80
```

```
InvoiceNo       4335272
StockCode       4335272
Description     4335272
Quantity        4335272
InvoiceDate     4335272
UnitPrice       4335272
CustomerID      4335272
Country          543493
Total_price     4335272
dtype: int64
```

可以看出 Country 的取值一共只有 38 个国家，经过转换后存储空间明显减少，只有原来存储空间的 1.4%。

```
>>> round(new_mem['Country']/mem['Country'],3)
0.014
```

类似地，还可以对 CustomerID 列进行数据类型转换，目前 CustomerID 是浮点数类型，而实际上该数据应该是整数。不过如果直接运行如下代码：

```
>>> retail_data['CustomerID'] = retail_data['CustomerID'].astype('int')
```

会得到错误提示"ValueError：Cannot convert non-finite values (NA or inf) to integer"，这是由于 CustomerID 列中有缺失值。如果要进行数据类型转换，需要先使用如下代码将缺失值补齐。

```
>>> retail_data['CustomerID'] = retail_data['CustomerID'].fillna(0)
```

关于如何处理缺失值，本书会在 5.3 节进行更详细的介绍。最后需要处理的是 InvoiceDate 列，该列应该是时间类型，to_datetime() 函数可以完成时间类型的转换。因此需要用如下代码进行转换。

```
>>> retail_data['InvoiceDate'] = pd.to_datetime(\
    retail_data['InvoiceDate'])
>>> retail_data[['InvoiceDate']].dtypes
InvoiceDate    datetime64[ns]
dtype: object
```

5.3 缺失数据与异常数据处理

理想总是很丰满，现实总是很骨感。数据也是一样，真实数据分析中的数据经常会有各种问题，要么有缺失，要么有重复，有的情况下数据还有错误，有时数据需要进行变换才能用于分析。本节将讨论如何处理这些问题。

5.3.1 缺失值与重复值

前面已经介绍过先用 head() 和 tail() 函数查看一下数据的前 5 行和后 5 行，对数据有一个基本了解。例如，从 retail_data 的前 5 行可以发现 UnitPrice 中存在取值 NaN（即数据缺失),Description 列也存在缺失值,如图 5.4 所示。

```
>>> retail_data_na = pd.read_csv("../data/Online_Retail_Fake.csv")
>>> retail_data_na.head()
```

	InvoiceNo	StockCode	Description	Quantity	InvoiceDate	UnitPrice	CustomerID	Country
0	536365	85123A	WHITE HANGING HEART T-LIGHT HOLDER	6	2010/12/1 8:26	2.55	17850.0	United Kingdom
1	536365	71053	WHITE METAL LANTERN	6	2010/12/1 8:26	NaN	17850.0	United Kingdom
2	536365	84406B	NaN	8	2010/12/1 8:26	2.75	17850.0	United Kingdom
3	536365	84029G	KNITTED UNION FLAG HOT WATER BOTTLE	6	2010/12/1 8:26	3.39	17850.0	United Kingdom
4	536365	84029E	RED WOOLLY HOTTIE WHITE HEART.	6	2010/12/1 8:26	3.39	17850.0	United Kingdom

图 5.4　存在缺失值

既然已经知道数据中有缺失值,下一步就需要统计有多少缺失数据,代码如下。

```
>>> retail_data_na.isnull().sum()
InvoiceNo         0
StockCode         1
Description    1456
Quantity          0
InvoiceDate       0
UnitPrice         3
CustomerID   135082
Country           1
dtype: int64
>>> retail_data_na.isnull().sum().sum()
136543
```

isnull()函数会对 retail_data 中的所有数据是否存在缺失值(NaN)进行判断,它返回的是一个与原数据维度大小相同的 DataFrame,而取值(True/False)由该处是否有缺失值决定。有缺失值的情况取值为 True,反之则为 False。由于 isnull()函数运行后得到的是一个新的 DataFrame,所以需要先通过 sum()函数对每列求和得到该列的缺失值总数,之后再次利用 sum()函数求和来计算总的缺失值个数。此外,Pandas 中还存在一个与 isnull()函数对应的 notnull()函数,取值刚好相反,分析中通常用它来过滤数据。然而现实中缺失值并不总是以 NaN 的形式存在,一旦开始数据分析,就会发现各种五花八门的代表缺失值的方式,如 0 代表缺失、−999 代表缺失等。那么应该如何处理呢? Pandas 中的数据读入函数已经充分考虑到了各种可能性,所以可以在读入数据时就完成这样的映射,例如:

```
>>> retail_data_na = pd.read_csv("../data/Online_Retail_Fake.csv",
    na_values = [0])
>>> retail_data_na.isnull().sum()
InvoiceNo         0
StockCode         1
Description    1456
Quantity          0
InvoiceDate       0
UnitPrice      2518
CustomerID   135082
Country           1
```

```
dtype: int64
```

na_values=[0]代表如果数据中有取值为 0 的,那么该值代表了缺失值,加了这个参数后可以发现 Country、StockCode、UnitPrice 列存在更多的缺失值。na_values 参数的取值也可以是一个列表,例如:

```
>>> retail_data_na = pd.read_csv("../data/Online_Retail_Fake.csv",
    na_values = [0,'Wrong booking'])
>>> retail_data_na.isnull().sum()
```

对缺失数据了解后,下一步通常需要查看数据是否存在重复,duplicated()函数刚好提供了这一功能,代码如下。

```
>>> retail_data_new.duplicated().sum()
5269
```

数据中存在这么多的重复值还是很少见的情况,因此,需要进一步分析到底有哪些重复值,如图 5.5 所示。

```
>>> retail_data_new[retail_data_new.duplicated()].head()
```

图 5.5　分析重复值

从前 5 行数据的输出没有看出什么问题,那么需要具体筛选某一行数据来看看有什么异常。利用已经掌握的数据筛选功能可以很轻松地构建如下的条件选择来查看 InvoiceNo 为 536409 的数据行,如图 5.6 所示。

```
>>> retail_data_new[(retail_data_new['InvoiceNo'] == '536409')\
    &(retail_data_new['StockCode'] == '21866')]
```

图 5.6　查看 InvoiceNo 为 536409 的数据行

从上面输出的两行数据看,很可能是用户购买了两件相同物品,但是本章开始就提到了待分析数据来源于某在线商店,因此很容易提出疑问:为什么不直接把数量记为 2 呢?这样的问题我们目前无法回答,但是如果是真实的数据分析,就需要去寻找答案了。再来看看 duplicated()函数,该函数还可以指定 subset 和 keep 参数,subset 可以指定只针对特定列数据来判断重复。例如,如果 CustomerID 是唯一的,那么检查的时候可以指定 subset = 'CustomerID'。而 keep 参数取值可以为'first'、'last'、False,取值为'first'代表了第一个取值不标记为重复,'last'则相反,False 则代表只要相同就是重复。

5.3.2 处理缺失数据

首先利用 pd.DataFrame()函数来构造一个包含缺失数据的 DataFrame,如图 5.7 所示,该函数的参数依次是数据,数据的索引,数据列名,代码如下。

```
>>> df = pd.DataFrame(np.random.randint(0,100,15).reshape(5, 3),
                index = ['a', 'b', 'c', 'd', 'e'],
                columns = ['c1', 'c2', 'c3'])
>>> df['c4'] = np.nan
>>> df.loc['f'] = np.arange(10,14)
>>> df.loc['g'] = np.nan
>>> df['c5'] = np.nan
>>> df['c4']['a'] = 18
>>> df
```

利用 isnull()和 notnull()函数判断是否存在缺失值,如图 5.8 和图 5.9 所示。

```
>>> df.isnull()
>>> df.notnull()
```

	c1	c2	c3	c4	c5
a	96.0	96.0	40.0	18.0	NaN
b	25.0	5.0	48.0	NaN	NaN
c	76.0	99.0	28.0	NaN	NaN
d	52.0	67.0	16.0	NaN	NaN
e	75.0	76.0	70.0	NaN	NaN
f	10.0	11.0	12.0	13.0	NaN
g	NaN	NaN	NaN	NaN	NaN

图 5.7 包含缺失数据的 DataFrame

	c1	c2	c3	c4	c5
a	False	False	False	False	True
b	False	False	False	True	True
c	False	False	False	True	True
d	False	False	False	True	True
e	False	False	False	True	True
f	False	False	False	False	True
g	True	True	True	True	True

图 5.8 isnull()判断结果

如果想丢弃 c4 列的重复值,可以使用如下代码。

```
>>> df['c4'].dropna()    # inplace = False
a    18.0
f    13.0
Name: c4, dtype: float64
```

如果只要某行有缺失就丢弃,可以使用如下代码。

```
>>> df.dropna()
```

由于 df 中每行都有缺失数据,因此这样处理后得到的数据就是空的。通常这种情况会给 dropna()函数加上参数,如 how = 'all'代表了要整行都是缺失数据才丢弃,代码如下。

```
df.dropna(how = 'all')
```

结果如图 5.10 所示。

	c1	c2	c3	c4	c5
a	True	True	True	True	False
b	True	True	True	False	False
c	True	True	True	False	False
d	True	True	True	False	False
e	True	True	True	False	False
f	True	True	True	True	False
g	False	False	False	False	False

图 5.9　notnull()判断结果

	c1	c2	c3	c4	c5
a	38.0	19.0	86.0	18.0	NaN
b	24.0	91.0	84.0	NaN	NaN
c	20.0	23.0	77.0	NaN	NaN
d	62.0	41.0	87.0	NaN	NaN
e	59.0	65.0	24.0	NaN	NaN
f	10.0	11.0	12.0	13.0	NaN

图 5.10　整行数据缺失

而 axis＝1 代表了要整列都是缺失数据才丢弃该列，代码如下。

```
>>> df.dropna(how = 'all', axis = 1)
```

结果如图 5.11 所示。更灵活方式是指定一个阈值 thresh，要求至少有几列数据不是缺失值，代码如下。

```
>>> df.dropna(thresh = 4)
```

结果如图 5.12 所示。

	c1	c2	c3	c4
a	96.0	96.0	40.0	18.0
b	25.0	5.0	48.0	NaN
c	76.0	99.0	28.0	NaN
d	52.0	67.0	16.0	NaN
e	75.0	76.0	70.0	NaN
f	10.0	11.0	12.0	13.0
g	NaN	NaN	NaN	NaN

图 5.11　整列数据缺失

	c1	c2	c3	c4	c5
a	96.0	96.0	40.0	18.0	NaN
f	10.0	11.0	12.0	13.0	NaN

图 5.12　指定阈值

5.3.3　NumPy 与 Pandas 对缺失数据的不同处理方式

虽然 Pandas 构建在 NumPy 之上，但是它们对缺失数据却有着不同的处理方式，下面的代码可以很好地说明二者的不同。

```
>>> a = np.array([np.nan, 1, 2, np.nan, 3])
>>> a
array([nan,  1.,  2., nan,  3.])
>>> s = pd.Series(a)
>>> s
0    NaN
1    1.0
2    2.0
```

```
3    NaN
4    3.0
dtype: float64
```

上述代码中 a 是一个 NumPy 中的数组(np.array),而 s 是 Pandas 中的一个 Series,两者取值一样,但是如果对它们求平均值,会得到不同结果。

```
>>> a.mean(),s.mean()
(nan, 2.0)
```

二者输出不同的原因在于 NumPy 中只要有数据缺失就会返回 NaN,而在 Pandas 中则会跳过该值对剩余的数值进行相应计算,请读者一定要理解二者不同的处理方式。接下来再来构造一个新的 DataFrame,如图 5.13 所示,以更进一步说明 Pandas 中进行运算时对缺失值的处理。

```
>>> df2 = df.copy()
>>> df2.loc['g'].c1 = 0
>>> df2.loc['g'].c3 = 0
>>> df2
>>> df2['c4'] + 1
a    19.0
b    NaN
c    NaN
d    NaN
e    NaN
f    14.0
g    NaN
Name: c4, dtype: float64
>>> df2['c4'].cumsum()
a    18.0
b    NaN
c    NaN
d    NaN
e    NaN
f    31.0
g    NaN
Name: c4, dtype: float64
```

	c1	c2	c3	c4	c5
a	96.0	96.0	40.0	18.0	NaN
b	25.0	5.0	48.0	NaN	NaN
c	76.0	99.0	28.0	NaN	NaN
d	52.0	67.0	16.0	NaN	NaN
e	75.0	76.0	70.0	NaN	NaN
f	10.0	11.0	12.0	13.0	NaN
g	0.0	NaN	0.0	NaN	NaN

图 5.13 新构造 DataFrame

从上述代码看出任何数值与 NaN 进行运算都返回 NaN,在进行累加求和时,中间的缺失值会忽略,只对非缺失值进行累加。

5.3.4 填充缺失值

在缺失数据较少又不影响数据分析时,数据分析人员第一选择可能会考虑将数据丢弃。有时则会考虑采用不同方式来尝试填补这个缺失值,利用 fillna() 函数则可以完成这个功能,如图 5.14 所示。

```
>>> fill_0 = df.fillna(0)
>>> fill_0
```

例如，上述代码中fillna(0)代表用指定值0进行填充。或者在填充时指定一个limit，如每列中最多填充3个，之后就不再填充，代码如下，填充结果如图5.15所示。

```
>>> df.fillna(0,limit = 3)  # 每列中的limit
```

当然，数据分析中更常用的方式是用均值进行填充，代码如下，填充结果如图5.16所示。

```
>>> df.fillna(df.mean())
```

对于有一定时序的数据，此时可以考虑用它前面或后面的值来填充。例如，下面的代码分别用缺失数据前一行和后一行数据来填充。

	c1	c2	c3	c4	c5
a	38.0	19.0	86.0	18.0	0.0
b	24.0	91.0	84.0	0.0	0.0
c	20.0	23.0	77.0	0.0	0.0
d	62.0	41.0	87.0	0.0	0.0
e	59.0	65.0	24.0	0.0	0.0
f	10.0	11.0	12.0	13.0	0.0
g	0.0	0.0	0.0	0.0	0.0

图5.14 填充结果(1)

```
>>> df['c4'].fillna(method = 'ffill')
a    18.0
b    18.0
c    18.0
d    18.0
e    18.0
f    13.0
g    13.0
Name: c4, dtype: float64
>>> df['c4'].fillna(method = 'bfill')
a    18.0
b    13.0
c    13.0
d    13.0
e    13.0
f    13.0
g    NaN
Name: c4, dtype: float64
```

	c1	c2	c3	c4	c5
a	96.0	96.0	40.0	18.0	0.0
b	25.0	5.0	48.0	0.0	0.0
c	76.0	99.0	28.0	0.0	0.0
d	52.0	67.0	16.0	0.0	NaN
e	75.0	76.0	70.0	NaN	NaN
f	10.0	11.0	12.0	13.0	NaN
g	0.0	0.0	0.0	NaN	NaN

图5.15 填充结果(2)

	c1	c2	c3	c4	c5
a	96.000000	96.0	40.000000	18.0	NaN
b	25.000000	5.0	48.000000	15.5	NaN
c	76.000000	99.0	28.000000	15.5	NaN
d	52.000000	67.0	16.000000	15.5	NaN
e	75.000000	76.0	70.000000	15.5	NaN
f	10.000000	11.0	12.000000	13.0	NaN
g	55.666667	59.0	35.666667	15.5	NaN

图5.16 填充结果(3)

某些特殊情况下，还可以手工补齐某几个指定的缺失值，下面的代码完成了指定索引标签处的值用指定值来代替的功能。

```
>>> fill_values = pd.Series([1,2],index = ['b','c'])
>>> df['c4'].fillna(fill_values)
a    18.0
b    1.0
c    2.0
d    NaN
e    NaN
f    13.0
g    NaN
Name: c4, dtype: float64
```

除了以上几种简单的填充缺失值的方式,还可以利用interpolate()插值函数来完成缺失值的补齐,例如:

```
>>> s = pd.Series([1,2,np.nan,5,np.nan,9])
>>> s
0    1.0
1    2.0
2    NaN
3    5.0
4    NaN
5    9.0
dtype: float64
>>> s.interpolate()
0    1.0
1    2.0
2    3.5
3    5.0
4    7.0
5    9.0
dtype: float64
```

对于索引不是时间的插值,计算的时候只是根据数据的值来进行。例如,在 2 和 5 之间插入 3.5 就可以了。然而,如果索引为时间,插值时就需要思考是否需要处理时间的间隔,例如:

```
>>> import datetime
>>> ts = pd.Series([1, np.nan, 2],
               index = [datetime.datetime(2016, 1, 1),
                        datetime.datetime(2016, 2, 1),
                        datetime.datetime(2016, 4, 1)])
>>> ts
2016-01-01    1.0
2016-02-01    NaN
2016-04-01    2.0
dtype: float64
>>> ts.interpolate()
2016-01-01    1.0
2016-02-01    1.5
2016-04-01    2.0
dtype: float64
>>> ts.interpolate(method = 'time')
```

```
2016 - 01 - 01    1.000000
2016 - 02 - 01    1.340659
2016 - 04 - 01    2.000000
dtype: float64
```

不考虑时间间隔,上述代码的插值结果就应该是 1.5,而如果考虑了时间,那么中间还有 2016-03-01,因此插值的时候 2016-02-01 得到的就是 1.340659 了。对非时间索引也可以采用类似方法指定参数 method = 'values'。下面代码中第一种插值方式就是不考虑索引的插值,第二种插值方式是考虑了索引的插值。

```
>>> s = pd.Series([0, np.nan, 20], index = [0, 1, 10])
>>> s
0      0.0
1      NaN
10    20.0
dtype: float64
>>> s.interpolate()
0      0.0
1     10.0
10    20.0
dtype: float64
>>> s.interpolate(method = 'values')
0      0.0
1      2.0
10    20.0
dtype: float64
```

5.4 处理重复数据

假设有如下数据:

```
>>> data = pd.DataFrame({'a': ['x'] * 3 + ['y'] * 4,
                         'b': [1, 1, 2, 3, 3, 4, 4]})
>>> Data
   a  b
0  x  1
1  x  1
2  x  2
3  y  3
4  y  3
5  y  4
6  y  4
```

通过 duplicated() 函数,可以输出哪些行有重复数据。

```
>>> data.duplicated()
0    False
1     True
2    False
```

```
3    False
4     True
5    False
6     True
dtype: bool
```

之后利用 drop_duplicates() 函数可以将其丢弃。

```
>>> data.drop_duplicates()
   a  b
0  x  1
2  x  2
3  y  3
5  y  4
```

与 duplicated() 函数类似,也可以选择是保留前面的数据还是后面的重复数据。

```
>>> data.drop_duplicates(keep = 'last')
   a  b
1  x  1
2  x  2
4  y  3
6  y  4
```

还有的情况下,数据集中只要某几列数据相同,那么就是重复数据,此时可以在 drop_duplicates() 函数中输入参数来指定检查的列来完成该功能,代码如下。

```
>>> data['c'] = np.arange(7)
>>> data
   a  b  c
0  x  1  0
1  x  1  1
2  x  2  2
3  y  3  3
4  y  3  4
5  y  4  5
6  y  4  6
>>> data.drop_duplicates(['a','b'])
   a  b  c
0  x  1  0
2  x  2  2
3  y  3  3
5  y  4  5
```

上述代码首先在原来的数据中添加了新的一列 c,这样 data 中就没有重复数据了,参数 ['a','b'] 代表检查的是这两列,那么只要这两列中有重复数据就会丢弃。

5.5 异常值

数据分析过程中,除了重复值和缺失值,有时还会遇到异常值。异常值的判断一方面来自常识(如天气温度不可能是 100℃,人的寿命不会是 200 岁等),另一方面来自数据字典给出的取值范围。此外,还可以通过数据的标准差来判断,例如认为两个标准差以外的数据需要特别进行观察,代码如下。

```
>>> df = pd.DataFrame({'Data':np.random.normal(size = 200)})
>>> df.head()
>>> df[np.abs(df['Data'] - df['Data'].mean())<= (2 * df['Data'].std())]
     Data
0    0.746054
1    0.656542
...  ...
198  0.866292
199  -0.481225
190 rows × 1 columns
```

上述代码利用随机数构造了一个 DataFrame,如果某个数据在两个标准差外的话,该数据就是异常,那么可以构造一个条件选择如下。

```
>>> mask = np.abs(df.Data - df.Data.mean())>= (2 * df.Data.std())
>>> df[mask]
     Data
21   2.619704
41   2.008573
...  ...
141  -2.139558
150  -2.192969
10 rows × 1 columns
```

对符合该条件的数据用均值替代。

```
df[mask] = df.Data.mean()
df[mask]
     Data
21   2.619704
41   2.008573
...  ...
141  -2.139558
150  -2.192969
10 rows × 1 columns
```

5.6 描述性统计

假设所有的缺失数据、重复数据、异常值都已经处理完毕,那么数据分析的下一步工作就是对数据进行描述性统计了,通过描述性统计可以对数据分布有更深入的了解。下面的代码获得了 retail_data 中所有类型为数值列的描述性统计,结果如图 5.17 所示。

```
>>> retail_data.describe(include = [np.number]).T
```

describe()函数默认会给出数据计数、均值、标准差、最大值、最小值和第 1,2,3 分位数。上面最后的.T 代表求转置,即行列变换。此外,describe()函数还可以指定具体的分位数,

	count	mean	std	min	25%	50%	75%	max
Quantity	541910.0	9.552237	218.080957	-80995.00	1.00	3.00	10.00	80995.0
UnitPrice	541910.0	4.611117	96.759764	-11062.06	1.25	2.08	4.13	38970.0
CustomerID	406828.0	15287.695176	1713.600085	12346.00	13953.00	15152.00	16791.00	18287.0
Total_price	541910.0	17.987805	378.810474	-168469.60	3.40	9.75	17.40	168469.6

图 5.17　描述性统计

如下代码分别指定了函数输出要显示的分位数，结果如图 5.18 所示。

```
>>> retail_data.describe(include = [np.number],
                         percentiles = [.05, .10, .25, .5, .75, .9, .95]).T
```

	count	mean	std	min	5%	...	50%	75%	90%	95%	max
Quantity	541910.0	9.552237	218.080957	-80995.00	1.00	...	3.00	10.00	24.00	29.00	80995.0
UnitPrice	541910.0	4.611117	96.759764	-11062.06	0.42	...	2.08	4.13	7.95	9.95	38970.0
CustomerID	406828.0	15287.695176	1713.600085	12346.00	12626.00	...	15152.00	16791.00	17719.00	17905.00	18287.0
Total_price	541910.0	17.987805	378.810474	-168469.60	0.83	...	9.75	17.40	31.80	59.40	168469.6

4 rows × 12 columns

图 5.18　指定分位数

对数值类型，describe()函数输出均值等信息，而对其他类型，该函数的输出则是计数、不同值个数、出现频率等信息，代码如下。

```
>>> retail_data.describe(include = [np.object]).T
```

结果如图 5.19 所示。

	count	unique	top	freq
InvoiceNo	541910	25900	573585	1114
StockCode	541909	4070	85123A	2313
Description	540454	4224	WHITE HANGING HEART T-LIGHT HOLDER	2369
InvoiceDate	541910	23260	2011/10/31 14:41	1114
Country	541909	38	United Kingdom	495477

图 5.19　describe()函数对其他类型的输出

此外，针对不同值个数的统计，还可以用 nunique()函数来获得，代码如下。

```
>>> retail_data.nunique()
InvoiceNo      25900
StockCode       4070
                ...
Country           38
Total_price     6206
Length: 9, dtype: int64
```

对基本统计信息有了一定了解后，通常数据分析人员还会查看一定数量的最大、最小值。例如，下面的代码分别查看了 Total_price 最大的 50 个和最小的 10 个数据，结果如图 5.20

和图 5.21 所示。

```
>>> retail_data.nlargest(50,'Total_price').head()
>>> retail_data.nsmallest(10,'Total_price').head()
```

	InvoiceNo	StockCode	Description	Quantity	InvoiceDate	UnitPrice	CustomerID	Country	Total_price
540421	581483	23843	PAPER CRAFT , LITTLE BIRDIE	80995	2011/12/9 9:15	2.08	16446.0	United Kingdom	168469.60
61619	541431	23166	MEDIUM CERAMIC TOP STORAGE JAR	74215	2011/1/18 10:01	1.04	12346.0	United Kingdom	77183.60
222680	556444	22502	PICNIC BASKET WICKER 60 PIECES	60	2011/6/10 15:28	649.50	15098.0	United Kingdom	38970.00
15017	537632	AMAZONFEE	AMAZON FEE	1	2010/12/7 15:08	13541.33	NaN	United Kingdom	13541.33
299982	A563185	B	Adjust bad debt	1	2011/8/12 14:50	11062.06	NaN	United Kingdom	11062.06

图 5.20 查看最大值

	InvoiceNo	StockCode	Description	Quantity	InvoiceDate	UnitPrice	CustomerID	Country	Total_price
540422	C581484	23843	PAPER CRAFT , LITTLE BIRDIE	-80995	2011/12/9 9:27	2.08	16446.0	United Kingdom	-168469.60
61624	C541433	23166	MEDIUM CERAMIC TOP STORAGE JAR	-74215	2011/1/18 10:17	1.04	12346.0	United Kingdom	-77183.60
222681	C556445	M	Manual	-1	2011/6/10 15:31	38970.00	15098.0	United Kingdom	-38970.00
524602	C580605	AMAZONFEE	AMAZON FEE	-1	2011/12/5 11:36	17836.46	NaN	United Kingdom	-17836.46
43702	C540117	AMAZONFEE	AMAZON FEE	-1	2011/1/5 9:55	16888.02	NaN	United Kingdom	-16888.02

图 5.21 查看最小值

数据也可以通过 sort_values()排序的方式得到,代码如下。

```
>>> retail_data.sort_values('Total_price',ascending = False).head()
```

结果如图 5.22 所示。

	InvoiceNo	StockCode	Description	Quantity	InvoiceDate	UnitPrice	CustomerID	Country	Total_price
540421	581483	23843	PAPER CRAFT , LITTLE BIRDIE	80995	2011/12/9 9:15	2.08	16446.0	United Kingdom	168469.60
61619	541431	23166	MEDIUM CERAMIC TOP STORAGE JAR	74215	2011/1/18 10:01	1.04	12346.0	United Kingdom	77183.60
222680	556444	22502	PICNIC BASKET WICKER 60 PIECES	60	2011/6/10 15:28	649.50	15098.0	United Kingdom	38970.00
15017	537632	AMAZONFEE	AMAZON FEE	1	2010/12/7 15:08	13541.33	NaN	United Kingdom	13541.33
299982	A563185	B	Adjust bad debt	1	2011/8/12 14:50	11062.06	NaN	United Kingdom	11062.06

图 5.22 排序显示

ascending=False 参数表明是降序排列,升序则为 True。sort_values()函数还可以同时指定多列排序,例如首先对 Total_price 列排序,如果有重复的,则根据 Country 列决定先后顺序,运行如下代码,结果如图 5.23 所示。

```
>>> retail_data.sort_values(['Total_price','Country'],ascending = True).head()
```

	InvoiceNo	StockCode	Description	Quantity	InvoiceDate	UnitPrice	CustomerID	Country	Total_price
540422	C581484	23843	PAPER CRAFT , LITTLE BIRDIE	-80995	2011/12/9 9:27	2.08	16446.0	United Kingdom	-168469.60
61624	C541433	23166	MEDIUM CERAMIC TOP STORAGE JAR	-74215	2011/1/18 10:17	1.04	12346.0	United Kingdom	-77183.60
222681	C556445	M	Manual	-1	2011/6/10 15:31	38970.00	15098.0	United Kingdom	-38970.00
524602	C580605	AMAZONFEE	AMAZON FEE	-1	2011/12/5 11:36	17836.46	NaN	United Kingdom	-17836.46
43702	C540117	AMAZONFEE	AMAZON FEE	-1	2011/1/5 9:55	16888.02	NaN	United Kingdom	-16888.02

图 5.23 多列排序

第 6 章 数 据 整 理

CHAPTER 6

Structuring datasets to facilitate analysis.
——*Hadley Wickham*

有统计表明数据科学家 80% 的时间都是用于数据清洗和准备的过程。数据清洗的第一步目标可以总结为"完全合一"。

- 完整性：单条数据是否存在空值，统计的字段是否完善。
- 全面性：观察某一列的全部数值，可以看到该列的平均值、最大值、最小值。我们可以通过常识来判断该列是否有问题，如数据定义、单位标识、数值本身等方面。
- 合法性：数据的类型、内容、大小的合法性，如销售额为负、年龄超过了 200 岁等。
- 唯一性：数据是否存在重复记录，因为数据通常来自不同渠道的汇总，重复的情况是常见的。行数据、列数据都需要是唯一的，例如一个人不能重复记录多次，而相同数据不能多列重复。

关于数据空值、异常值、重复值处理，前面已经有详细讨论。本章的目标是重点讨论数据清洗的第二步目标：数据整理（Tidy Data）。Tidy Data 得名于著名数据科学家 Hadley Wickham 于 2014 年在 *Journal of Statistical Software* 发表的同名论文。在该论文中，Hadley 给出了 Tidy Data 的定义，同时对 5 种典型的混乱数据格式进行了讨论。基于该理念，Hadley 还开发了基于 R 语言的软件包：reshape、reshape2、plyr 和 dplyr，本章将完全按照 Hadley 的论文用 Pandas 软件包的功能来完成他提出的 5 种混乱数据的整理。

6.1 什么是数据整理

6.1.1 数据的语义

如 Hadley 的论文中所指出，现实中大多数统计数据集是矩形的表格，由行和列构成。各列几乎总带有标签，而各行有时也带有标签。表 6.1 展示了关于一个假想实验的数据，其格式很常见。表格有 2 列 3 行，行列都有标签。

表 6.1 假想实验数据

观察对象 \ 治疗方案	治疗方案 a	治疗方案 b
John Smith	—	2
Jane Doe	16	11
Mary Johnson	3	11

这是其中一种数据的展现方式,同样,数据也可以用表 6.2 的方式展示。表 6.2 展示的数据和表 6.1 相同,但是行列被转置。

表 6.2 转置表示

治疗方案 \ 观察对象	John Smith	Jane Doe	Mary Johnson
治疗方案 a	—	16	3
治疗方案 b	2	11	1

数据相同,但是展示的布局不同。显然,除了数据的外观,需要一种统一方式来描述表格所展示数值的语义或含义。因此,需要对数据进行下列定义。

- 一个数据集是一组"值"的集合,通常不是数字(定量的)就是字符串(定性的)。
- 每个"值"属于一个变量和一个观察对象。
- 一个变量包含测量各个观察单元同一内在属性的所有值(如高度、温度、时长)。
- 一个观察对象包含测量该对象各不同属性的所有值(如一个人、某一天或一场比赛)。

基于此,表 6.3 将前面的数据重新排列,使各个值、变量和观察值更加清晰。

表 6.3 数据重新排列

观察对象	治疗方案	结 果
John Smith	a	—
Jane Doe	a	16
Mary Johnson	a	3
John Smith	b	2
Jane Doe	b	11
Mary Johnson	b	1

这个数据集包含 3 个变量、6 个观察对象的 18 个变量,具体包括:

- 人:有 3 个可能的值(John Smith、Jane Doe 和 Mary Johnson);
- 治疗方案:有两个可能的值(a 和 b);
- 结果:有 5 个或 6 个可能的值(—,16,3,2,11,1),当然这取决于如何看待缺失值。

6.1.2 整齐的数据

整齐的数据是指数据含义和其结构的标准化匹配方式。一个数据集是混乱还是整齐,取决于行、列、表格与观察对象、变量和类型如何匹配。在整齐的数据中:

- 每个变量组成一列;

- 每个观察对象的所有属性组成一行；
- 每个观察单元的类型组成一个表格。

显然，表6.3是表6.1和表6.2的整齐版本。每行代表一个观察，即某一治疗方案对某个人的效果，每列是一个变量。整齐的数据能让分析师或计算机更容易地提取所需变量，因为它提供了一个构成数据集的标准方式。不幸的是，真实的数据集将会而且经常会以各种可能的方式违反整齐数据的3个原则。典型的混乱数据通常会具有以下5个常见的问题。

- 列标题是值，而非变量名。
- 多个变量存储在一列中。
- 变量既在列中存储，又在行中存储。
- 多个观测单元存储在同一表中。
- 一个观测单元存储在多个表中。

6.2 数据整理实战

本节将针对上面列出的5个常见混乱数据的问题，提出解决方案。

6.2.1 列标题是值，而非变量名

第一种常见的混乱数据集是为展示而设计的表格数据，变量既构成列，又构成行，列标题是值，而非变量名。图6.1展示了这类典型数据集的一个子集。这个数据集记录的是在美国部分居民收入和宗教信仰的关系。数据来源于皮尤研究中心（Pew Research Center）所做的一个报告。

	religion	<$10k	$10-20k	$20-30k	$30-40k	$40-50k	$50-75k
0	Agnostic	27	34	60	81	76	137
1	Atheist	12	27	37	52	35	70
2	Buddhist	27	21	30	34	33	58
3	Catholic	418	617	732	670	638	1116
4	Dont know/refused	15	14	15	11	10	35
5	Evangelical Prot	575	869	1064	982	881	1486
6	Hindu	1	9	7	9	11	34
7	Historically Black Prot	228	244	236	238	197	223
8	Jehovahs Witness	20	27	24	24	21	30
9	Jewish	19	19	25	25	30	95

图6.1 宗教信仰与收入关系

这个数据表将"<$10k""$10-20k"这些收入变量的值作为了列名，而表中的数值应该是对应另一变量——人数。因此，该数据集本来应该有3个变量：宗教、收入和人数，对其进行整理，需要把它融合（又称融化）或堆叠（有的数据分析师也把这一过程称为将宽的数据集变长或变高，本书后面统一用融合来代表这一含义）。所谓融合是指将已经是变量的各列的列表（简称为id_vars）进行参数化，其他的列转换为两个变量：一个被称作列（var_name）的新变量，它包含重复的列标题；另一个被称作值（value_name）的新变量，它包含从之前分

离的列中提供联系的数据值。图6.2通过一个简单的数据集对这一过程进行了说明,这里以 row 变量作为 id_vars,将原来的列名融合后成为新列 column 中的值(对应 var_name),原来列中的值则融合到了另一列(对应 value_name)。

row	a	b	c
A	1	4	7
B	2	5	8
C	3	6	9

(a) 原始数据

row	column	value
A	a	1
B	a	2
C	a	3
A	b	4
B	b	5
C	b	6
A	c	7
B	c	8
C	c	9

(b) "熔化" 的数据

图 6.2 数据的融合

融合的结果是一个"熔化"的数据集,下面用如下数据来做一个示例,如图6.3所示。

```
>>> df = pd.read_csv("../data/pew-raw.csv")
>>> df.head(5)
```

	religion	<$10k	$10-20k	$20-30k	$30-40k	$40-50k	$50-75k
0	Agnostic	27	34	60	81	76	137
1	Atheist	12	27	37	52	35	70
2	Buddhist	27	21	30	34	33	58
3	Catholic	418	617	732	670	638	1116
4	Dont know/refused	15	14	15	11	10	35

图 6.3 数据示例

上面的数据中,列标题实际应该是变量 income 的取值,因此需要将 religion 作为 id_vars,原来的列名将变成新变量 income,由参数 var_name 指定,对其进行融合操作,代码如下。

```
>>> formatted_df = pd.melt(df, id_vars = ["religion"],
        var_name = "income", value_name = "freq")
>>> formatted_df = formatted_df
        .sort_values(by = ["religion"])
>>> formatted_df.head(7)
```

结果如图6.4所示。这里采用了 melt() 函数来完成这一功能,该函数有5个参数,各参数含义如下。

- frame:需要处理的数据框。
- id_vars:保持原样的数据列。
- value_vars:需要被转换成变量值的数据列。

	religion	income	freq
0	Agnostic	<$10k	27
30	Agnostic	$30-40k	81
40	Agnostic	$40-50k	76
50	Agnostic	$50-75k	137
10	Agnostic	$10-20k	34
20	Agnostic	$20-30k	60
41	Atheist	$40-50k	35

图 6.4 melt() 函数操作结果

- var_name：转换后变量的列名。
- value_name：数值变量的列名。

在本例中通过融合这一操作，指定 religion 列不变，所有列转换为对应 income（参数 var_name 指定）变量的变量值，原表中的数值变量列名为 freq（参数 value_name 指定）。除了采用融合操作，也可以利用堆叠（stack）功能来完成数据变换，代码如下。

```
>>> formatted_df = df.set_index('religion')
>>> formatted_df = formatted_df.stack()
>>> formatted_df.index = formatted_df.index.rename('income', level=1)
>>> formatted_df.name = 'freq'
>>> formatted_df = formatted_df.reset_index()
>>> formatted_df.head(7)
```

结果如图 6.5 所示。上述代码中，首先利用 set_index() 将 religion 列设置为了行索引，之后利用 stack() 函数将所有的列堆叠，即将其列作为二级索引，得到的数据如图 6.6 所示。

	religion	income	freq
0	Agnostic	<$10k	27
30	Agnostic	$30-40k	81
40	Agnostic	$40-50k	76
50	Agnostic	$50-75k	137
10	Agnostic	$10-20k	34
20	Agnostic	$20-30k	60
41	Atheist	$40-50k	35

图 6.5 stack() 函数操作结果

religion		
Agnostic	<$10k	27
	$10-20k	34
	$20-30k	60
	$30-40k	81
	$40-50k	76
	$50-75k	137
Atheist	<$10k	12
	$10-20k	27
	$20-30k	37
	$30-40k	52
	$40-50k	35
	$50-75k	70
Buddhist	<$10k	27
	$10-20k	21
	$20-30k	30
	$30-40k	34
	$40-50k	33
	$50-75k	58

图 6.6 堆叠后的数据

之后利用 .index.rename() 函数，将第二级索引名修改为 income，这里的第一级索引是前面提到的 religion，堆叠操作将原来的所有列名作为了第二层索引的值。接下来将 formatted_df.name 修改为 freq，最后再将所有的索引还原到列，就得到了和融合操作一样的数据，显然采用 melt() 函数实现起来更简单。下面再来看一个更复杂一点的例子来加深对融合操作的理解，这里采用的是一个 75 周的歌曲排行榜数据集，数据内容如图 6.7 所示。

```
>>> df = pd.read_csv("../data/billboard.csv", encoding="mac_latin2")
>>> df.head(5)
```

与前一数据表类似，查看前 5 行数据，很容易发现所有这些类似 x72nd.week 的列名实际应该对应变量 week 的取值，而原来这些列中对应的值其实是对应变量 rank 的取值。因此，需要做如下变换，结果如图 6.8 所示。

	year	artist.inverted	track	time	genre	...	x72nd.week	x73rd.week	x74th.week	x75th.week	x76th.week
0	2000	Destiny's Child	Independent Women Part I	3:38	Rock	...	NaN	NaN	NaN	NaN	NaN
1	2000	Santana	Maria, Maria	4:18	Rock	...	NaN	NaN	NaN	NaN	NaN
2	2000	Savage Garden	I Knew I Loved You	4:07	Rock	...	NaN	NaN	NaN	NaN	NaN
3	2000	Madonna	Music	3:45	Rock	...	NaN	NaN	NaN	NaN	NaN
4	2000	Aguilera, Christina	Come On Over Baby (All I Want Is You)	3:38	Rock	...	NaN	NaN	NaN	NaN	NaN

5 rows × 83 columns

图 6.7　歌曲排行榜数据集

```
>>> id_vars = ["year","artist.inverted","track",
        "time","genre","date.entered","date.peaked"]
>>> df = pd.melt(frame = df,id_vars = id_vars,
        var_name = "week",value_name = "rank")
>>> df.head()
```

	year	artist.inverted	track	time	genre	date.entered	date.peaked	week	rank
0	2000	Destiny's Child	Independent Women Part I	3:38	Rock	2000-09-23	2000-11-18	x1st.week	78.0
1	2000	Santana	Maria, Maria	4:18	Rock	2000-02-12	2000-04-08	x1st.week	15.0
2	2000	Savage Garden	I Knew I Loved You	4:07	Rock	1999-10-23	2000-01-29	x1st.week	71.0
3	2000	Madonna	Music	3:45	Rock	2000-08-12	2000-09-16	x1st.week	41.0
4	2000	Aguilera, Christina	Come On Over Baby (All I Want Is You)	3:38	Rock	2000-08-05	2000-10-14	x1st.week	57.0

图 6.8　变换结果

虽然从数据整理的角度已经完成了列标题是值而非变量名的问题处理,但是从数据分析角度来看,数据整理的工作远远未完成。week 变量值应该对应数值 1,2,3,…而不是字符串,需要将其转化为数值,代码如下。

```
>>> df["week"] = df['week'].str.extract('(\d + )',
        expand = False).astype(int)
```

结果如图 6.9 所示。上述代码通过字符串函数 extract(),采用'(\d＋)'正则表达式提取了所有的数值,之后转换为整数类型,至此得到的数据中 week 已经转换为了数值。

	year	artist.inverted	track	time	genre	date.entered	date.peaked	week	rank
0	2000	Destiny's Child	Independent Women Part I	3:38	Rock	2000-09-23	2000-11-18	1	78.0
1	2000	Santana	Maria, Maria	4:18	Rock	2000-02-12	2000-04-08	1	15.0
2	2000	Savage Garden	I Knew I Loved You	4:07	Rock	1999-10-23	2000-01-29	1	71.0
3	2000	Madonna	Music	3:45	Rock	2000-08-12	2000-09-16	1	41.0
4	2000	Aguilera, Christina	Come On Over Baby (All I Want Is You)	3:38	Rock	2000-08-05	2000-10-14	1	57.0

图 6.9　将 week 对应变量转化为数值

6.2.2　多个变量存储在一列中

如图 6.10 所示,下列数据集来源于国际卫生组织,该数据按照国家、年和人口统计学分组记录了确诊的肺结核(Tuberculosis)病例数。人口统计学分组根据性别(m,f)、年龄(0-14,15-25,25-34,35-44,45-54,55-64,unknown)划分。具体数据内容如下。

	country	year	m014	m1524	m2534	...	m4554	m5564	m65	mu	f014
0	AD	2000	0.0	0.0	1.0	...	0	0	0.0	NaN	NaN
1	AE	2000	2.0	4.0	4.0	...	5	12	10.0	NaN	3.0
2	AF	2000	52.0	228.0	183.0	...	129	94	80.0	NaN	93.0
3	AG	2000	0.0	0.0	0.0	...	0	0	1.0	NaN	1.0
4	AL	2000	2.0	19.0	21.0	...	24	19	16.0	NaN	3.0

5 rows × 11 columns

图 6.10　肺结核病例数据集

```
>>> df = pd.read_csv("../data/tb-raw.csv")
>>> df.head()
```

此数据将性别和年龄这两个变量都放入了列名中，那么数据整理工作的第一步就是利用 melt() 将列名转换为变量，之后利用正则表达式通过函数 extract("(\D)(\d+)(\d{2})", expand=False) 分别提取性别和年龄下限和上限信息。有的情况下，可能需要保留原来的年龄区间记录方式，那么还需要将提前出来的数据再还原为之前的记录方式，代码如下。

	country	year	cases	sex	age
0	AD	2000	0.0	m	0-14
10	AD	2000	0.0	m	15-24
20	AD	2000	1.0	m	25-34
30	AD	2000	0.0	m	35-44
40	AD	2000	0.0	m	45-54

图 6.11　性别、年龄提取结果

```
>>> df = pd.melt(df, id_vars=["country","year"],
      value_name="cases", var_name="sex_and_age")
>>> # 正则表达式提取性别,年龄下限,上限值
>>> tmp_df = df["sex_and_age"].str.extract("(\D)(\d+)(\d{2})", expand=False)
>>> tmp_df.columns = ["sex", "age_lower", "age_upper"]
>>> tmp_df["age"] = tmp_df["age_lower"] + "-" + tmp_df["age_upper"]
>>> # Merge
>>> df = pd.concat([df, tmp_df], axis=1)
>>>清理不需要的列和行
>>> df = df.drop(['sex_and_age',"age_lower","age_upper"], axis=1)
>>> df = df.dropna()
>>> df = df.sort_values(ascending=True,
      by=["country","year","sex","age"])
>>> df.head(5)
```

提取结果如图 6.11 所示。

6.2.3　变量既在列中存储，又在行中存储

当变量既在列中存储，又在行中存储时，就会出现最复杂形式的混乱数据。读入要分析的数据，如图 6.12 所示。

```
>>> df = pd.read_csv("../data/weather-raw.csv")
>>> df.head()
```

上面的数据来源于全球历史气象网，提供了墨西哥 MX17004 气象站 2010 年 5 个月的

第6章 数据整理

	id	year	month	element	d1	d2	d3	d4	d5	d6	d7	d8
0	MX17004	2010	1	tmax	NaN	NaN	NaN	NaN	NaN	NaN	NaN	NaN
1	MX17004	2010	1	tmin	NaN	NaN	NaN	NaN	NaN	NaN	NaN	NaN
2	MX17004	2010	2	tmax	NaN	27.3	24.1	NaN	NaN	NaN	NaN	NaN
3	MX17004	2010	2	tmin	NaN	14.4	14.4	NaN	NaN	NaN	NaN	NaN
4	MX17004	2010	3	tmax	NaN	NaN	NaN	NaN	32.1	NaN	NaN	NaN

图 6.12 天气数据集

每日天气数据。其中的日期被作为了列名（d1～d8），该问题可以用 melt() 函数处理，而 tmin 和 tmax 代表每日最低和最高温度，显然应该是两个变量，在本例中它们代表了观测对象"天"的属性。因此，需要用 pivot_table() 函数将其拆分为两列。利用融合操作处理列名实际是变量的值的问题，代码如下。

```
>>> df = pd.melt(df, id_vars = ["id", "year","month","element"],
        var_name = "day_raw")
>>> df.head(10)
```

融合结果如图 6.13 所示。经过 melt() 处理，日期数据已经转换为了列 day_raw 的取值，进一步需要处理 day_raw 以取出具体的第几天。此外，日期信息需要合并 year、month 和 day_raw 3 列才能得到，因此需要用如下代码整理数据，结果如图 6.14 所示。

```
>>> df["day"] = df["day_raw"].str.extract("d(\d+)",
        expand = False)
>>> df["id"] = "MX17004"
>>> df[["year","month","day"]] = df[["year","month","day"]].apply(
      lambda x: pd.to_numeric(x, errors = 'ignore'))
>>> def create_date_from_year_month_day(row):
      return datetime.datetime(year = row["year"],
        month = int(row["month"]), day = row["day"])
>>> df["date"] = df.apply(lambda row:
        create_date_from_year_month_day(row), axis = 1)
>>> df = df.drop(['year',"month","day", "day_raw"], axis = 1)
>>> df.head(10)
```

	id	year	month	element	day_raw	value
0	MX17004	2010	1	tmax	d1	NaN
1	MX17004	2010	1	tmin	d1	NaN
2	MX17004	2010	2	tmax	d1	NaN
...	...	...	...	...	...	...
7	MX17004	2010	4	tmin	d1	NaN
8	MX17004	2010	5	tmax	d1	NaN
9	MX17004	2010	5	tmin	d1	NaN

10 rows × 6 columns

图 6.13 天气数据融合结果

	id	element	value	date
0	MX17004	tmax	NaN	2010-01-01
1	MX17004	tmin	NaN	2010-01-01
2	MX17004	tmax	NaN	2010-02-01
...	...	...	...	...
7	MX17004	tmin	NaN	2010-04-01
8	MX17004	tmax	NaN	2010-05-01
9	MX17004	tmin	NaN	2010-05-01

10 rows × 4 columns

图 6.14 合并日期信息

上述代码首先使用 extract()函数提取了原始日期中的具体第几天信息，之后利用 apply()函数将 year、month、day 列转换为了数字(转换函数为 lambda 函数)，最后再次通过 apply()函数将 create_date_from_year_month_day()函数作用于 df 来建立新的 date 列。现在已经解决了数据的第一个问题，下一步要做的就是拆分 tmin、tmax 到列，这里使用 pivot_table()函数，在进行这一操作前，因为 value 列有大量缺失数据，所以需要使用 dropna()函数将缺失数据丢弃，代码如下。

```
>>> df = df.dropna()
>>> df = df.pivot_table(index = ["id","date"],
        columns = "element", values = "value")
>>> df
```

结果如图 6.15 所示。上述代码中，pivot_table()函数将原来的 id、date 列变换成为行的索引，因此还需要利用 reset_index()函数将多级索引 id、date 还原到列，即可完成全部的数据处理，结果如图 6.16 所示。

```
>>> df.reset_index(drop = False, inplace = True)
>>> df
```

	element	tmax	tmin
id	**date**		
MX17004	**2010-02-02**	27.3	14.4
	2010-02-03	24.1	14.4
	2010-03-05	32.1	14.2

图 6.15 丢弃缺失数据

element	id	date	tmax	tmin
0	MX17004	2010-02-02	27.3	14.4
1	MX17004	2010-02-03	24.1	14.4
2	MX17004	2010-03-05	32.1	14.2

图 6.16 将多级索引还原到列

6.2.4 多个观测单元存储在同一表中

再次回到 6.2.1 节中处理过的歌曲排行榜数据，仔细观察一下，该数据实际上包含了两个观测对象，一个是排行榜，一个是歌曲信息。排行榜提供了每年每首歌在每周的榜单中的名次，而歌曲信息提供了每首歌的风格、长度等信息。显然，这一数据集是把多个观测单元存储在了同一表中。回到数据分析的本源，数据分析人员需要关注的是使用此数据的目的是什么。显然目的是想知道某一天某一首歌在榜单上的排名，而这样保存数据不利于数据分析人员快速做出回答。要解决此问题，需要将数据拆分到两张表中，首先用如下代码来获取榜单信息，如图 6.17 所示。

```
>>> df = df.dropna()
>>> df['date'] = pd.to_datetime(df['date.entered']) +   \
        pd.to_timedelta(df['week'], unit = 'w') - \
        pd.DateOffset(weeks = 1)
>>> df = df[["year", "artist.inverted", "track",
        "time", "genre", "week", "rank", "date"]]
>>> df = df.sort_values(ascending = True,
        by = ["year","artist.inverted","track","week","rank"])
>>> billboard = df
>>> df.head()
```

	year	artist.inverted	track	time	genre	week	rank	date
246	2000	2 Pac	Baby Don't Cry (Keep Ya Head Up II)	4:22	Rap	1	87.0	2000-02-26
563	2000	2 Pac	Baby Don't Cry (Keep Ya Head Up II)	4:22	Rap	2	82.0	2000-03-04
880	2000	2 Pac	Baby Don't Cry (Keep Ya Head Up II)	4:22	Rap	3	72.0	2000-03-11
1197	2000	2 Pac	Baby Don't Cry (Keep Ya Head Up II)	4:22	Rap	4	77.0	2000-03-18
1514	2000	2 Pac	Baby Don't Cry (Keep Ya Head Up II)	4:22	Rap	5	87.0	2000-03-25

图 6.17 获取榜单信息

上述代码利用上榜日期 date.entered 与 week 变量，就可以获得新的当前日期 date，基于此可以构建整理后的数据集，该表提供与每周的歌曲排行榜信息。接下来利用如下代码再建立一个关于歌曲的数据表，如图 6.18 所示。

```
>>> songs_cols = ["year", "artist.inverted", "track", "time", "genre"]
>>> songs = billboard[songs_cols].drop_duplicates()
>>> songs = songs.reset_index(drop = True)
>>> songs["song_id"] = songs.index
>>> songs.head()
```

	year	artist.inverted	track	time	genre	song_id
0	2000	2 Pac	Baby Don't Cry (Keep Ya Head Up II)	4:22	Rap	0
1	2000	2Ge+her	The Hardest Part Of Breaking Up (Is Getting Ba...	3:15	R&B	1
2	2000	3 Doors Down	Kryptonite	3:53	Rock	2
3	2000	3 Doors Down	Loser	4:24	Rock	3
4	2000	504 Boyz	Wobble Wobble	3:35	Rap	4

图 6.18 歌曲数据表

最后将歌曲数据表和原来的排行榜数据表进行合并，就可以很快找出某首歌在某个时间的排名了，代码如下。

```
>>> ranks = pd.merge(billboard, songs,
        on = ["year","artist.inverted", "track", "time", "genre"])
>>> ranks = ranks[["song_id", "date","track","rank",]]
>>> ranks.head(10)
```

合并结果如图 6.19 所示。

	song_id	date	track	rank
0	0	2000-02-26	Baby Don't Cry (Keep Ya Head Up II)	87.0
1	0	2000-03-04	Baby Don't Cry (Keep Ya Head Up II)	82.0
2	0	2000-03-11	Baby Don't Cry (Keep Ya Head Up II)	72.0
...	...	...	...	...
7	1	2000-09-02	The Hardest Part Of Breaking Up (Is Getting Ba...	91.0
8	1	2000-09-09	The Hardest Part Of Breaking Up (Is Getting Ba...	87.0
9	1	2000-09-16	The Hardest Part Of Breaking Up (Is Getting Ba...	92.0

10 rows × 4 columns

图 6.19 合并结果

6.2.5 一个观测单元存储在多个表中

实际的数据分析中经常会遇到一个观测单元的数据被存放在不同的表里面的情况。典型的拆分方式有两种，一种是按照某个变量拆分，如按年拆分为 2016 年、2017 年，或者按地理位置、渠道等进行拆分；另一种则是按度量的不同属性拆分，例如前面的天气数据就可能用多个表保存，一张表是来源于温度传感器的数据，另一张是来源于湿度传感器的数据。对于第二种情况，只要各数据集的记录中有一个唯一标识，如日期、身份证号等，那么后续分析中可以通过 pd.merge 将各个数据集连接起来，这部分内容将在第 8 章数据整合中详细介绍。本节重点介绍第一种情况。对这类问题的处理也很简单，可以先编写一个读取数据的函数，遍历目录中的文件，并将文件名作为单独的列加入到 DataFrame，最后使用 pd.concat 进行合并。例如，现有如图 6.20 所示的数据，该数据是对美国伊利诺伊州每年的小孩取名的统计，每年的数据作为一个数据集，实际上所有这些数据集应该合并为一个。

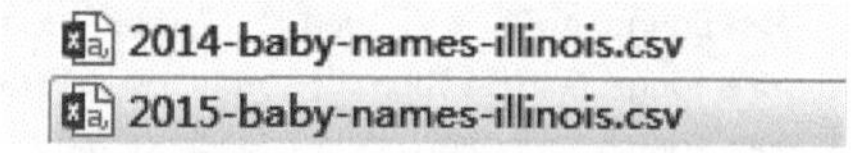

图 6.20　姓名数据集

现在的数据整理问题就变成了如何将不同年份的数据读取并合并，首先来解决读取问题，代码如下。

```
>>> def extract_year(string):
        match = re.match(".+(\d{4})", string)
        if match != None: return match.group(1)

>>> path = '../data'
>>> allFiles = glob.glob(path + "/201*-baby-names-illinois.csv")
>>> df_list = []
>>> for file_ in allFiles:
        df = pd.read_csv(file_, index_col=None, header=0)
        df.columns = map(str.lower, df.columns)
        df["year"] = extract_year(file_)
        df_list.append(df)
```

上述代码利用了 Python 中的标准库 glob。glob 提供了文件名模式匹配，不用遍历整个目录判断每个文件是不是符合通配符。利用 201* 可以完成对 2014 和 2015 的匹配。之后利用 extract_year() 函数可以将年的信息从文件名中提取出来，将其作为 year 列的信息。完成上述工作后，每年的数据保存到了列表 df_list 中，此时只需要用 pd.concat 将列表中的数据合并就可以了，代码如下。

```
>>> df = pd.concat(df_list)
>>> df.head(5)
```

合并结果如图 6.21 所示。

6.2.6 思考

如图 6.22 所示，现在有如下数据，该数据记录了埃博拉病毒在 2014 到 2015 年期间每月各国家的病例以及死亡人数，请问此数据有什么问题，需要如何处理？

	rank	name	frequency	sex	year
0	1	Noah	837	Male	2014
1	2	Alexander	747	Male	2014
2	3	William	687	Male	2014
3	4	Michael	680	Male	2014
4	5	Liam	670	Male	2014

图 6.21　合并不同年份的数据

```
>>> ebola = pd.read_csv('../data/country_timeseries.csv')
>>> ebola.head()
```

	Date	Day	Cases_Guinea	Cases_Liberia	Cases_SierraLeone	...	Deaths_Nigeria	Deaths_Senegal	Deaths_UnitedStates	Deaths_Spain	Deaths_Mali
0	1/5/2015	289	2776.0	NaN	10030.0	...	NaN	NaN	NaN	NaN	NaN
1	1/4/2015	288	2775.0	NaN	9780.0	...	NaN	NaN	NaN	NaN	NaN
2	1/3/2015	287	2769.0	8166.0	9722.0	...	NaN	NaN	NaN	NaN	NaN
3	1/2/2015	286	NaN	8157.0	NaN	...	NaN	NaN	NaN	NaN	NaN
4	12/31/2014	284	2730.0	8115.0	9633.0	...	NaN	NaN	NaN	NaN	NaN

5 rows × 18 columns

图 6.22　埃博拉病毒病例数据集

第 7 章 分组统计

CHAPTER 7

> 横看成岭侧成峰，
> 远近高低各不同。
> ——苏轼《题西林壁》

话说天下大势，分久必合，合久必分。数据分析也是如此，我们经常要对数据进行分组与聚合，以对不同组的数据进行深入解读。本章将介绍如何利用 Pandas 中的 GroupBy 操作函数来完成数据的分组、聚合以及统计。

7.1 分组、应用和聚合

"分而治之"(Divide and Conquer)方法（又称为"分治术"），是有效算法设计中普遍采用的一种技术。所谓"分而治之"，就是把一个复杂的算法问题按一定的"分解"方法分为等价的规模较小的若干部分，然后逐个解决，分别找出各部分的解，把各部分的解组成整个问题的解。这种朴素的思想来源于人们生活与工作的经验，也完全适用于技术领域。以海量数据处理为例，由于数据量太大，导致无法在较短时间内迅速解决，或无法一次性装入内存。那么如何解决该问题呢？无非只有一个办法——大而化小。规模太大，就把规模大的化为规模小的，各个击破。例如，从海量日志数据中提取出某日访问次数最多的那个 IP，把整个大文件映射为 1000 个小文件，再找出每个小文件中出现频率最高的 IP 及相应的频率，然后从这 1000 个最大的 IP 中，找出那个频率最高的 IP，即为所求。这也是大数据编程模型 MapReduce 的基本思想。

Pandas 中同样存在着"分而治之"的思想，即 Pandas 的 GroupBy，从英文的字面意义上理解就是"根据(By)一定的规则进行分组(Group)"。它的作用就是通过一定的规则将一个数据集划分成若干个小的区域，然后针对若干个小区域进行数据处理。简单地说，GroupBy 就是 Split-Apply-Combine，如图 7.1 所示。首先将数据按照不同的 key 进行分割(Split)，然后将求和函数 sum() 应用(Apply)于各组，最后再将数据合并(Combine)到一起，得到最终结果。

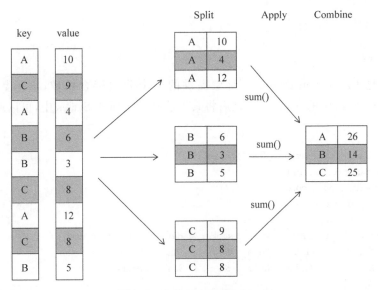

图 7.1　Split-Apply-Combine

7.2　Pandas 中的 GroupBy 操作

本节主要以 Seaborn 中自带的 tips 数据集为例对 GroupBy 进行讲解。数据前 5 行内容如下。

```
>>> df_tips = sns.load_dataset('tips')
>>> df_tips.head()
   total_bill   tip     sex  smoker  day    time  size
0       16.99  1.01  Female      No  Sun  Dinner     2
1       10.34  1.66    Male      No  Sun  Dinner     3
2       21.01  3.50    Male      No  Sun  Dinner     3
3       23.68  3.31    Male      No  Sun  Dinner     2
4       24.59  3.61  Female      No  Sun  Dinner     4
```

7.2.1　单列数据分组统计

以 tips 数据集为例，如果想按照不同性别来对数据进行统计，应该怎么办呢？首先我们需要创建一个 DataFrameGroupBy 对象，代码如下。

```
>>> df_tips.groupby(by = 'sex')
<pandas.core.groupby.generic.DataFrameGroupBy object at 0x000000000BA8DA20>
```

此时我们得到的只是一个 DataFrameGroupBy 对象，也就是只完成了图 7.1 中的 Split 工作，接下来要做的是 Apply 和 Combine。例如，我们想知道 tips 分组里面男性（Male）和女性（Female）各有多少，代码如下。

```
>>> df_tips.groupby(by = 'sex').size()
```

```
sex
Male      157
Female     87
dtype: int64
```

size() 即是 DataFrameGroupBy 对象提供的一个分组聚合函数,该函数将自动统计 Male 组和 Female 组中的数据大小,之后将其汇总到一个新的 Series 中,可以通过如下代码进行验证。

```
>>> type(df_tips.groupby(by = 'sex').size())
pandas.core.series.Series
>>> groups = df_tips.groupby(by = 'sex')
>>> for group in groups:
        print(group)
('Male',   total_bill   tip    sex    smoker   day    time      size
1          10.34        1.66   Male   No       Sun    Dinner    3
2          21.01        3.50   Male   No       Sun    Dinner    3
...        ...          ...    ...    ...      ...    ...       ...
241        22.67        2.00   Male   Yes      Sat    Dinner    2
242        17.82        1.75   Male   No       Sat    Dinner    2

[157 rows x 7 columns])
('Female', total_bill   tip    sex      smoker   day    time      size
0          16.99        1.01   Female   No       Sun    Dinner    2
4          24.59        3.61   Female   No       Sun    Dinner    4
...        ...          ...    ...      ...      ...    ...       ...
240        27.18        2.00   Female   Yes      Sat    Dinner    2
243        18.78        3.00   Female   No       Thur   Dinner    2

[87 rows x 7 columns])
```

上面的第二段代码对分组对象中的组依次进行了遍历。除了对组进行遍历,我们还可以通过 get_group() 函数来获取指定组,例如:

```
>>> groups.get_group('Female').head(3)
     total_bill   tip    sex      smoker   day    time      size
0    16.99        1.01   Female   No       Sun    Dinner    2
4    24.59        3.61   Female   No       Sun    Dinner    4
11   35.26        5.00   Female   No       Sun    Dinner    4
```

在完成分组后,我们就可以针对各组进行聚合运算。例如,我们想看 tips 数据集中男性、女性买单时总账单、小费以及用餐人数的均值,那么可以采用如下代码。

```
>>> df_tips.groupby(by = 'sex').mean()
        total_bill   tip        size
sex
Male    20.744076    3.089618   2.630573
Female  18.056897    2.833448   2.459770
```

上述代码对分组中每列都进行聚合运算,有的时候我们只需要对某一列进行聚合运算。例如,我们只想统计男性组与女性组的总账单均值,可以采用如下代码。

```
>>> df_tips.groupby(by = 'sex')['total_bill'].mean()
sex
Male      20.744076
Female    18.056897
Name: total_bill, dtype: float64
```

DataFrameGroupBy 对象除了提供了前面已经用过的聚合函数外,还提供了如下的聚合函数。

- sum():求和
- mean():求平均值
- count():统计所有非空值
- size():统计所有值
- max():求最大值
- min():求最小值
- std():计算标准差

这里重点讲一下 size() 和 count() 的区别。有如下数据:

```
>>> data = {'person': ['Dan', 'Dan', 'Jamie', 'Jamie'],
        'ride_duration_minutes': [4, np.NaN, 8, 10]}
>>> df_rides = pd.DataFrame(data)
>>> df_rides
  person  ride_duration_minutes
0  Dan      4.0
1  Dan      NaN
2  Jamie    8.0
3  Jamie    10.0
```

如果分别使用 size() 和 count() 这两个聚合函数,得到的结果将不同。

```
>>> df_rides.groupby(by = 'person')['ride_duration_minutes'].size()
person
Dan      2
Jamie    2
Name: ride_duration_minutes, dtype: int64
>>> df_rides.groupby(by = 'person')['ride_duration_minutes'].count()
person
Dan      1
Jamie    2
Name: ride_duration_minutes, dtype: int64
```

得到不同结果的原因是由于 count() 函数不会统计空值,而 size() 函数只是统计组的大小,不管取值是否为空。除了直接对分组对象使用聚合函数来完成分组统计,我们还可以使用 agg() 或 aggregate() 函数来进行分组统计,例如下面的代码与使用 mean() 函数效果完全一样。

```
>>> df_tips.groupby('sex')['tip'].agg('mean')
sex
Male      3.089618
Female    2.833448
Name: tip, dtype: float64
```

```
>>> df_tips.groupby('sex')['tip'].aggregate('mean')
sex
Male      3.089618
Female    2.833448
Name: tip, dtype: float64
```

既然两者效果一样,为什么 Pandas 中要提供 agg()函数呢?这是因为 agg()函数提供了更好的灵活性,我们如果想同时统计各分组的小费均值、最小值、最大值,只需要执行一次 agg()函数就可以完成,代码如下。

```
>>> df_tips.groupby('sex')['tip'].agg(['mean','min','max'])
          mean       min    max
sex
Male     3.089618    1.0    10.0
Female   2.833448    1.0    6.5
```

其中,agg()函数中的参数['mean','min','max']即是聚合函数列表。此外,我们还可以对聚合后的列进行重命名,例如:

```
>>> df_tips.groupby('sex')['tip'].agg([('tip_mean','mean'),\
        ('tip_min','min'),('tip_max','max')])
          tip_mean   tip_min   tip_max
sex
Male     3.089618    1.0       10.0
Female   2.833448    1.0       6.5
```

与前一段代码不同的是,这里以元组的方式来指定聚合函数。例如,('tip_mean','mean')代表了我们要执行的聚合函数为 mean,聚合运算后得到的列名为 tip_mean。如果完成聚合后,想将 Index 去掉,那么可以直接使用 reset_index()函数,代码如下。

```
>>> grouped = df_tips.groupby('sex')['tip'].agg(\
        [('tip_mean','mean'),('tip_min','min'),('tip_max','max')])
>>> grouped.reset_index()
     sex      tip_mean   tip_min   tip_max
0    Male     3.089618   1.0       10.0
1    Female   2.833448   1.0       6.5
```

7.2.2 多列数据分组统计

上一小节是将 sex 列作为分组基准,如果想同时基于 sex 列和 day 列进行分组统计男女每天的消费,可采用如下代码。

```
>>> df_tips.groupby(by=['sex','day']).size()
sex      day
Male     Thur    30
         Fri     10
         Sat     59
         Sun     58
Female   Thur    32
         Fri     9
```

```
                Sat      28
                Sun      18
dtype: int64
>>> df_tips.groupby(by = ['sex', 'day'])['total_bill'].sum()
sex     day
Male    Thur     561.44
        Fri      198.57
        Sat      1227.35
        Sun      1269.46
Female  Thur     534.89
        Fri      127.31
        Sat      551.05
        Sun      357.70
Name: total_bill, dtype: float64
```

上述两段代码分别统计了 tips 数据集中男性与女性每天总就餐次数以及账单总额。与 7.2.1 节类似，我们也可以利用如下代码对聚合后的列进行重命名，如图 7.2 所示。

```
>>> df_tips.groupby(by = ['sex','day'])['tip'].agg(\
       [('tip_mean','mean'),('tip_min','min'),('tip_max','max')])
```

Pandas 的分组统计还提供了更加灵活的方式，对于分组后的对象，我们还可以针对不同的列进行不同聚合运算。例如针对 tip 列和 total_bill 列，我们想统计不同的内容，那么可以采用如下代码。

```
>>> df_tips.groupby('sex').agg({'tip':[('avg_tip','mean'),\
       ('max_tip','max')], 'total_bill':[('avg_bill','mean')]})
```

统计结果如图 7.3 所示。

		tip_mean	tip_min	tip_max
sex	day			
Male	Thur	2.980333	1.44	6.70
	Fri	2.693000	1.50	4.73
	Sat	3.083898	1.00	10.00
	Sun	3.220345	1.32	6.50
Female	Thur	2.575625	1.25	5.17
	Fri	2.781111	1.00	4.30
	Sat	2.801786	1.00	6.50
	Sun	3.367222	1.01	5.20

图 7.2　重命名结果

	tip		total_bill
	avg_tip	max_tip	avg_bill
sex			
Male	3.089618	10.0	20.744076
Female	2.833448	6.5	18.056897

图 7.3　统计结果

输出数据出现了多级 Index，可以用如下代码验证。

```
>>> grouped = df_tips.groupby('sex').agg(\
       {'tip':[('avg_tip','mean'),('max_tip','max')],\
       'total_bill':[('avg_bill','mean')]})
>>> grouped.columns
MultiIndex(levels = [['tip', 'total_bill'],
```

['avg_bill', 'avg_tip', 'max_tip']], codes = [[0, 0, 1], [1, 2, 0]])

其中,第一级 Index 为 tip 和 total_bill,第二级则是 avg_tip、max_tip、avg_bill。如果我们想对其进行修改,可以直接利用修改列名的方式来完成,代码如下。

```
>>> grouped.columns = ['avg_tip','max_tip','avg_bill']
>>> grouped
         avg_tip    max_tip    avg_bill
sex
Male     3.089618   10.0       20.744076
Female   2.833448   6.5        18.056897
```

7.2.3 使用自定义函数进行分组统计

如果 Pandas 中提供的聚合函数不能满足我们的要求,我们还可以自己编写自定义函数来完成聚合功能。例如,我们想统计男性组与女性组中账单最大值和最小值的差异,可以利用如下代码完成。

```
>>> df_tips.groupby(by = 'sex').agg({\
        'total_bill': lambda bill: bill.max() - bill.min()})
        total_bill
sex
Male     43.56
Female   41.23
```

上述代码定义了一个 lambda 函数来完成各组中账单最大值与最小值差的计算。除了对某列进行聚合运算,还可以对不同列定义不同的自定义函数,示例如下。

```
>>> df_tips.groupby(by = 'sex').agg(\
    {'total_bill': lambda bill: bill.max() - bill.min(),\
    'tip':lambda tip:tip.max()})
        total_bill    tip
sex
Male     43.56        10.0
Female   41.23        6.5
```

lambda 函数通常用于相对简单的函数定义,如果是复杂一点的,我们可以自己定义新函数后使用。如下代码定义了一个名为 max_deviation() 的函数。

```
>>> def max_deviation(s):
        std_score = (s - s.mean()) / s.std()
        return std_score.abs().max()
>>> df_tips.groupby('sex')['tip'].agg(max_deviation)
```

上述代码中 max_deviation() 函数的参数 s 实际对应于分组对象的 tip 列,因此 s.mean()是对该列求平均。在有的情况下,自定义函数还可以带参数,如果我们想知道男性和女性组总账单中金额为 30~60 的比例,可以采用如下代码。

```
>>> def bill_between(s, low, high):
        return s.between(low, high).mean()
```

```
>>> df_tips.groupby('sex')['total_bill'].agg(bill_between,30,60)
sex
Male      0.159236
Female    0.080460
Name: total_bill, dtype: float64
```

上述代码中 bill_between() 函数中的参数，直接通过 agg(bill_between,30,60) 函数传入。

7.2.4 数据过滤与变换

有的时候我们对数据进行分组不是为了分组统计，而是为了对数据进行过滤或变换，此时可以使用 filter() 和 transform() 函数来完成。例如，我们想知道 tips 数据集中每天消费总额大于 20 的账单，代码如下。

```
>>> df_tips.groupby('day').filter( \
        lambda x : x['total_bill'].mean() > 20 )
```

数据过滤结果如图 7.4 所示。

	total_bill	tip	sex	smoker	day	time	size
0	16.99	1.01	Female	No	Sun	Dinner	2
1	10.34	1.66	Male	No	Sun	Dinner	3
...	...	...	...	...	...	...	...
241	22.67	2.00	Male	Yes	Sat	Dinner	2
242	17.82	1.75	Male	No	Sat	Dinner	2

163 rows × 7 columns

图 7.4 数据过滤

上述代码首先对数据按 day 进行分组，x['total_bill'].mean() > 20 将过滤消费总额大于 20 的数据。如果我们需要对分组数据进行变换，则使用 transform() 函数。例如，如下代码对按 day 分组的数据求均值后，将其作为新列添加回原来的 df_tips 中，结果如图 7.5 所示。

```
>>> df_tips['day_average'] = df_tips.groupby('day')['total_bill'].
        transform( lambda x : x.mean())
>>> df_tips.head()
```

	total_bill	tip	sex	smoker	day	time	size	day_average
0	16.99	1.01	Female	No	Sun	Dinner	2	21.41
1	10.34	1.66	Male	No	Sun	Dinner	3	21.41
2	21.01	3.50	Male	No	Sun	Dinner	3	21.41
3	23.68	3.31	Male	No	Sun	Dinner	2	21.41
4	24.59	3.61	Female	No	Sun	Dinner	4	21.41

图 7.5 数据变换

除了 filter() 和 transform() 操作,我们也可以对组对象执行 apply 操作。例如,我们可以按性别分组后计算小费占总账单的比例,代码如下。

```
>>> df_tips.groupby('sex').apply(lambda x :x['tip']/x['total_bill'])
sex
Male    1      0.160542
        2      0.166587
        3      0.139780
        5      0.186240
        6      0.228050
                 ...
Female  226    0.198216
        229    0.130199
        238    0.130338
        240    0.073584
        243    0.159744
Length: 244, dtype: float64
```

第 8 章 数据整合

CHAPTER 8

> 泰山不让土壤，故能成其大。
>
> ——李斯《上书秦始皇》

数据无处不在，有的以 CSV 格式存在，有的是文本文件，还有的存在于数据库、网络中。因此，在数据分析过程中经常需要考虑如何将不同数据读入、整合。本章将详细讲解如何读入不同格式的数据，以及如何合并数据。

8.1 数据读入

8.1.1 基本数据读入方法

为了更好地整合不同格式的数据，Pandas 提供了丰富的数据读写函数，常用的数据读取函数有：

- read_csv()
- read_excel()
- read_hdf()
- read_sql()
- read_json()
- read_html()
- read_stata()
- read_sas()
- read_clipboard()
- read_pickle()

与读数据对应，Pandas 也提供了对应格式的写文件函数：

- to_csv()
- to_excel()
- to_hdf()
- to_sql()
- to_json()

- to_html()
- to_stata()
- to_clipboard()
- to_pickle()

除了对上述格式数据的支持，Pandas 还支持读取数据库、网页、网络文件。本节将从 read_csv() 函数开始讲解，掌握了这种格式后，其他格式的文件处理基本都是一致的。经过了前面章节的学习，相信读者对下面的代码已经很熟悉了，输出结果如图 8.1 所示。

```
>>> import numpy as np
>>> import pandas as pd
# set max display row,columns
>>> pd.set_option('display.max_rows', 5)
>>> pd.set_option('display.max_columns',10)
>>> eu12 = pd.read_csv('../data/Eueo2012.csv')
>>> eu12.head()
```

	Team	Goals	Shots on target	Shots off target	Shooting Accuracy	...	Yellow Cards	Red Cards	Subs on	Subs off	Players Used
0	Croatia	4	13	12	51.9%	...	9	0	9	9	16
1	Czech Republic	4	13	18	41.9%	...	7	0	11	11	19
2	Denmark	4	10	10	50.0%	...	4	0	7	7	15
3	England	5	11	18	50.0%	...	5	0	11	11	16
4	France	3	22	24	37.9%	...	6	0	11	11	19

5 rows × 35 columns

图 8.1 读入 Eueo2012.csv

这段代码将 Eueo2012.csv 中的数据读入到 eu12 这个 DataFrame 中，读者也可以在读入的时候指定用 Team 来作为 index 的列，代码如下。

```
>>> eu12 = pd.read_csv('../data/Eueo2012.csv', index_col = 'Team')
>>> eu12.head()
```

运行结果如图 8.2 所示。

Team	Goals	Shots on target	Shots off target	Shooting Accuracy	% Goals-to-shots	...	Yellow Cards	Red Cards	Subs on	Subs off	Players Used
Croatia	4	13	12	51.9%	16.0%	...	9	0	9	9	16
Czech Republic	4	13	18	41.9%	12.9%	...	7	0	11	11	19
Denmark	4	10	10	50.0%	20.0%	...	4	0	7	7	15
England	5	11	18	50.0%	17.2%	...	5	0	11	11	16
France	3	22	24	37.9%	6.5%	...	6	0	11	11	19

5 rows × 34 columns

图 8.2 用 Team 作为 index 的列

有时待读入的数据不包含列名，如果读的时候不进行处理就会出现下面的错误，如图 8.3 所示。

```
>>> eu12_header = pd.read_csv('../data/Eueo2012_no_header.csv')
>>> eu12_header.head()
```

此时本应该是第一行的数据，却变成了每列的标题。对于这种情况，需要在读入的时候指明 header＝None 参数，如图 8.4 所示。

		0	1	2	3	4	5	6	7	8	9	...	25	26	27	28	29	30	31	32	33	34
	Croatia	4	13	12	51.90%	16.00%	32	0	0.1	0.2	...	13.1	81.30%	41	62	2.1	9	0.4	9.1	9.2	16
0	Czech Republic	4	13	18	41.90%	12.90%	39	0	0	0	...	9	60.10%	53	73	8	7	0	11	11	19
1	Denmark	4	10	10	50.00%	20.00%	27	1	0	0	...	10	66.70%	25	38	8	4	0	7	7	15
2	England	5	11	18	50.00%	17.20%	40	0	0	0	...	22	88.10%	43	45	6	5	0	11	11	16
3	France	3	22	24	37.90%	6.50%	65	1	0	0	...	6	54.60%	36	51	5	6	0	11	11	19
4	Germany	10	32	32	47.80%	15.60%	80	2	1	0	...	10	62.60%	63	49	12	4	0	15	15	17

5 rows × 35 columns

图 8.3 待读入数据不包含列名

```
>>> eu12_header = pd.read_csv('../data/Eueo2012_no_header.csv',
    header = None)
>>> eu12_header.head()
```

	0	1	2	3	4	5	6	7	8	9	...	25	26	27	28	29	30	31	32	33	34
0	Croatia	4	13	12	51.90%	16.00%	32	0	0	0	...	13	81.30%	41	62	2	9	0	9	9	16
1	Czech Republic	4	13	18	41.90%	12.90%	39	0	0	0	...	9	60.10%	53	73	8	7	0	11	11	19
2	Denmark	4	10	10	50.00%	20.00%	27	1	0	0	...	10	66.70%	25	38	8	4	0	7	7	15
3	England	5	11	18	50.00%	17.20%	40	0	0	0	...	22	88.10%	43	45	6	5	0	11	11	16
4	France	3	22	24	37.90%	6.50%	65	1	0	0	...	6	54.60%	36	51	5	6	0	11	11	19

5 rows × 35 columns

图 8.4 指明 header=None 参数

如果已经提前知道列名，那么还可以在读入的时候指定列名，代码如下。

```
>>> columns = eu12.columns
>>> eu12_header = pd.read_csv('../data/Eueo2012_no_header.csv',
names = columns)
>>> eu12_header.head()
```

运行结果如图 8.5 所示。

Team	Goals	Shots on target	Shots off target	Shooting Accuracy	% Goals-to-shots	...	Yellow Cards	Red Cards	Subs on	Subs off	Players Used
Croatia	4	13	12	51.9%	16.0%	...	9	0	9	9	16
Czech Republic	4	13	18	41.9%	12.9%	...	7	0	11	11	19
Denmark	4	10	10	50.0%	20.0%	...	4	0	7	7	15
England	5	11	18	50.0%	17.2%	...	5	0	11	11	16
France	3	22	24	37.9%	6.5%	...	6	0	11	11	19

5 rows × 34 columns

图 8.5 指定列名

此外，read_csv()函数还可以支持预先指定列的数据类型。例如，下面的代码将 Goals 列指定为浮点数。

```
>>> eu12_header = pd.read_csv('../data/Eueo2012_no_header.csv',
    names = columns,dtype = {'Goals':np.float64})
>>> eu12_header.dtypes
Goals              float64
Shots on target    int64
```

```
Subs off              int64
Players Used          int64
Length: 34, dtype: object
```

某些情况下只需要读取部分列的数据,此时可以通过 usecols 参数来进行设置,代码如下。

```
>>> eu12 = pd.read_csv('../data/Eueo2012.csv',
    index_col = 0, usecols = ['Team','Goals','Shots on target'])
>>> eu12.head()
```

结果如图 8.6 所示。上述代码选择了只读取 Team、Goals 和 Shots on target 列的数据,同时对 index_col 参数采用数字进行设置,即将第 0 列作为 index。既然有读入,那么必然有对应的写文件函数 to_csv(),该函数的参数用法基本上和 read_csv()一致,读者可以自行查看帮助了解更多内容,如下代码即是将 eu12 中的数据写入到 Eueo2012_save.csv 文件中。

```
>>> eu12.to_csv('../data/Eueo2012_save.csv')
```

Team	Goals	Shots on target
Croatia	4	13
Czech Republic	4	13
Denmark	4	10
England	5	11
France	3	22

图 8.6　读取部分列

8.1.2　文件读取进阶

默认的情况下,read_csv()函数认为文件中数据间用",",分隔,遇到不是这种格式的文件,就需要指定分隔符。例如,如下代码对采用"?"分隔的数据进行了读取。

```
>>> eu12 = pd.read_csv('../data/Eueo2012_del.txt',sep = '?',index_col = 0)
>>> eu12.head()
```

还有的情况是,数据分析人员想在读取的时候跳过数据文件的前几行,那么可以采用 skiprows 参数进行设置,代码如下。

```
>>> eu12 = pd.read_csv('../data/Eueo2012_skip.txt',
    sep = '?',skiprows = [0,1],index_col = 0)
>>> eu12
```

结果如图 8.7 所示。某些情况下,数据文件可能很大,进行分析时经常会先读入其中一部分数据,在对数据有一定了解后再读入全部数据,此时就可以通过指定 nrows 参数来设置,代码如下。

```
>>> eu12 = pd.read_csv('../data/Eueo2012_del.txt',
        header = 0,skiprows = 5,nrows = 5,
        sep = '?',index_col = 0,names = ['Goals','Shote on target'])
>>> eu12
```

运行结果如图 8.8 所示。

图 8.7　设置 skiprows 参数　　　　图 8.8　设置 nrows 参数

8.1.3　读取其他格式文件

在数据分析过程中，数据文件除了常用的 CSV 格式，还会使用到 EXCEL、JSON 或数据库格式文件，本节将介绍如何处理这些格式的文件。下面的代码完成了 EXCEL 格式文件的读入，结果如图 8.9 所示。

```
>>> eu12 = pd.read_excel('../data/Eueo2012_excel.xlsx',
        sheet_name = 'Eueo2011')
>>> eu12.head()
```

图 8.9　EXCEL 格式文件的读入

上述代码中 read_excel() 函数支持对 EXCEL 格式文件的读入，同时通过参数 sheet_name 可以指定读入哪一个表。如果要将数据写入到 EXCEL 文件，可以使用 to_excel() 函数，代码如下。

```
# conda install openpyxl
>>> eu12.to_excel('../data/test.xlsx')
>>> eu12.to_excel('../data/test1.xlsx',sheet_name = 'eu2012')
```

下面的代码则可以将两个不同的 DataFrame 写入到同一个 EXCEL 文件的不同表中，这里需要使用 xlwt 库，如果读者没有安装该库，则需要使用 conda install 或 pip install 命令进行安装。

```
>>> from pandas import ExcelWriter
#conda install xlwt
>>> with ExcelWriter("../data/test3.xls") as writer:
        eu12.to_excel(writer, sheet_name = 'eu12')
        eu12.to_excel(writer, sheet_name = 'eu11')
```

除了 EXCEL 格式的数据，另一种常见的文件格式就是 JSON，对于这种格式，可以利用 read_json()函数来读取，代码如下。

```
>>> eu12_json = pd.read_json("../data/eueo2012.json")
>>> eu12_json.head(5)
```

需要注意的是，JSON 是无顺序格式的文件，因此数据读入后可能不是想要的顺序，此时可以通过前面章节介绍的列选择、行排序等方法进行处理，这里不再赘述。接下来再来看看如何处理数据库和 HDF5 格式的数据，对于数据库，为了简单起见，本书以 sqlite3 数据库为例，其他数据库的使用也与之类似。

```
>>> import sqlite3
>>> connection = sqlite3.connect("../data/eueo2012.sqlite")
>>> eu12.to_sql("EU12_DATA", connection, if_exists = "replace")
# commit the SQL and close the connection
>>> connection.commit()
>>> connection.close()
```

上述代码首先导入 sqlite3 库，接下来利用 sqlite3.connect()函数构造了一个面向 sqlite 数据库的连接，之后将 eu12 这个 DataFrame 通过 to_sql()函数写入到数据库中的表 EU12_DATA 中。其中，if_exists="replace"代表如果数据表已经存在就替换，当然也可以使用添加模式，即 if_exists="append"。最后要使写入生效，需要执行 commit()函数，并关闭数据库连接。如果想将数据读出来，可以使用 read_sql()函数，代码如下。

```
>>> connection = sqlite3.connect("../data/eueo2012.sqlite")
>>> eu_sql = pd.read_sql('select * from EU12_DATA',connection)
>>> eu_sql.head()
```

结果如图 8.10 所示。read_sql()函数支持各种 SQL 语句，理论上也可以用它来完成所有的数据选择工作。而对于 HDF5 格式文件的处理，它与前面的 CSV、EXCEL 格式稍有不同，先通过 HDFStore()函数指定要存储 HDF5 文件到哪里，再以字典形式将 DataFrame 赋值，代码如下。

	index	Team	Goals	Shots on target	Shots off target	...	Yellow Cards	Red Cards	Subs on	Subs off	Players Used
0	0	Croatia	8	13	12	...	9	0	9	9	16
1	1	Czech Republic	4	13	18	...	7	0	11	11	19
2	2	Denmark	4	10	10	...	4	0	7	7	15
3	3	England	5	11	18	...	5	0	11	11	16
4	4	France	3	22	24	...	6	0	11	11	19

5 rows × 36 columns

图 8.10　数据库文件的读入

```
>>> df = pd.DataFrame(np.random.randn(10, 3),
        index = pd.date_range('11/11/2016', periods = 10),
        columns = ['A', 'B', 'C'])
# conda install pytables
>>> hdf = pd.HDFStore('../data/hdf.h5')
>>> hdf['df'] = df
>>> hdf
<class 'pandas.io.pytables.HDFStore'>
File path: ../data/hdf.h5
```

而对数据进行修改并写回到 HDF5 文件中也需要进行类似操作,代码如下。

```
>>> read_hdf = pd.HDFStore("../data/hdf.h5")
>>> df = read_hdf['df']
>>> df.iloc[0].A = 1
>>> hdf['df'] = df
>>> pd.HDFStore("../data/hdf.h5")['df'].head(2)
                    A           B           C
2016-11-11    1.000000   -1.014995    0.920577
2016-11-12   -0.532871    0.120090    0.044471
```

最后来看看读取网页,Pandas 支持对网页中的表格数据的直接读取,下面的代码完成了对 ESPN 网站上的数据读取,结果如图 8.11 所示。

```
>>> table = pd.read_html(f'http://www.espn.com/nfl/qbr/_/\
    type/alltime-season/page/{1}/order/true/qualified/true')
>>> type(table),len(table)
>>> table[0].head()
```

	0	1	2	3	4	5	6	7	8	9	10
0	RK	PLAYER	YEAR	PTS ADDED	PASS	RUN	PENALTY	TOTAL EPA	QB PLAYS	RAW QBR	TOTAL QBR
1	1	Lamar Jackson, BAL	2019	9.7	5.1	-0.0	0.2	5.3	27	99.4	99.4
2	2	Dak Prescott, DAL	2019	9.5	10.9	0.7	0.3	11.9	37	97.4	96.9
3	3	Derek Carr, OAK	2019	5.9	8.9	-0.3	-0.1	8.4	30	94.1	93.6
4	4	Carson Wentz, PHI	2019	8.1	9.9	0.7	0.2	10.8	44	93.2	92.6

图 8.11 网页数据的读取

8.2 数据合并

8.2.1 认识 merge 操作

在一个数据分析项目中,数据来源于不同格式的文件是很常见的事情,此时数据分析前首先要解决的问题就变成了如何将不同的数据合并。Pandas 提供了 merge() 函数来完成此功能。首先构造两个不同的 DataFrame,其中 customers 数据集包含了客户 ID、姓名和地址,而 orders 数据集包含了订单客户的 ID 和订单日期。具体代码如下。

```
>>> customers = {'CustomerID': [10, 11],
                 'Name': ['MikeWang', 'JackMa'],
                 'Address': ['Address for MikeWang','Address for JackMa']}
>>> customers = pd.DataFrame(customers)
>>> customers
   CustomerID    Name          Address
0      10        MikeWang      Address for MikeWang
1      11        JackMa        Address for JackMa
>>> import datetime
>>> orders = {'CustomerID': [10, 11, 10],
              'OrderDate': [datetime.date(2016, 12, 1),
                            datetime.date(2016, 12, 1),
                            datetime.date(2016, 12, 2)]}
>>> orders = pd.DataFrame(orders)
>>> orders
   CustomerID    OrderDate
0      10        2016-12-01
1      11        2016-12-01
2      10        2016-12-02
```

现在想要构建一个包含了以上全部信息的数据集，需要将两个数据集进行合并，由于 CustomerID 在两个数据集中都存在，因此 merge() 函数会自动以该列为 key 来进行合并，结果如下。

```
>>> customers.merge(orders)
   CustomerID    Name        Address                 OrderDate
0      10        MikeWang    Address for MikeWang    2016-12-01
1      10        MikeWang    Address for MikeWang    2016-12-02
2      11        JackMa      Address for JackMa      2016-12-01
```

上述情况是最简单的合并数据方式，下面来看一个更复杂的情形，假设有如下两个数据集：

```
>>> left_data = {'key1': ['a', 'b', 'c'],
                 'key2': ['x', 'y', 'z'],
                 'lval1': [0, 1, 2]}
>>> right_data = {'key1': ['a', 'b', 'c'],
                  'key2': ['x', 'a', 'z'],
                  'rval1': [6, 7, 8]}
>>> left = pd.DataFrame(left_data, index=[0, 1, 2])
>>> right = pd.DataFrame(right_data, index=[1, 2, 3])
>>> left
   key1  key2  lval1
0   a     x     0
1   b     y     1
2   c     z     2
>>> right
   key1  key2  rval1
1   a     x     6
2   b     a     7
3   c     z     8
```

运行 merge()函数,将得到如下结果。

```
>>> left.merge(right)
    key1    key2    lval1   rval1
0   a       x       0       6
1   c       z       2       8
```

这是由于 left 和 right 中都有 key1 和 key2 列,那么合并的时候将以这两列为 key 来进行合并,同时默认情况下 merge()函数合并时的参数 how＝'inner',因此合并的时候 left、right 中 key1、key2 列取值都一样的数据才会进行合并,最后得到的新数据就只有两行,列变成了 4 列。如果合并时指定 key,那么 merge()函数就会以 key 来进行合并。例如,下面的代码就是以 key1 列进行合并。

```
>>> left.merge(right,on = 'key1')
    key1    key2_x  lval1   key2_y  rval1
0   a       x       0       x       6
1   b       y       1       a       7
2   c       z       2       z       8
```

这种情况下,因为 left 和 right 中都有 key2 列,因此 merge()函数会重命名这两列为 key2_x 和 key2_y。除了按照 key 进行合并,merge()函数还支持按照索引进行合并,同样是刚才的数据,将得到如下结果。

```
>>> pd.merge(left, right, left_index = True, right_index = True)
    key1_x  key2_x  lval1   key1_y  key2_y  rval1
1   b       y       1       a       x       6
2   c       z       2       b       a       7
```

两个数据集中都有 1 和 2 这两个索引标签(Index Label),因此合并的时候会以此为依据,对于名字相同的列会各自加上后缀_x 和_y。

8.2.2 merge 进阶

除了上一节的用法,merge()函数还支持通过 how 参数来指定不同的合并方法。how 的参数取值可以有以下 4 种:
- inner:两个 DataFrame 的 key 交集,也称内连接;
- outer:两个 DataFrame 的 key 并集,也称外连接;
- left:只使用左边的 DataFrame 的 key,也称左连接;
- right:只使用右边的 DataFrame 的 key,也称右连接。

使用参数 outer,将得到如下结果。

```
>>> left.merge(right,how = 'outer')
    key1    key2    lval1   rval1
0   a       x       0.0     6.0
1   b       y       1.0     NaN
2   c       z       2.0     8.0
3   b       a       NaN     7.0
```

由于是取并集,那么合并的时候会将 key1 和 key2 在两个数据集中的组合方式合并起来,因此合并后得到的数据有 4 行,key1 和 key2 对应的取值为 b 和 y 的情况仅在 left 数据中存在,那么对应的 rval1 列就会填充 NaN。接下来再看使用 left 中的 key 的情况,代码如下。

```
left.merge(right, how = 'left')
    key1  key2  lval1  rval1
0    a     x     0     6.0
1    b     y     1     NaN
2    c     z     2     8.0
```

此时显然保留 left,用 right 中的数据来进行补充。反之,也可以选择使用右连接,代码如下。

```
>>> left.merge(right, how = 'right')
    key1  key2  lval1  rval1
0    a     x     0.0    6
1    c     z     2.0    8
2    b     a     NaN    7
```

8.2.3 join 与 concat

除了使用 merge() 函数,Pandas 还提供了 join() 函数来合并 DataFrame 的列,例如,下面的代码采用左连接方式基于索引进行合并,左边数据集的列会加上后缀_left,右边的加上后缀_right,结果如图 8.12 所示。

```
>>> left.join(right, lsuffix = '_left', rsuffix = '_right')
```

	key1_left	key2_left	lval1	key1_right	key2_right	rval1
0	a	x	0	NaN	NaN	NaN
1	b	y	1	a	x	6.0
2	c	z	2	b	a	7.0

图 8.12　左连接

下面的代码分别实现了外连接和内连接,结果如图 8.13 和图 8.14 所示。

```
>>> left.join(right, how = 'outer', lsuffix = '_left', rsuffix = '_right')
>>> left.join(right, lsuffix = '_left', rsuffix = '_right', how = 'inner')
```

	key1_left	key2_left	lval1	key1_right	key2_right	rval1
0	a	x	0.0	NaN	NaN	NaN
1	b	y	1.0	a	x	6.0
2	c	z	2.0	b	a	7.0
3	NaN	NaN	NaN	c	z	8.0

图 8.13　外连接

	key1_left	key2_left	lval1	key1_right	key2_right	rval1
1	b	y	1	a	x	6
2	c	z	2	b	a	7

图 8.14　内连接

最后来看看 concat() 操作，假设有如下两个 DataFrame：

```
>>> df1 = pd.DataFrame(np.arange(9).reshape(3, 3),
    columns = ['a', 'b', 'c'])
>>> df2 = pd.DataFrame(np.arange(9, 18).reshape(3, 3),
    columns = ['a', 'b', 'c'])
>>> df1
   a  b  c
0  0  1  2
1  3  4  5
2  6  7  8
>>> df2
    a   b   c
0   9  10  11
1  12  13  14
2  15  16  17
```

如果运行 concat() 函数，那么默认的情况下会按照行进行合并，得到如下结果。

```
>>> pd.concat([df1, df2])
    a   b   c
0   0   1   2
1   3   4   5
2   6   7   8
0   9  10  11
1  12  13  14
2  15  16  17
```

由于 df1 和 df2 的列名都是一样的，所以 concat() 函数会直接将 df2 的行添加到 df1 后面，就完成了合并。但是如果存在两边列不相同的情况，合并将自动补充 NaN，示例如下。

```
>>> df1 = pd.DataFrame(np.arange(9).reshape(3, 3),
       columns = ['a', 'b', 'c'])
>>> df2 = pd.DataFrame(np.arange(9, 18).reshape(3, 3),
       columns = ['a', 'c', 'd'])
>>> pd.concat([df1, df2], sort = False)
    a    b   c     d
0   0  1.0   2   NaN
1   3  4.0   5   NaN
2   6  7.0   8   NaN
0   9  NaN  10  11.0
1  12  NaN  13  14.0
2  15  NaN  16  17.0
```

上述代码中使用 sort 参数是由于 Pandas 的新版本中默认不排序，默认采用接受该方式。对于合并后的数据，如果想知道它来自哪一个 DataFrame，那么可以在合并的时候指定

key 参数,此时 key 将作为 level 0 的索引存在,代码如下。

```
>>> c = pd.concat([df1, df2], keys = ['df1', 'df2'], sort = False)
>>> c
```

		a	b	c	d
df1	0	0	1.0	2	NaN
	1	3	4.0	5	NaN
	2	6	7.0	8	NaN
df2	0	9	NaN	10	11.0
	1	12	NaN	13	14.0
	2	15	NaN	16	17.0

图 8.15 指定 key 作为 level 0 的索引

运行结果如图 8.15 所示。

在这种情况下,也可以通过 level 0 的索引来访问原来的 df1 中的数据,代码如下。

```
>>> c.loc['df1']
   a    b  c    d
0  0  1.0  2  NaN
1  3  4.0  5  NaN
2  6  7.0  8  NaN
```

当然,concat()函数其实也支持按照列进行连接,只需要指定 axis=1 就可以了,下面的代码就可以实现将 df1 和 df2 按索引进行列连接。

```
>>> pd.concat([df1, df2], axis = 1)
   a  b  c  a   c   d
0  0  1  2  9  10  11
1  3  4  5  12 13  14
2  6  7  8  15 16  17
```

第 9 章 数据可视化

CHAPTER 9

> 图片的最大价值就是,
> 让我们看到我们从没看到过的东西。
>
> ——John Tukey

可视化作为利用数据、信息来达到目的、解决问题的最后一环,在很多时候其重要性往往高于前面的所有工作。在经过了定义问题、收集数据、数据清洗、数据建模、评价的环节以后,终于到了要将数据分析的结果展示出来的时候,它直接决定了分析的结果是否可以落地,是否可以实现价值。本章将重点介绍 Python 中最典型的两种可视化工具:Matplotlib 和 Seaborn。

9.1 Matplotlib

Matplotlib 是 Python 的一个绘图库,它包含了大量的工具,也提供了极大的灵活性,理论上使用者可以利用它绘制任何图形。正是由于这一特性,使得 Matplotlib 学习曲线相对陡峭,本节将以初学者的视角带领读者由浅入深一步步地掌握 Matplotlib 的各项功能。

9.1.1 绘制第一个散点图

Jupyter Notebook 中几乎所有利用 Matplotlib 绘图的代码都会包含下面两句。

```
>>> import matplotlib.pyplot as plt
>>> % matplotlib inline
```

上述代码首先将 matplotlib.pyplot 以别名 plt 导入,它是整个 Matplotlib 库的核心,包含了所有绘图相关的函数,在 Notebook 中输入 dir(plt)可以查看所有函数。而%matplotlib inline 则是 Jupyter Notebook 中的特殊命令,有了它,所有绘图将在 Notebook 中自动显示,如果没有这一行代码,就需要调用 plt.show()函数让 Notebook 显示图形。导入了 Matplotlib 库后,就可以用 plt.plot()函数来绘制第一个图形,运行如下代码将得到图 9.1 所示图形。

```
>>> plt.plot([1,2,3,4,8])
```

上述代码将一个列表的数据传给了 plt.plot()函数,该函数自动绘制了一幅折线图,其

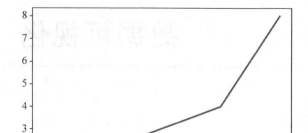

图 9.1 折线图

中的 Y 轴取值来自输入的数据列表,而 X 轴取值则对应输入列表的索引,因此,最后得到如图 9.1 所示的图形。细心的读者还会注意到图形输出上方有一行显示[< matplotlib.lines.Line2D at 0x8c72fd0 >],其实这是 plt.plot()函数返回的图形对象,如果不想有这样的显示,在代码后面加上";"就可以不输出该内容,当然通过在代码下一行执行 plt.show()函数也可以达到同样效果。不过前面不是说要画散点图吗?现在 plt.plot()怎么默认画的是折线图呢?要理解原因,就需要了解 plt.plot()的参数使用,这个函数有 3 个基本输入项(x,y,format)。其中,format 包含以下 3 种参数的组合:{color}{marker}{line}。例如,"go-"依次代表的是绿色(对应 g)[①],对应(x,y)处画点(对应 o),各个点间用线连接(对应-)。如果给出的 format 组合是"go",此时就将得到绿色散点图。为帮助大家更深入理解这种绘图格式,下面再来看几个例子。

- r*--:带红色星型点的虚线,r 代表红色,* 代表星型,--代表虚线。
- ks.:带黑色方块点的实线,k 代表黑色,s 代表方块,. 代表点。
- bD-.:带蓝色钻石点的点画线,b 代表蓝色,D 代表钻石点,-. 代表点画线。

关于{color}{marker}{line}的更详细内容,读者可以通过 help(plt.plot)获取更深入的说明。接下来再来看一个画红色散点图的例子,运行下面代码将得到如图 9.2 所示输出。由于代码后面加了";",所以不再看到如图 9.1 那样的对象地址输出。

```
>>> plt.plot([1,2,3,4,5], [1,2,3,6,10], 'ro');
```

前面画的是一组散点图,如果要画两组数据的散点图呢?很简单,只需要画两次就可以得到如图 9.3 所示的散点图,代码如下。

```
>>> plt.plot([1,2,3,4,5], [1,2,3,6,10], 'g*')
>>> plt.plot([2,5,6,8,9], [5,3,7,9,11], 'bD')
>>> plt.show()
```

一幅完整的图形不只是图形部分,还包含标题、坐标轴等,接下来为上面的图加上标题、

[①] 本书中部分代码运行结果为输出含有彩色信息的图像,相关插图仅显示灰度信息,谨供读者对照实验结果。读者可在本书配套电子资源中查看彩色图像。

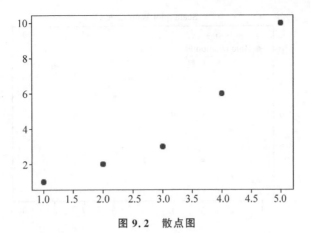

图 9.2 散点图

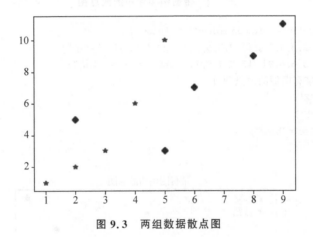

图 9.3 两组数据散点图

坐标轴、图例等,运行如下代码,将得到如图 9.4 所示的图形。

```
>>> plt.plot([1,2,3,4,5], [1,2,3,6,10], 'g*',label = "Green Star")
>>> plt.plot([2,5,6,8,9], [5,3,7,9,11], 'bD',label = "Blue Diamond")
>>> plt.title('Scatterplot With Legend')
>>> plt.xlabel('X')
>>> plt.ylabel('Y')
>>> plt.legend(loc = 'best')
>>> plt.show()
```

上述代码中,plt.plot()函数通过 label 参数给出了图例信息,之后的 plt.legend(loc= 'best')给出图例的位置,best 代表自适应选择最佳位置,更多的 loc 参数取值读者可以通过 help(plt.legend)获得。plt.xlable('X')和 plt.ylabel('Y')分别给出了两个坐标轴的名称。 plt.title('Scatterplot With Legend')则给出了整个图形的标题。如果图形中有中文字符,为 了使中文能正确显示,需要指定字体,运行如下代码将得到能显示中文字符的图形,如图 9.5 所示。

```
>>> plt.rcParams['font.sans - serif'] = ['SimHei']    # 显示中文标签
# 坐标轴有负号的时候可以显示负号
```

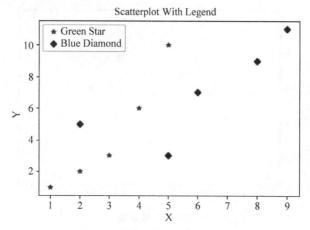

图 9.4　带图例和标题的散点图

```
>>> plt.rcParams['axes.unicode_minus'] = False
>>> plt.plot([1,2,3,4,5], [1,2,3,6,10], 'g*',label = "绿星")
>>> plt.plot([2,5,6,8,9], [5,3,7,9,11], 'bD',label = "蓝钻")
>>> plt.title('带有图例的散点图')
>>> plt.xlabel('X')
>>> plt.ylabel('Y')
>>> plt.legend(loc = 'best')
>>> plt.show()
```

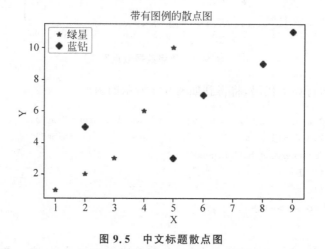

图 9.5　中文标题散点图

上述代码中,第一行代码给出了字体,这里使用了 SimHei 字体,当然如果读者的计算机中有其他中文字体,也可以指定使用该字体。对于 Linux 系统,通常可以通过命令 fc-list:lang=zh 查看计算机中的中文字体。如果使用的是 Windows 系统,通常可以通过"控制面板"中的"字体"进行查看。第二行代码则是解决当坐标轴有负号的时候可以显示负号。现在图形有了标题、图例,但是整个图看起来似乎有点小,应该怎么办呢? 同时,如果要修改 X 轴和 Y 轴显示的范围,应该如何操作呢? 下面的代码给出了方法。

```
>>> plt.figure(figsize = (12,9))
```

```
>>> plt.xlim(0,12)
>>> plt.ylim(0,12)
>>> plt.rcParams['font.sans-serif'] = ['SimHei']   # 显示中文标签
# 坐标轴有负号的时候可以显示负号
>>> plt.rcParams['axes.unicode_minus'] = False
>>> plt.plot([1,2,3,4,5],[1,2,3,6,10],'g*',label="绿星")
>>> plt.plot([2,5,6,8,9],[5,3,7,9,11],'bD',label="蓝钻")
>>> plt.title('带有图例的散点图')
>>> plt.xlabel('X')
>>> plt.ylabel('Y')
>>> plt.legend(loc='best')
>>> plt.show()
```

其中,plt.xlim(0,12)和 plt.ylim(0,12)给出了绘图时显示的 X 轴和 Y 轴范围。plt.figure(figsize=(12,9))则给出了图形的长与宽。

9.1.2 理解 figure 与 axes

现在读者对 Matplotlib 中的绘图已经有了基本的了解,是时候来深入了解其绘图机制了。在 Matplotlib 绘图语言中有两个基本术语:figure 与 axes,读者可以把 figure 想象成绘画的画布,在 Matplotlib 中每幅图都是在 figure 上面绘制的,这个对象包含了所有的子图以及图形元素。图 9.6 详细说明了一张 Matplotlib 图形中存在的图形元素,实际上绘图就是添加、调整这些元素。

理解了 figure,那么 axes 是做什么的呢?要回答这个问题,需要了解 Matplotlib 中的另一种绘图方式。假设现在想画一幅图,这幅图包含两个散点图水平排列,请问应该如何绘制呢?此时就需要通过 plt.subplots(1,2)使用子图(也称为 axes)来完成这一操作。利用该函数创建两个对象:figure 对象和在 figure 对象中的 axes 对象。通过如下代码,就可以得到如图 9.7 所示的图形。

```
>>> fig, (ax1, ax2) = plt.subplots(1,2,
       figsize = (6,4),
       sharey = True,dpi = 120)
>>> plt.rcParams['font.sans-serif'] = ['SimHei']
>>> plt.rcParams['axes.unicode_minus'] = False
>>> ax1.plot([1,2,3,4,5],[1,2,3,6,10],'g*')
>>> ax2.plot([2,5,6,8,9],[5,3,7,9,11],'bD')
>>> ax1.set_title('绿星散点图');ax2.set_title('蓝钻散点图');
>>> ax1.set_xlabel('X');ax2.set_xlabel('X')
>>> ax1.set_ylabel('Y');ax2.set_ylabel('Y')
>>> ax1.set_xlim(0, 12);ax2.set_xlim(0, 12)
>>> ax1.set_ylim(0, 12);ax2.set_ylim(0, 12)
>>> plt.tight_layout()
>>> plt.show()
```

其中,plt.subplots(1,2)可以创建一个有两个子图的 figure 对象,返回值包括了 figure 对象以及 axes 对象列表。sharey=True 参数表示两个子图共用 Y 轴,dpi 参数表示分辨率,指每英寸长度上的点数。子图对象 ax1、ax2 与 plt 一样,提供了 set_title()、set_xlabel()、

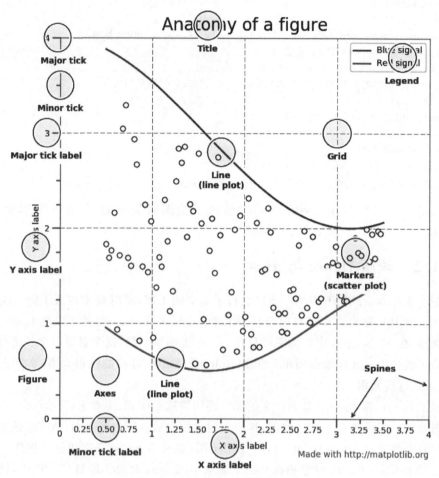

图 9.6 Matplotlib 中的图形元素

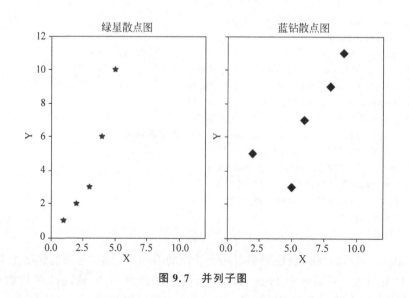

图 9.7 并列子图

set_ylabel()等函数。实际上 plt.title()底层调用的就是当前 axes 对象的 set_title()函数。类似地,plt.xlabel()对应 ax.set_xlabel(),plt.ylabel()对应 ax.set_ylabel(),plt.xlim()对应 ax.set_xlim(),plt.ylim()对应 ax.set_ylim()。为了简化代码,也可以通过 axes 对象的 set()函数一次完成这些设置,代码如下。

```
>>> ax1.set(title = '绿星', xlabel = 'X',
    ylabel = 'Y', xlim = (0,12), ylim = (0,12))
>>> ax2.set(title = '蓝钻', xlabel = 'X',
    ylabel = 'Y', xlim = (0,12), ylim = (0,12))
```

9.1.3　Matplotlib 中面向对象与类 Matlab 语法的区别

随着对 Matplotlib 的学习的深入,读者会很自然地发现,似乎 Matplotlib 中有两种不同的绘图语法。一种是类似 Matlab 的语法,另一种就是面向对象语法。也正是由于这一原因,很多人都觉得 Matplotlib 学习曲线陡峭,对新手一点都不友好。由于 Matplotlib 最初的目的是在 Python 中实现 Matlab 的绘图功能,所以它采用了类似的语法,即无状态语法(stateful)。所谓无状态是指 plt 会记录当前的 axes 是哪个,当使用 plt.{绘图函数}绘图时,它将在当前的那个子图上绘制。简单来说,面向对象和类 Matlab 语法的区别就是面向对象是在指定 axes 对象上面绘图,而类 Matlab 语法中所有的绘图则是使用的 plt()在当前那个 axes 对象上绘制。那么问题来了,如果想如前一节那样绘制两幅并列的图,采用类 Matlab 的语法该怎么实现呢?其实很简单,只要每次先建立一幅子图(使用 plt.subplot()或 plt.add_subplot()函数),然后使用 plt.plot()或 plt.{其他绘图属性函数}来修改对应的子图(axes)就可以了。这里需要牢记,不管调用的是 plt 的哪个方法,绘图都是在当前的 axes(子图)上进行。下面来看一下代码。

```
>>> plt.figure(figsize = (6,4), dpi = 120)
>>> plt.rcParams['font.sans - serif'] = ['SimHei']  # 用来正常显示中文标签
# 左边子图
>>> plt.subplot(1,2,1) # (行,列,第几个子图)
>>> plt.plot([1,2,3,4,5], [1,2,3,6,10], 'g*')
>>> plt.title('绿星散点图')
>>> plt.xlabel('X'); plt.ylabel('Y')
>>> plt.xlim(0, 12); plt.ylim(0, 12)
# 右边子图
>>> plt.subplot(1,2,2)
>>> plt.plot([2,5,6,8,9], [5,3,7,9,11], 'bD')
>>> plt.title('蓝钻散点图')
>>> plt.xlabel('X'); plt.ylabel('Y')
>>> plt.xlim(0, 12); plt.ylim(0, 12)
>>> plt.show()
```

这段代码产生的输出与图 9.7 相同,与前一段代码的区别在于这段代码使用的是类 Matlab 语法绘图,没有明确指明 axes 对象。其中,代码 plt.subplot(1,2,1)中前两个参数(1,2)分别代表了新建的子图的行数与列数,这里是 1 行 2 列,第三个参数"1"指定当前子图为第 1 个子图,后续对应的 plt 函数将在该子图进行图形绘制。为了方便获取或设定 axes 与

figure，Matplotlib 中提供了 plt.gca() 和 plt.gcf() 函数来获取当前 axes 和 figure。而 plt.cla() 和 plt.clf() 函数则可以清除当前 axes 和 figure。看起来面向对象的绘图方式与类 Matlab 方式相比似乎没有太大优势，不过如果要绘制如图 9.8 所示的图形呢？

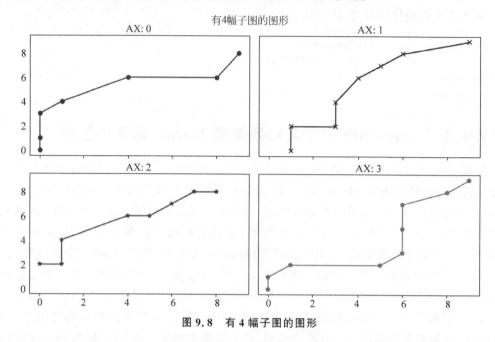

图 9.8　有 4 幅子图的图形

此时如果采用无状态方式绘图，代码将大量重复，而采用面向对象方式则相对简单，示例如下。

```
>>> import numpy as np
>>> from numpy.random import seed, randint
>>> seed(10)
# 创建 figure, subplots
>>> fig, axes = plt.subplots(2,2, figsize=(10,6),
    sharex=True, sharey=True, dpi=120)
>>> plt.rcParams['font.sans-serif'] = ['SimHei']   # 用来正常显示中文标签
# 定义要使用的颜色与标记
>>> colors = {0:'g', 1:'b', 2:'r', 3:'y'}
>>> markers = {0:'o', 1:'x', 2:'*', 3:'p'}
# 绘制各子图
>>> for i, ax in enumerate(axes.ravel()):
        ax.plot(sorted(randint(0,10,10)), sorted(randint(0,10,10)),
            marker=markers[i], color=colors[i])
        ax.set_title('Ax: ' + str(i))
        ax.yaxis.set_ticks_position('none')
>>> plt.suptitle('有 4 幅子图的图形', verticalalignment='bottom',
        fontsize=16)
>>> plt.tight_layout()
>>> plt.show()
```

这段代码通过循环遍历 axes 对象的方式，将重复性的工作放到了一起，绘图代码得到了极大简化。此外，还可以使用 plt.suptitle() 函数为整个绘图添加一个标题（plt.title() 是给当前的子图添加标题),verticalalignment='bottom'参数给出了对齐方式是底部。最后,这段代码使用了 ax.yaxis.set_ticks_position('none')使得 Y 轴不绘制刻度标记。这也是使用面向对象的好处,理论上用户可以获得 axes 对象的所有子对象,之后调用该子对象的方法或属性对图形进行修改,下面将进一步讨论这种设置图形属性的方式。

9.1.4 修改坐标轴属性

读者已经知道了一幅 Matplotlib 图形中有多个属性,图形的每个属性都可以进行调整。这一方面使得 Matplotlib 功能极其强大,理论上可以绘制出任何图形,当然另一方面也使得它学习起来有些困难。本节将一步步带领大家掌握 Matplotlib 中如何对各图形属性进行调节。首先来看看经常用到的关于坐标轴以及标签的修改方法。

- 修改坐标轴的刻度位置以及标签(plt.xticks()/ax.setxticks()/ax.setxticklabels())。
- 控制坐标轴的刻度显示位置(上/下/左/右),使用 plt.tick_params()。
- 格式刻度标签。

假设要绘制如图 9.9 所示的图形,应该怎么办呢?

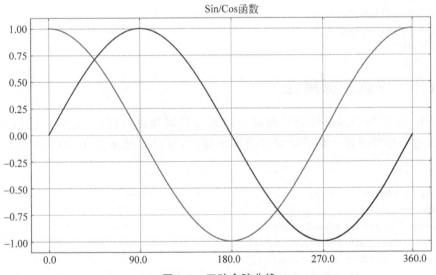

图 9.9 正弦余弦曲线

要设置 X 轴的刻度和标签,需要用到 xticks()函数。plt.xticks()一次完成了 X 轴的刻度、标签字体、方向等的设置,实际上底层也是通过调用 ax.set_xticks()和 ax.set_xticklabels()来实现。plt.tick_params()则对每个坐标轴的刻度进行了设置,这里设置了每个轴(上/下/左/右)都显示主刻度标记,同时标记显示在内部(direction='in'),网格采用蓝色虚线。最后因为要在 X 轴显示度数,所以需要对 X 轴的刻度标签进行从弧度到角度的转换,首先利用 FuncFormatter 定义了一个 formatter,之后使用 plt.gca().xaxis.set_major_formatter(formatter)将该 formatter 应用到 X 轴。具体代码如下。

```
>>> from matplotlib.ticker import FuncFormatter
# 当坐标轴有负号的时候可以显示负号
>>> plt.rcParams['axes.unicode_minus'] = False
```

```
>>> def rad_to_degrees(x, pos):
        '角度弧度转换'
        #两个参数分别是值与tick位置
        return round(x * 57.2985, 2)
>>> plt.figure(figsize = (12,7), dpi = 100)
#0-2pi间均匀生成1000个点
>>> X = np.linspace(0, 2 * np.pi, 1000)
>>> plt.plot(X, np.sin(X))
>>> plt.plot(X, np.cos(X))
# 1弧度 = 57.2985度
>>> plt.xticks(ticks = np.arange(0, 440/57.2985, 90/57.2985),
        fontsize = 12, rotation = 30, ha = 'center', va = 'top')
# tick参数,每个轴的都画刻度,方向是朝内,蓝色网格
>>> plt.tick_params(axis = 'both', bottom = True, top = True,
        left = True, right = True, direction = 'in', which = 'major',
        grid_color = 'blue')
# x轴的弧度转度
>>> formatter = FuncFormatter(rad_to_degrees)
>>> plt.gca().xaxis.set_major_formatter(formatter)
>>> plt.grid(linestyle = '--', linewidth = 0.5, alpha = 0.5)
>>> plt.title('Sin/Cos 函数', fontsize = 14)
>>> plt.show()
```

9.1.5 修改图形属性

Matplotlib中各图形组件的外观都可以通过其属性进行修改,对应到代码就是通过rcParams进行全局设置。要了解详细的图形属性,可以通过mpl.rcparams()查看,代码如下。

```
>>> import matplotlib as mpl
>>> mpl.rc_params()
RcParams({'_internal.classic_mode': False,
        'agg.path.chunksize': 0,
        'animation.avconv_args': [],
        'animation.avconv_path': 'avconv',
        'animation.bitrate': -1,
        'animation.codec': 'h264',
        'animation.convert_args': [],
        'animation.convert_path': 'convert',
        …
```

上述代码中只是列出了一部分属性,这里以字体属性为例,来说明如何进行修改,其他属性修改基本类似。例如,STIX字体是一种常用字体,读者可以输入以下代码来一次完成设置。

```
>>> mpl.rcParams.update({'font.size': 18,
        'font.family': 'STIXGeneral', 'mathtext.fontset': 'stix'})
```

如果想恢复原来的设置,则可以通过下面的代码实现。

```
>>> mpl.rcParams.update(mpl.rcParamsDefault)
```

单个修改各种属性的确很灵活,但是人工设置各图形属性,一是比较麻烦,另外就是可能使整个图形的样式存在这样或那样的不一致情况。因此,Matplotlib 提供了各种设置好的样式供用户选择,通过如下代码,可以查看当前系统中已安装的样式。

```
>>> plt.style.available
['bmh',
 'classic',
 'dark_background',
 'fast',
 'fivethirtyeight',
 'ggplot',
 …
 'tableau-colorblind10',
 '_classic_test']
```

要选择使用哪种样式绘图也非常简单,只需要在绘图时进行指定就可以了。例如,如下代码就使用了不同样式进行绘图。

```
>>> import numpy as np
>>> import matplotlib as mpl
>>> mpl.rcParams.update({'font.size': 18,
    'font.family': 'STIXGeneral', 'mathtext.fontset': 'stix'})
>>> def plot_sine_cosine_wave(style = 'ggplot'):
        plt.style.use(style)
        plt.figure(figsize = (7,4), dpi = 80)
        X = np.linspace(0, 2 * np.pi, 1000)
        plt.plot(X, np.sin(X)); plt.plot(X, np.cos(X))
        plt.xticks(ticks = np.arange(0, 440/57.2985, 90/57.2985),
            labels = [r'$0$', r'$\frac{\pi}{2}$', r'$\pi$',
                r'$\frac{3\pi}{2}$', r'$2\pi$'])
        plt.gca().set(ylim = (-1.25, 1.25), xlim = (-.5, 7))
        plt.title(style, fontsize = 18)
        plt.show()
>>> plot_sine_cosine_wave('seaborn-notebook')
>>> plot_sine_cosine_wave('ggplot')
>>> plot_sine_cosine_wave('fivethirtyeight')
```

上述代码首先定义了一个绘图函数 plot_sine_cosine_wave(),该函数通过参数 style 来决定选择的绘图样式,然后用 plt.style.use(style) 来完成设置。最后得到的图形如图 9.10~图 9.12 所示,可以看出不同样式对应了不同字体、大小、颜色等属性。此外,上述代码中对于 X 轴的刻度标签的显示特意采用了另一种方式,即使用了参数 labels = [r'\$0\$', r'\$\frac{\pi}{2}\$', r'\$\pi\$', r'\$\frac{3\pi}{2}\$', r'\$2\pi\$'] 来完成,这里是利用了 Latex 的语法,如果读者经常需要写科技论文,那么应该对此非常熟悉。如果有不清楚的地方可以去参考 Latex 的相关文档。

Matplotlib 中提供了 3 组不同的颜色,分别是 CSS4 风格、XKCD 风格和系统的基础色,使用者可以通过如下代码查看具体颜色。

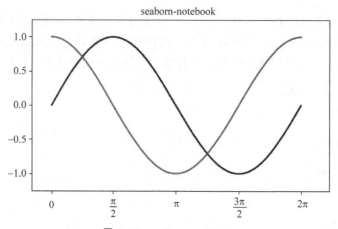

图 9.10 seaborn-notebook

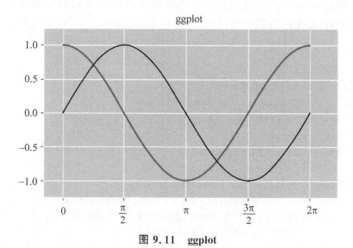

图 9.11 ggplot

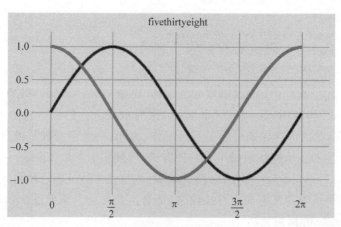

图 9.12 fivethirtyeight

```
>>> mpl.colors.CSS4_COLORS  # 148 colors
>>> mpl.colors.XKCD_COLORS  # 949 colors
>>> mpl.colors.BASE_COLORS  # 8 colors
```

除此之外，为了方便用户更好地使用颜色对比，Matplotlib 中还提供了调色板，通过如下代码可以进行查看。

```
>>> dir(plt.cm)[:10]
['Accent',
 'Accent_r',
 'Blues',
 'Blues_r',
 'BrBG',
 'BrBG_r',
 'BuGn',
 'BuGn_r',
 'BuPu',
 'BuPu_r']
```

9.1.6 定制图例，添加标注

绘图过程中经常会遇到图例说明、在特定位置添加标注以及文本说明的情况，本节将介绍如何在 Matplotlib 中完成这一功能。首先来看图例的定制，仍然是绘制正弦余弦曲线，如果想得到如图 9.13 所示图形，应该如何完成呢？

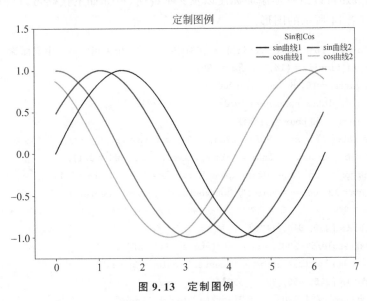

图 9.13 定制图例

图例的设置主要通过 plt.legend() 函数来完成，可以使用如下代码。

```
>>> mpl.rcParams.update(mpl.rcParamsDefault)
>>> plt.rcParams['font.sans-serif'] = ['SimHei']
>>> plt.rcParams['axes.unicode_minus'] = False
```

```python
>>> plt.style.use('seaborn-notebook')
>>> plt.figure(figsize=(10,7), dpi=80)
>>> X = np.linspace(0, 2*np.pi, 1000)
>>> sine_1 = plt.plot(X, np.sin(X))
>>> cosine_1 = plt.plot(X, np.cos(X))
>>> sine_2 = plt.plot(X, np.sin(X+.5))
>>> cosine_2 = plt.plot(X, np.cos(X+.5))
>>> plt.gca().set(ylim=(-1.25, 1.5), xlim=(-.5, 7))
>>> plt.title('定制图例', fontsize=18)
# 修改图例
>>> plt.legend([sine_1[0], cosine_1[0], sine_2[0], cosine_2[0]],
               ['sin 曲线 1', 'cos 曲线 1', 'sin 曲线 2', 'cos 曲线 2'],
               frameon=False,           # legend border
               framealpha=1,            # transparency of border
               ncol=2,                  # num columns
               shadow=True,             # shadow on
               borderpad=1,             # thickness of border
               title='Sin 和 Cos',
               loc='best')
>>> plt.show()
```

其中，frameon 指明是否画边框，framealpha 指明了边框透明度，ncol 指明分成两列，shadow 指明是否有阴影，boderpad 指明边框厚度，title 指明图例标题。通过 plt.text() 和 plt.annotate() 函数还可以给图形添加标注以及文本说明，例如如下代码可以完成图形标注功能，绘制出如图 9.14 所示的图形。

```python
>>> plt.rcParams['font.sans-serif'] = ['SimHei']    # 用来正常显示中文标签
>>> plt.figure(figsize=(14,7), dpi=120)
>>> X = np.linspace(0, 8*np.pi, 1000)
>>> sine = plt.plot(X, np.sin(X), color='tab:blue');
# 使用 ArrowProps 和 bbox 设置标注
>>> plt.annotate('峰', xy=(90/57.2985, 1.0), xytext=(90/57.2985, 1.5),
    bbox=dict(boxstyle='square', fc='green', linewidth=0.1),
    arrowprops=dict(facecolor='green', shrink=0.01, width=0.1),
    fontsize=12, color='white', horizontalalignment='center')
# 文本
>>> for angle in [440, 810, 1170]:
    plt.text(angle/57.2985, 1.05, str(angle) + "\n度",
             horizontalalignment='center', color='green')
>>> for angle in [270, 630, 990, 1350]:
    plt.text(angle/57.2985, -1.3, str(angle) + "\n度",
             horizontalalignment='center',
             color='red')
>>> plt.gca().set(ylim=(-2.0, 2.0), xlim=(-.5, 26))
>>> plt.title('标注与文本示例', fontsize=18)
>>> plt.show()
```

其中，plt.annotate()函数通过 xy 参数决定标注箭头位置，xytext 决定了文本位置，bbox 指定了文本框的样式，arrowprops 指定了箭头的样式，而 plt.text()函数则指定了文本位置。

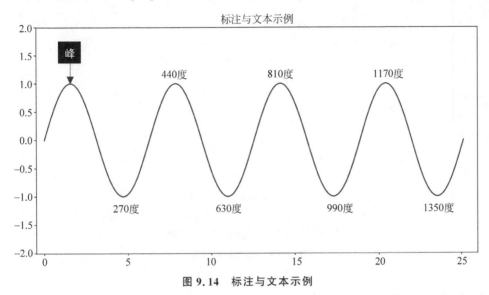

图 9.14　标注与文本示例

此外，在 plt.text()函数中还有一个参数 transform，它可以用于窗口坐标与子图坐标之间的变换，读者可以通过文档了解（https://matplotlib.org/3.1.1/tutorials/advanced/transforms_tutorial.html），这里用一个简单例子来说明。

```
>>> plt.figure(figsize = (14,7), dpi = 80)
>>> X = np.linspace(0, 8 * np.pi, 1000)
>>> plt.text(0.50, 0.02, "中心位置相对于 data: (0.50, 0.02)",
        transform = plt.gca().transData,
        fontsize = 14,
        ha = 'center',
        color = 'blue')
>>> plt.text(0.50, 0.02, "中心位置相对于 axes: (0.50, 0.02)",
        transform = plt.gca().transAxes,
        fontsize = 14,
        ha = 'center',
        color = 'blue')
>>> plt.text(0.50, 0.02, "中心位置相对于 axes: (0.50, 0.02)",
        transform = plt.gcf().transFigure,
        fontsize = 14,
        ha = 'center',
        color = 'blue')
>>> plt.gca().set(ylim = ( - 2.0, 1), xlim = (0, 1))
>>> plt.title('文本位置相对 data, axes 和 figure 坐标', fontsize = 18)
>>> plt.show()
```

上述代码输出的图形如图 9.15 所示，结合 9.1.2 节，读者可以更好地了解 data、axes 和 figure 三者的不同。

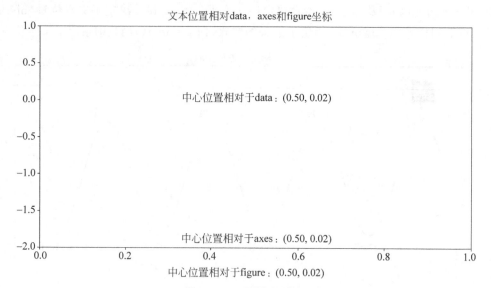

图 9.15　不同坐标对象

9.1.7　子图

通过前面的学习，读者应该已经掌握了 Matplotlib 中基本的绘图技巧，接下来将进入一个新的主题——子图，即在一个图形中包含了多个子图形。读者已经知道通过 plt.subplot() 函数可以绘制子图，但是此时得到的子图都是一样大小，很多时候绘图需要对子图有更精确的大小控制，此时就需要用到 plt.subplot2grid() 或 plt.GridSpec() 函数。例如，图 9.16 就是利用 plt.subplot2grid() 函数实现的结果。

```
>>> fig = plt.figure()
>>> ax1 = plt.subplot2grid((3,3), (0,0), colspan=2, rowspan=2)    # 左上
>>> ax3 = plt.subplot2grid((3,3), (0,2), rowspan=3)               # 右
>>> ax4 = plt.subplot2grid((3,3), (2,0))                          # 左下
>>> ax5 = plt.subplot2grid((3,3), (2,1))                          # 右下
>>> fig.tight_layout()
```

上述代码中第二行 plt.subplot2grid() 函数的第一个参数给出了整个图形是 3×3 的网格，现在首先绘制(0,0)位置子图，colspan=2 代表该子图占列方向两个网格，rowspan=2 代表占行方向两个网格。接下来的 plt.subplot2grid() 函数就只能从(0,2)位置开始了，因为网格的行方向 0 和 1 已经被第一个子图占用，rowspan=3 则代表了将行方向 3 个网格占满。依此类推就得到了图 9.16 的布局，利用此方法，用户可以构造任何图形布局。同样的功能，利用 plt.GridSpec() 函数也可以完成，例如如下代码将得到如图 9.17 所示的输出。

```
>>> import matplotlib.gridspec as gridspec
>>> fig = plt.figure()
>>> grid = plt.GridSpec(2, 3)        # 2 行 3 列
>>> plt.subplot(grid[0, :2])         # 占据第 1 行，前 2 列
>>> plt.subplot(grid[0, 2])          # 占据第 1 行，第 3 列
>>> plt.subplot(grid[1, :1])
```

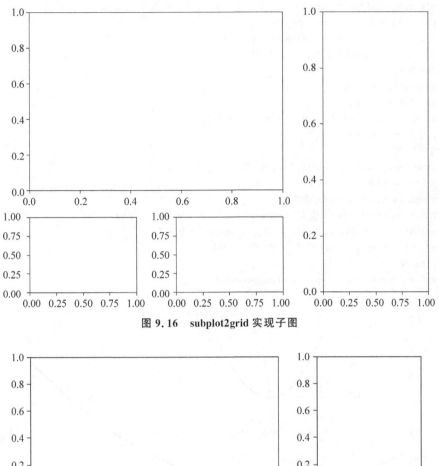

图 9.16 subplot2grid 实现子图

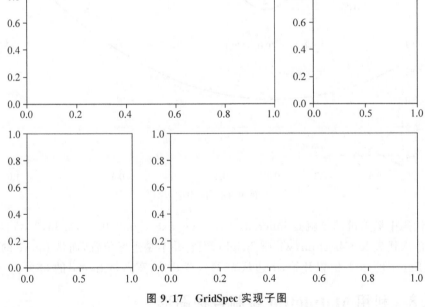

图 9.17 GridSpec 实现子图

```
>>> plt.subplot(grid[1, 1:])
>>> fig.tight_layout()
```

除了子图,数据分析中有时还会绘制图中图,即在原图形区域中创建一个新的图形区域来放大显示某部分图形。例如,运行如下代码将得到如图 9.18 所示的图中图。

```
>>> plt.style.use('seaborn-whitegrid')
```

```
>>> plt.rcParams['font.sans-serif'] = ['SimHei']    # 用来正常显示中文标签
>>> plt.rcParams['axes.unicode_minus'] = False
>>> fig, ax = plt.subplots(figsize=(10,6))
>>> x = np.linspace(-0.50, 1., 1000)
# 外部图形
>>> ax.plot(x, x**2)
>>> ax.plot(x, np.sin(x))
>>> ax.set(xlim=(-0.5, 1.0), ylim=(-0.5,1.2))
>>> fig.tight_layout()
# 内部绘图
>>> inner_ax = fig.add_axes([0.2, 0.55, 0.35, 0.35])
>>> inner_ax.plot(x, x**2)
>>> inner_ax.plot(x, np.sin(x))
>>> inner_ax.set(title='放大', xlim=(-.2, .2), ylim=(-.01, .02),
>>> yticks=[-0.01, 0, 0.01, 0.02], xticks=[-0.1,0,.1])
>>> ax.set_title("图形内绘图", fontsize=20)
>>> plt.show()
>>> mpl.rcParams.update(mpl.rcParamsDefault)
```

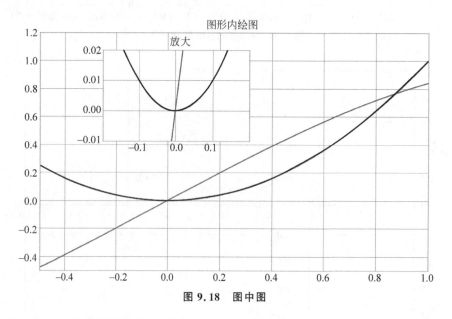

图 9.18　图中图

上述代码中最关键部分就是 inner_ax=fig.add_axes([0.2,0.55,0.35,0.35])，其中给出的参数依次代表 left,bottom,width,height，但它并不是坐标位置，而是 figure 的百分比，即左边从 figure 的 20% 位置开始，下边从 55% 位置开始，宽高是 figure 的 35%。

9.1.8　利用 Matplotlib 绘制各种图形

经过前面章节的学习，读者可以说已经完成了 Matplotlib 中的内功修炼，只需要再学习一些不同招式就可以绘制各种图形了。先来看一个气泡图绘制的例子。

```
>>> import pandas as pd
>>> midwest = pd.read_csv("../data/midwest_filter.csv")
>>> plt.rcParams['font.sans-serif'] = ['SimHei']
```

```
>>> fig = plt.figure(figsize = (14, 7), dpi = 80,
        facecolor = 'w', edgecolor = 'k')
>>> plt.scatter('area', 'poptotal', data = midwest,
        s = 'dot_size', c = 'popdensity',
        cmap = 'Reds', edgecolors = 'black', linewidths = .5)
>>> plt.title("气泡图 PopTotal vs Area\n(颜色: 'popdensity' & \
        大小: 'dot_size')", fontsize = 16)
>>> plt.xlabel('面积', fontsize = 18)
>>> plt.ylabel('人口总数', fontsize = 18)
>>> plt.colorbar()
>>> plt.show()
```

上面的大部分代码，读者朋友应该已经很熟悉了。需要说明的有 3 个地方，plt.figure() 函数中的两个新参数 facecolor 和 edgecolor，分别代表了背景色为白色、边框颜色为黑色。plt.scatter() 函数代表画散点图，同时它提供了更多参数。'area' 和 'poptotal' 分别代表了 X 和 Y 的取值，而 data 则指定了对应数据集，所以前面的 'area' 和 'poptotal' 实际指的是 midwest 中的对应列。s 代表散点大小由 'dot_size' 列决定，c＝'popdensity' 指定了散点颜色，camp 指定了调色板。最后，plt.colorbar() 函数会在图形右侧绘制色条。plt.scatter() 和 plt.colorbar() 函数的更多用法，读者可以查看它的帮助，这里不再赘述。通过上述代码将得到如图 9.19 所示的输出。

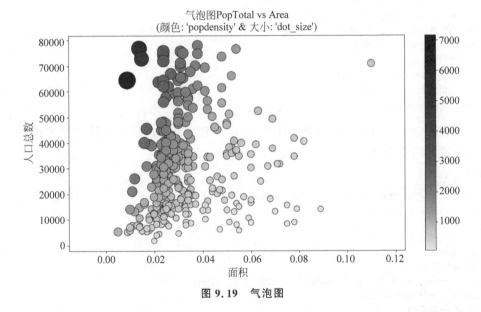

图 9.19　气泡图

接下来再来看一个更复杂图形，图 9.20 所示的图形将各种图形的绘制整合到了一个图中。

图 9.20 将散点图、步进图、箱线图、直方图等整合在了一个图里面。下面一段一段地讲解代码。

```
>>> import pandas as pd
>>> fig = plt.figure(figsize = (10, 5))
>>> ax1 = plt.subplot2grid((2,4), (0,0))
```

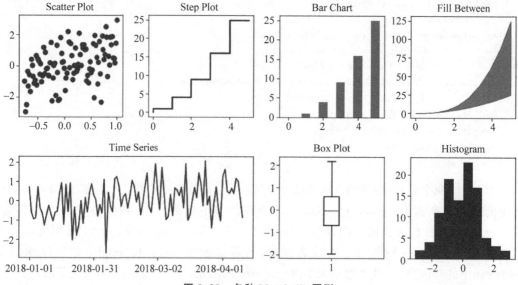

图 9.20　各种 Matplotlib 图形

```
>>> ax2 = plt.subplot2grid((2,4), (0,1))
>>> ax3 = plt.subplot2grid((2,4), (0,2))
>>> ax4 = plt.subplot2grid((2,4), (0,3))
>>> ax5 = plt.subplot2grid((2,4), (1,0), colspan = 2)
>>> ax6 = plt.subplot2grid((2,4), (1,2))
>>> ax7 = plt.subplot2grid((2,4), (1,3))
# 绘图用的数据
n = np.array([0,1,2,3,4,5])
x = np.linspace(0,5,10)
xx = np.linspace( - 0.75, 1., 100)
```

上述代码定义了图形的布局为 2 行 4 列，其中第 5 个图占据第 2 行的前 2 列。接下来的代码完成各图形绘制。

```
# 散点图
>>> ax1.scatter(xx, xx + np.random.randn(len(xx)))
>>> ax1.set_title("Scatter Plot")
# 步进图
ax2.step(n, n ** 2, lw = 2)
ax2.set_title("Step Plot")
# 条形图
ax3.bar(n, n ** 2, align = "center", width = 0.5, alpha = 0.5)
ax3.set_title("Bar Chart")
# 区域填充图
ax4.fill_between(x, x ** 2, x ** 3, color = "steelblue", alpha = 0.5);
ax4.set_title("Fill Between");
# 时间序列
dates = pd.date_range('2018 - 01 - 01', periods = len(xx))
ax5.plot(dates, xx + np.random.randn(len(xx)))
ax5.set_xticks(dates[::30])
ax5.set_xticklabels(dates.strftime('%Y - %m - %d')[::30])
ax5.set_title("Time Series")
# 箱线图
ax6.boxplot(np.random.randn(len(xx)))
```

```
ax6.set_title("Box Plot")
# 直方图
ax7.hist(xx + np.random.randn(len(xx)))
ax7.set_title("Histogram")
fig.tight_layout()
```

其中，scatter()函数完成散点图绘制，step()函数完成步进图绘制，bar()函数完成条形图绘制，fill_between()函数完成区域填充图绘制，date_range()函数生成一个时间序列，更多关于时间序列的内容将在第20章进行更深入的讨论。boxplot()函数完成箱线图绘制，hist()函数完成直方图绘制。以上图形的定制都可以参考前面几小节内容完成，同时读者还可以查看帮助了解更多内容，这里就不再详细讨论。

最后用图9.21这样一个具有双Y轴的图形来结束Matplotlib绘图这一节，代码如下。

```
# Import Data
>>> plt.rcParams['font.sans-serif'] = ['SimHei']
>>> df = pd.read_csv('../data/economics.csv')
>>> x = df['date']; y1 = df['psavert']; y2 = df['unemploy']
># 左边 Y 轴对应曲线
>>> fig, ax1 = plt.subplots(1,1,figsize=(16,7), dpi=80)
>>> ax1.plot(x, y1, color='tab:red')
# 右边 Y 轴对应曲线
>>> ax2 = ax1.twinx()  # 新建axes,共享同一X轴
>>> ax2.plot(x, y2, color='tab:blue')
>>> ax1.set_xlabel('日期', fontsize=16)
>>> ax1.set_ylabel('储蓄率', color='tab:red', fontsize=16)
>>> ax1.tick_params(axis='y', rotation=0, labelcolor='tab:red')
# ax2 (right Y axis)
>>> ax2.set_ylabel("失业人数(1000)", color='tab:blue', fontsize=16)
>>> ax2.tick_params(axis='y', labelcolor='tab:blue')
>>> ax2.set_title("储蓄率 vs 失业率", fontsize=16)
>>> ax2.set_xticks(np.arange(0, len(x), 60))
>>> ax2.set_xticklabels(x[::60], rotation=90,
    fontdict={'fontsize':10})
>>> plt.show()
```

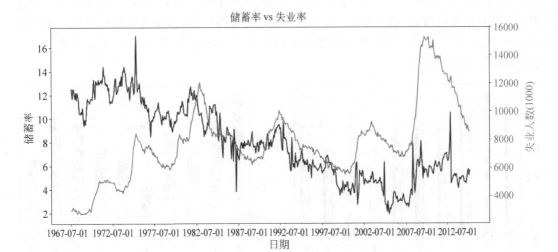

图 9.21　双 Y 轴示例

上述代码中最关键的一行代码就是 ax2=ax1.twinx()，这段代码基于 ax1 新建了一个 axes 对象 ax2，该对象与 ax1 共享 X 轴，因此就可以得到图 9.21 所示的双 Y 轴图形。

9.2 Pandas 绘图

由于大量的数据分析都是基于 Pandas 完成的，而在分析过程中数据分析人员经常会快速对数据进行可视化，此时的目标不是图形美观，而是迅速发现数据中的模式和规律。因此，为了实现这一目标，Pandas 中为 DataFrame 集成了 plot() 函数，该函数对 plt.plot() 函数进行了封装以完成快速绘图。本节将学习如何直接使用 DataFrame 中的 plot() 函数，以及如何整合 Matplotlib 和 Pandas 中提供的绘图功能。

9.2.1 Pandas 基础绘图

DataFrame 中的 plot() 函数是为了快速探索数据而产生，因此绘图方法中只提供了除默认线图之外的少数绘图方法。这些方法可以作为 plot() 函数的 kind 关键字参数提供。具体包括：

- bar 或 barh：条形图或水平条形图；
- hist：直方图；
- boxplot：箱线图，也称为盒子图、盒型图；
- area：区域填充图，也称为面积图；
- scatter：散点图。

下面向读者展示如何绘制这些图形。首先，如果要绘制如图 9.22 所示的条形图，那么需要如下代码。

```
>>> df = pd.DataFrame(np.random.rand(10,4),columns = ['a','b','c','d'])
>>> df.plot(kind = 'bar')
```

其中，第一行代码新建了一个 10 行 4 列的 DataFrame，kind='bar' 代表绘制条形图。通过指定参数方式和使用 df.plot.bar() 函数的效果是完全等价的，读者可以自行尝试一下使用 df.plot.bar() 进行绘图。如果想绘制的是如图 9.23 所示的堆叠条形图，只需要修改一个参数 stacked=True 就可以了。

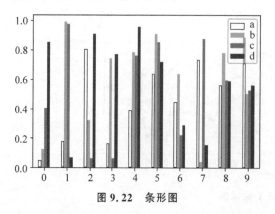

图 9.22 条形图

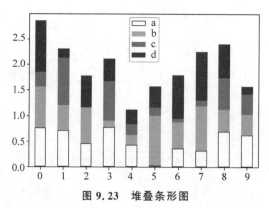

图 9.23 堆叠条形图

如果要绘制水平条形图,那么使用如下代码可以输出图 9.24 所示的图形。

```
>>> df.plot(kind = 'barh',stacked = True)
```

但是如果数据有多列时,使用如下代码绘制直方图,将得到图 9.25 所示图形,而不是期望的每列一个直方图。

```
>>> df = pd.DataFrame({'a':np.random.randn(1000) + 1,
        'b':np.random.randn(1000)},columns = ['a', 'b'])
>>> df.plot(kind = 'hist') # df.plot.hist(bins = 20)
```

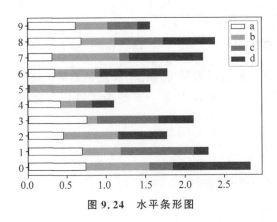

图 9.24　水平条形图

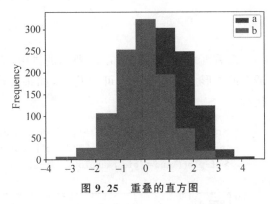

图 9.25　重叠的直方图

此时应该改为使用 df.hist() 函数,才能针对每列数据绘制单独的直方图,如图 9.26 所示。

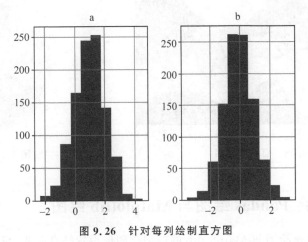

图 9.26　针对每列绘制直方图

接下来绘制如图 9.27 所示的箱线图,代码如下。

```
>>> df = pd.DataFrame(np.random.rand(10, 5),
        columns = ['A', 'B', 'C', 'D', 'E'])
>>> df.plot(kind = 'box') # df.plot.box()
```

绘制如图 9.28 所示的面积填充图,则可以使用如下代码。

```
>>> df = pd.DataFrame(np.random.rand(10, 4),
        columns = ['a', 'b', 'c', 'd'])
>>> df.plot(kind = 'area') # df.plot.area()
```

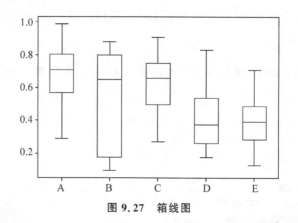

图 9.27 箱线图

最后再来看一下如图 9.29 所示的饼图,不过一般情况数据可视化中饼图是被错误使用最多的图形。读者在进行可视化时,如果要绘制饼图,最好思考一下是否可以用条形图代替。

```
>>> df = pd.DataFrame(100 * np.random.rand(5),
        index = ['a','b','c','d','e'], columns = ['sales'])
>>> df.plot(kind = 'pie', subplots = True)  # df.plot.pie(subplots = True)
```

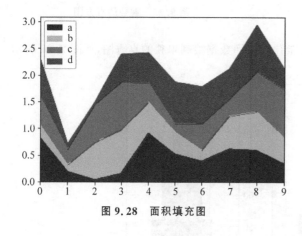

图 9.28 面积填充图

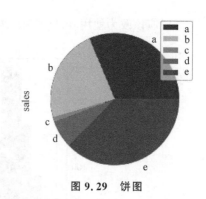

图 9.29 饼图

9.2.2 整合 Pandas 绘图与 Matplotlib 绘图

将 Pandas 的快速绘图与 Matplotlib 的精细化图形设置结合起来,可以快速完成更加吸引人的图形。例如,现在有如下数据需要分析,如图 9.30 所示。

```
>>> df = pd.read_excel('../data/sample-salesv3.xlsx')
>>> df.head()
```

首先需要对数据进行分组统计,按每客户统计总购买额和购买数量,取前十大客户,代码如下。

```
>>> top_10 = (df.groupby('name')['ext price', 'quantity'].\
        agg({'ext price': 'sum', 'quantity': 'count'})
```

	account number	name	sku	quantity	unit price	ext price	date
0	740150	Barton LLC	B1-20000	39	86.69	3380.91	2014-01-01 07:21:51
1	714466	Trantow-Barrows	S2-77896	-1	63.16	-63.16	2014-01-01 10:00:47
2	218895	Kulas Inc	B1-69924	23	90.70	2086.10	2014-01-01 13:24:58
3	307599	Kassulke, Ondricka and Metz	S1-65481	41	21.05	863.05	2014-01-01 15:05:22
4	412290	Jerde-Hilpert	S2-34077	6	83.21	499.26	2014-01-01 23:26:55

图 9.30　需要分析的数据

```
       .sort_values(by = 'ext price', ascending = False))[:10].\
       reset_index()
>>> top_10.rename(columns = {'name': 'Name',
       'ext price': 'Sales', 'quantity': 'Purchases'}, inplace = True)
```

有了数据，下一步要考虑的就是选择什么图形来可视化，这里推荐读者阅读网页 https://www.perceptualedge.com/blog/?p=2080。该网站给出了进行数据可视化时的图形选择方法，如图 9.31 所示。图形选择的第一步明确可视化的目的是要展示分布还是对比，又或者是相互关系和组合，之后再根据不同目标来选择对应图形。

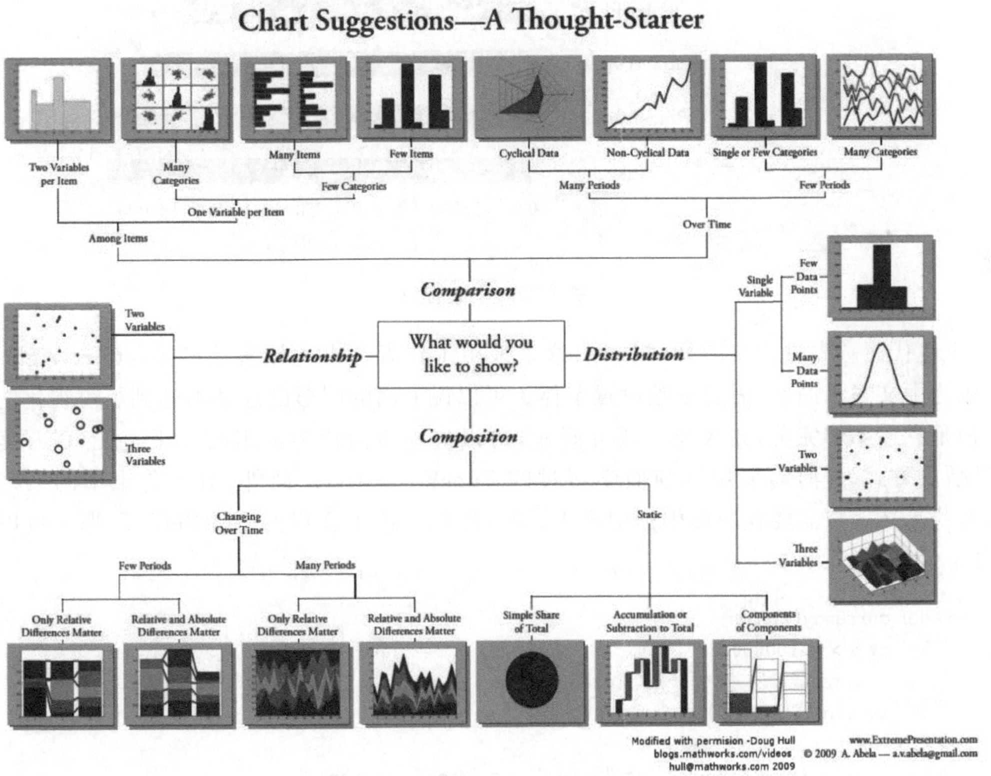

图 9.31　图形选择

此时本例的目标是展示前十大客户的销售额，这是多个不同类型数值的对比，因此采用水平条形图，可视化如图 9.32 所示，代码如下。

```
>>> plt.style.use('fivethirtyeight')
>>> plt.rcParams['font.sans-serif'] = ['SimHei']
>>> fig, ax = plt.subplots(figsize = (5, 6))
>>> top_10.plot(kind = 'barh', y = "Sales", x = "Name", ax = ax)
>>> ax.set_xlim([-10000, 140000])
>>> ax.set(title = '2014年销售额', xlabel = '销售额', ylabel = '客户')
>>> ax.legend().set_visible(False)
>>> plt.show()
```

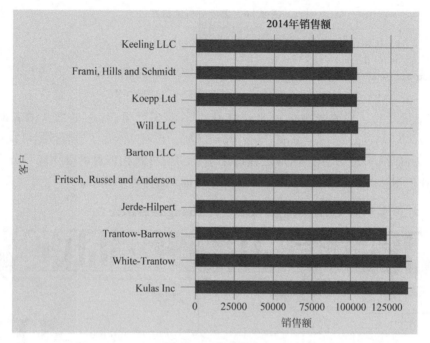

图 9.32　十大客户

上述代码首先进行绘图样式选择,这里采用了作者个人比较喜欢的 fivethirtyeight 样式,因为中文显示问题,需要单独设置字体。可以说上面的图形已经基本达到了可视化的目标,但是它还不够完美,如 X 轴以美元显示,可以进一步简化为常用的以千美元/百万美元来计数的方式,这时需要用到前面学习过的 FuncFormatter。此外,对于前十中的某些客户,有些是新客户需要在图形中标记出来,同时能标记前十客户的平均销售额,那么可以采用如下代码。

```
>>> def currency(x, pos):
        if x >= 1000000:
            return '${:1.1f}M'.format(x * 1e-6)
        return '${:1.0f}K'.format(x * 1e-3)
>>> fig, ax = plt.subplots()
>>> top_10.plot(kind = 'barh', y = "Sales", x = "Name", ax = ax)
>>> avg = top_10['Sales'].mean()
>>> ax.set_xlim([-10000, 140000])
>>> ax.set(title = '2014年销售额', xlabel = '销售额', ylabel = '客户')
>>> ax.axvline(x = avg, color = 'b', label = 'Average',
    linestyle = '--', linewidth = 1)
```

```
>>> for cust in [3, 5, 8]:
        ax.text(115000, cust, "新发展客户")
>>> formatter = FuncFormatter(currency)
>>> ax.xaxis.set_major_formatter(formatter)
>>> ax.legend().set_visible(False)
```

上述代码中 currency()函数定义了 X 轴的变换方式，100 万美元以下以 K 记，大于 100 万用 M 来表示，之后将 FuncFormatter(currency)定义的 formatter 应用到 X 轴就完成了转换。而 ax.axvline()完成竖直的虚线绘制，ax.text()在指定位置添加标注，最终得到如图 9.33 所示的图形。

图 9.33 前十客户销售额

在探索性分析的时候，数据可视化的目标是高效发现数据模式和规律，而数据分析最终的可视化是为了向读者展示结果，此时的图形需要不断重构、美化，从客户的角度来考虑，希望读者能细心体会这一区别。

9.3 Seaborn

Matplotlib 是 Python 中最常见的绘图包，强大之处不言而喻。然而由于 Matplotlib 比较底层，想要绘制漂亮的图非常麻烦，需要写大量的代码。为了解决这一问题，Michael Waskom 开发了 Seaborn，如果 Matplotlib 是力图让简单的事情简单，困难的事情成为可能，那么 Seaborn 就是让一系列定义好的困难的事情也变得简单。Seaborn 是在 Matplotlib 基础上进行了高级 API 封装，图表装饰更加容易，使用者可以用更少的代码作出更美观的图。与 Matplotlib 相比，Seaborn 更好地提供了：

- 计算多变量间关系的面向数据集接口；
- 可视化类别变量的观测与统计；
- 可视化单变量或多变量分布并与其子数据集比较；
- 控制线性回归的不同因变量并进行参数估计与作图；

- 对复杂数据进行易行的整体结构可视化；
- 对多表统计图的制作高度抽象并简化可视化过程；
- 提供多个内建主题渲染 Matplotlib 的图像样式；
- 提供调色板工具生动再现数据；
- 同时支持矩阵数据和 DataFrame。

而以上这些正是探索性数据分析所需要的。

9.3.1　Seaborn 中的样式

Seaborn 装载了一些默认主题风格，主题风格的选择通过 sns.set()方法实现。sns.set()可以设置 5 种风格的图表背景：darkgrid、whitegrid、dark、white、ticks，通过参数 style 设置，默认情况下为 darkgrid 风格。下面以图 9.34 所示数据为例进行具体讲解。

```
>>> import pandas as pd
>>> import matplotlib.pyplot as plt
>>> import seaborn as sns
>>> tips = sns.load_dataset('tips')
>>> tips.head()
```

	total_bill	tip	sex	smoker	day	time	size
0	16.99	1.01	Female	No	Sun	Dinner	2
1	10.34	1.66	Male	No	Sun	Dinner	3
2	21.01	3.50	Male	No	Sun	Dinner	3
3	23.68	3.31	Male	No	Sun	Dinner	2
4	24.59	3.61	Female	No	Sun	Dinner	4

图 9.34　示例数据

假如要可视化 total_bill 与 tip 的关系，同时考虑性别的影响，那么可以用如下代码。

```
>>> sns.set() #默认为 darkgrid 风格
>>> sns.relplot(x = 'total_bill',y = 'tip',col = 'sex',
    hue = 'smoker',size = 'size',data = tips)
```

上述代码将得到图 9.35 所示的输出，从图形可以看出 Seaborn 默认对整个图形样式（字体、大小、颜色、坐标轴等）进行了设置，这里使用的是 darkgrid 风格。replot()函数画的是散点图，col 参数表明需要按不同性别进行可视化，hue 参数代表根据是否吸烟来着色，size 参数根据吃饭人数来决定散点大小。

同样的绘图代码，如果需要使用另一样式，通过代码 sns.set(style＝'white')将得到如图 9.36 所示的可视化图。Seaborn 在后台已经默默帮我们完成了底层的一切调整。

同时还可以修改调色板，如 sns.set(palette＝'Paired')改为对比色，将得到如图 9.37 所示的图形。

感兴趣的读者还可以试试其他的样式，这里不再一一举例。

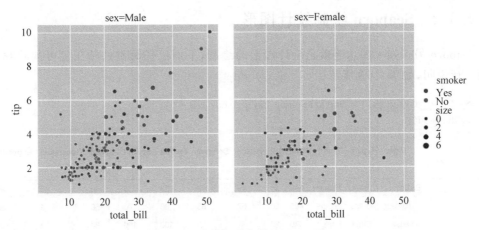

图 9.35 账单与消费关系（darkgrid）

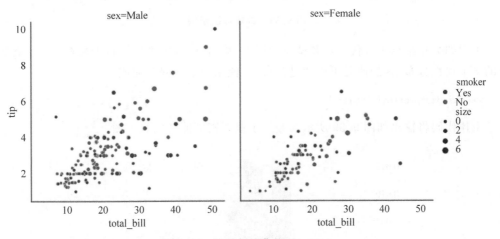

图 9.36 账单与消费关系（white）

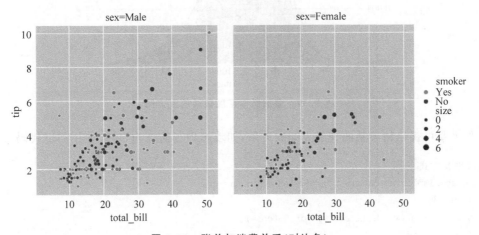

图 9.37 账单与消费关系（对比色）

9.3.2 Seaborn 绘制统计图形

Seaborn 另一强大的功能就是统计图形的绘制,下面以任天堂的精灵宝可梦游戏数据为例进行说明,如图 9.38 所示。

```
>>> df = pd.read_csv('../data/Pokemon.csv', index_col = 0)
>>> df.head()
```

#	Name	Type 1	Type 2	Total	HP	Attack	Defense	Sp. Atk	Sp. Def	Speed	Generation	Legendary
1	Bulbasaur	Grass	Poison	318	45	49	49	65	65	45	1	False
2	Ivysaur	Grass	Poison	405	60	62	63	80	80	60	1	False
3	Venusaur	Grass	Poison	525	80	82	83	100	100	80	1	False
3	VenusaurMega Venusaur	Grass	Poison	625	80	100	123	122	120	80	1	False
4	Charmander	Fire	NaN	309	39	52	43	60	50	65	1	False

图 9.38 游戏数据示例

上面的数据给出了各代宝可梦精灵的属性、攻击、防守能力等。首先来查看一下各种精灵的某个属性分布情况,此时可以通过分布图,使用如下代码来完成。

```
>>> sns.distplot(df['Attack'])
```

上述代码将输出如图 9.39 所示的叠加了概率密度曲线的直方图。

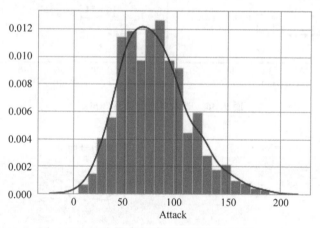

图 9.39 叠加概率密度曲线的直方图

如果要可视化精灵某两种能力间的关系,如攻击力与防守力,可以使用如下代码。

```
# 推荐方式
>>> sns.lmplot(x = 'Attack', y = 'Defense', data = df)
# 另一种
# sns.lmplot(x = df.Attack, y = df.Defense)
```

此时将得到如图 9.40 所示的图形,lmplot()函数不仅绘制散点图,同时提供了回归线,以及置信区间。

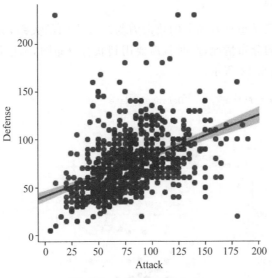

图 9.40　攻击力与防守力

如果想按第几代精灵来进行分析，那么可以使用如下代码。

```
>>> sns.lmplot(x = 'Attack', y = 'Defense', data = df,
        fit_reg = False,  # 不画回归线
        hue = 'Generation')
```

通过 hue 参数，数据可视化时可以选择各代精灵采用不同颜色区别，同时 fit_reg 参数选择不画回归线，因为数据中有 6 代精灵，而多条回归线会让图形混乱，最终图形如图 9.41 所示。

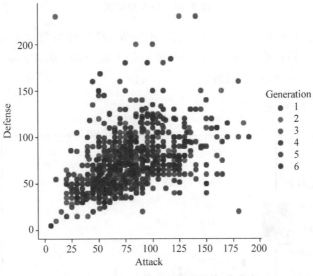

图 9.41　不同代精灵的防守力与攻击力

当然，Seaborn 也可以与 Matplotlib 结合。例如，如果修改上面的图形坐标轴范围，可以加上下面的两行代码。

```
>>> plt.ylim(0, None)
```

```
>>> plt.xlim(0, 160)
```

不过有的时候不只是想查看精灵的攻击力与防守力间的关系,分析人员还想同时了解攻击力与防守力各自的分布情况,此时就需要用到联合分布图,利用如下代码就可以得到二者的联合分布图,如图 9.42 所示。

```
>>> sns.jointplot(x = 'Attack', y = 'Defense', data = df)
```

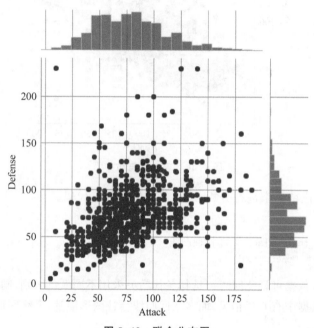

图 9.42 联合分布图

如果想查看精灵的攻防、速度等多个属性的分布,联合分布图就不是最佳方案,那么此时可以使用箱线图。只需要在 boxplot() 函数中传入对应的 DataFrame 就可以完成绘图,如下代码将输出图 9.43 所示的图形。

```
>>> sns.boxplot(data = df)
```

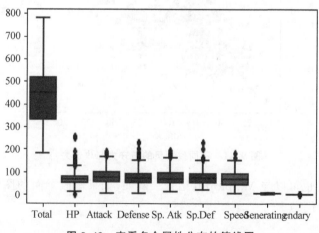

图 9.43 查看多个属性分布的箱线图

boxplot()函数绘图时将自动选择传入数据中的数值列进行箱线图绘制,而对于非数值列则自动忽略。读者应该很容易就注意到上面的图形中 X 轴标记文本存在重叠,那么此时可以选择调整图形大小,或者旋转 X 轴标记文本的方法来解决该问题,这里将问题留给读者进行处理。除了使用箱线图,还可以使用 violinplot()函数,这种图形是箱线图的改进,称为小提琴图。除了提供箱线图中的信息,它还提供了数据分布信息。例如,如果想查看 Type 1 类型精灵的各项属性分布,则可以用如下代码,最终得到图 9.44。

```
>>> plt.figure(figsize = (12,8))
>>> sns.set_style('whitegrid')
>>> sns.violinplot(x = 'Type 1', y = 'Attack', data = df)
```

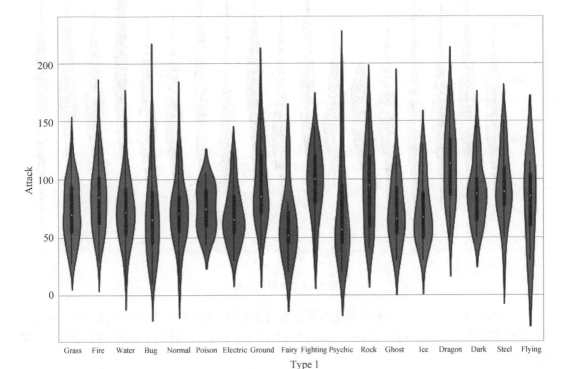

图 9.44　小提琴图

对应 Seaborn 中的绘图函数,使用时还可以指定调色板参数。例如,如下代码将输出图 9.45。

```
>>> pkmn_type_colors = ['#78C850',  # Grass
                        '#F08030',  # Fire
                        '#6890F0',  # Water
                        '#A8B820',  # Bug
                        '#A8A878',  # Normal
                        '#A040A0',  # Poison
                        '#F8D030',  # Electric
                        '#E0C068',  # Ground
                        '#EE99AC',  # Fairy
                        '#C03028',  # Fighting
                        '#F85888',  # Psychic
                        '#B8A038',  # Rock
```

```
                        '#705898',  # Ghost
                        '#98D8D8',  # Ice
                        '#7038F8',  # Dragon]
>>> plt.figure(figsize = (12,8))
>>> sns.violinplot(x = 'Type 1', y = 'Attack',
            data = df, palette = pkmn_type_colors)
```

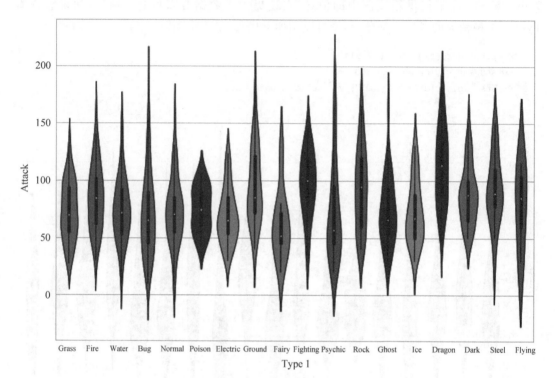

图 9.45 使用调色板

Seaborn 除了支持上述两种可视化数据分布的图形外,还提供了对 swarmplot() 函数的支持,用户还可以将 violinplot() 与 swarmplot() 函数结合。例如,运行如下代码,得到图 9.46 和图 9.47。

```
#代码段1
>>> plt.figure(figsize = (12,8))
>>> sns.swarmplot(x = 'Type 1', y = 'Attack',
        data = df, palette = pkmn_type_colors)
#代码段2
>>> plt.figure(figsize = (12,9))
>>> sns.violinplot(x = 'Type 1',
            y = 'Attack',
            data = df,
            inner = None,         # 去掉内部条形
            palette = pkmn_type_colors)
>>> sns.swarmplot(x = 'Type 1',
            y = 'Attack',
            data = df,
            color = 'k',          # 黑色
            alpha = 0.7)          # 透明
>>> plt.title('Attack by Type')
```

第 9 章　数据可视化

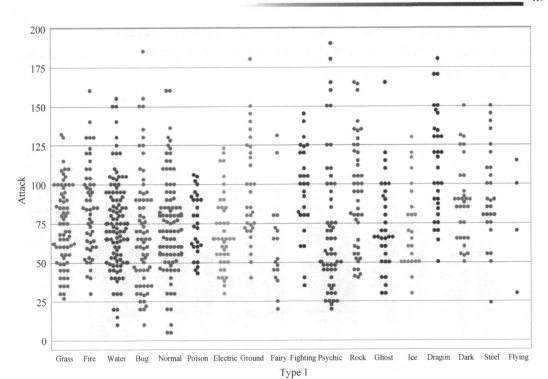

图 9.46　swarmplot

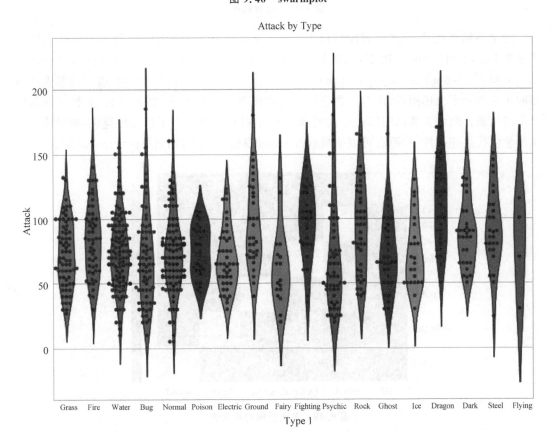

图 9.47　swarmplot 叠加 violinplot

代码段 2 是在同一个 figure 中绘制两个图形，因此得到图 9.47，需要通过在 swarmplot() 函数中指定 alpha 参数来增加透明度，使得图形不会互相遮挡。掌握了上面的图形后，如果想绘制图 9.48 所示图形，应该怎么办？

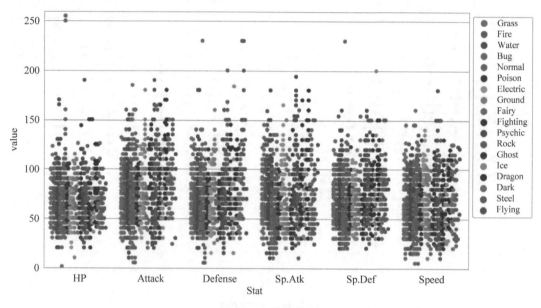

图 9.48　读者练习

这里不给出代码，希望读者能自行练习。简单提示如下：上面图形是 swarmplot，使用了参数 hue，它由 'Type 1' 决定，同时每种类型的分布图是并列的，因此 dodge 参数应该为 True；而 plt.legend(bbox_to_anchor＝(1, 1), loc＝2) 可以将图例放到右边。能够表达数据间关系的除了上述图形，还有一种应用广泛的图形——热力图，例如图 9.49 很好地将精灵的各项属性间的关系以图形的方式展示了出来，颜色越淡代表了相关性越强，如果读者习惯颜色深代表相关性强，那么可以通过修改 cmap 参数来完成，如 cmap＝'rocket_r'。

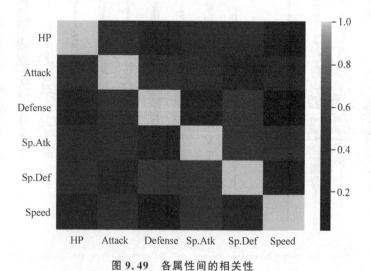

图 9.49　各属性间的相关性

实现上面图形的代码也非常简单,具体如下。

```
>>> stats_df = df.drop(['Total', 'Generation', 'Legendary'], axis = 1)
>>> corr = stats_df.corr()
>>> sns.heatmap(corr)
```

在 Seaborn 中探索数据时,常用到的一种方法就是在数据集的不同子集上绘制同一图的多个实例。这种技术有时被称为"facet"或"grid"绘图。通过这种方式,某种意义上将可视化的维度提高到了三维或四维,因此通过这一可视化方式,数据分析人员可以快速提取复杂数据的大量信息。例如,图 9.50 能让数据分析人员一眼就看出各代精灵的攻防关系,图 9.51 则可以让数据分析人员迅速发现是否吸烟、就餐时间是否对就餐人数与总账单间的关系有影响。

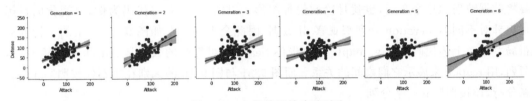

图 9.50 各代精灵的攻防对比

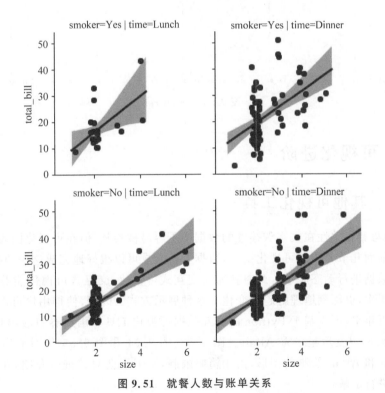

图 9.51 就餐人数与账单关系

要实现这样的可视化也非常简单,只需要运行如下代码。

```
#图9.50
>>> g = sns.FacetGrid(df, col = "Generation",   #row
            margin_titles = False)
```

```
>>> g.map(sns.regplot, "Attack", "Defense", color = "black",
        fit_reg = True, x_jitter = .2);
#图 9.51
>>> g = sns.FacetGrid(tips, row = "smoker", col = "time",
                margin_titles = False)
>>> g.map(sns.regplot, "size", "total_bill", color = "blue",
        fit_reg = True, x_jitter = .2);
```

这里 Seaborn 参考了 R 语言中 ggplot 的思想,首先通过 FacetGrid()函数来指明想要可视化的数据,以何种方式进行布局。这个布局通过参数 row 和 col 来指定,row 给出了按照行来进行分类的变量,col 给出了按照列进行分类的变量,之后 sns.FacetGrid()函数会返回一个新的 FacetGrid 对象,该对象包含了定义的布局。完成了绘图布局的定义,接下来需要将数据映射到这个布局,也就是绘制何种图形。以图 9.50 对应代码为例,可视化的目标是想针对不同 Generation 分列来观察 df 数据,因此会得到一个如图 9.52 所示的 1 行 6 列布局对象。上述代码通过 g.map()函数告诉 Seaborn 可视化的数据是 Attack 和 Defense 这两列,用 regplot 来展示它们之间的关系。而图 9.51 与图 9.50 的区别在于不仅按照"smoker"来分行,还按照"time"来分列。

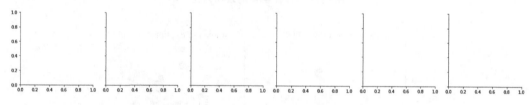

图 9.52   FacetGrid

9.4   可视化进阶

9.4.1   其他可视化工具

模式、趋势和相关性在文字叙述性的数据中不容易被察觉,但在可视化图表上却是一目了然。利用前面几节介绍的可视化工具,数据分析人员可以很好地完成这一功能,但有的情况下需要对数据进行动态展示。此时就需要交互式可视化,交互式可视化能够让决策者深入了解细节层次,更深刻地理解趋势变化。这种展示方式的改变,使得用户可以查看分析背后的事实。近年来,不少基于 Python 的交互数据可视化工具如雨后春笋般出现,典型的有 Plotly 和 Bokeh,以及后起之秀 Altair。图 9.53、图 9.54 和图 9.55 分别给出了一些使用 Plotly、Bokeh 和 Altair 绘制的图形,由于篇幅限制,本书不会对其进行介绍,建议读者查看下面的网站进行了解。

- Plotly:https://plot.ly/javascript/;
- Bokeh:http://bokeh.pydata.org/en/latest/;
- Altair:https://altair-viz.github.io/。

第9章 数据可视化

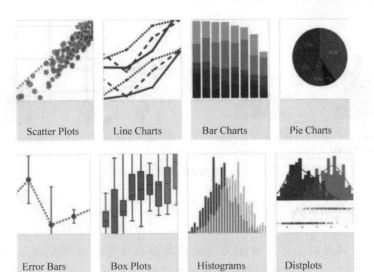

图 9.53 Plotly

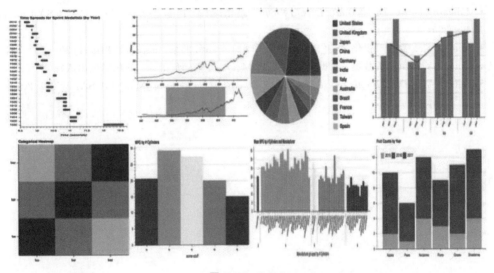

图 9.54 Bokeh

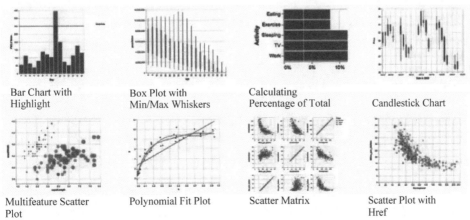

图 9.55 Altair

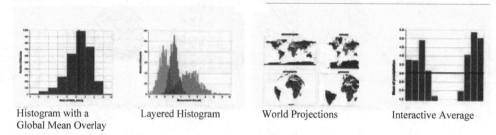

图 9.55 （续）

9.4.2 推荐读物

到这里，读者朋友可能已经有能力完成各种高难度的数据可视化了，然而这些都是"术"，可视化的"道"在于知道如何用图形来表达信息、传递观点。因此，要做好图形可视化，这里强烈建议大家阅读以下几本经典书籍。

- Edward Tufte. *The Visual Display of Quantitative Information* [M]. CT, USA：Graphics Pr, 2001.
- Julie Steele. 数据可视化之美[M].祝洪凯，李妹芳，译.北京：机械工业出版社,2011.
- Nathan Yau.鲜活的数据：数据可视化指南[M].向怡宁，译.北京：人民邮电出版社,2012.
- Nathan Yau. *Data Points*：*Visualization That Means Something*[M]. NJ, USA：Wiley, 2013.

第 10 章 探索性数据分析
CHAPTER 10
——某电商销售数据分析

> 生命的全部的意义在于无穷地探索尚未知道的东西。
>
> ——左拉

通过前面章节的学习，读者已经了解 Pandas 中的基础数据结构 DataFrame 和 Series，学会如何筛选数据，进行数据清洗与整理，如何进行数据的分组统计，如何进行数据可视化等操作。本章将对某电商的销售数据进行探索性数据分析，以此为例来对前面学习到的知识进行一个总结。本章使用的数据来自英国某在线零售商，该网站主要销售各类礼品，它的顾客大部分为本地或国际批发商。这里要分析的数据是 2010 年 12 月到 2011 年 12 月的销售数据。

10.1 数据清洗

10.1.1 分析准备

开始分析之前，首先导入需要的库，分析中将使用到 Pandas 和 NumPy，利用 Matplotlib 和 Seaborn 进行数据可视化。同时，待分析的数据中包含了时间数据，所以还需要导入 datetime 库。

```
>>> import pandas as pd
>>> import numpy as np
>>> import matplotlib.pyplot as plt
>>> import seaborn as sns
>>> import datetime
>>> %matplotlib inline
```

之后需要进行一些基础设置，如 Seaborn 使用的样式、中文字体、绘图时使用到的调色板等，具体代码如下。

```
>>> import warnings
>>> warnings.filterwarnings('ignore')                    # 忽略警告
>>> sns.set_style('whitegrid')
>>> plt.rcParams['font.sans-serif'] = ['SimHei']         # 用来正常显示中文标签
>>> color = sns.color_palette()
```

接下来读入待分析的数据，如图 10.1 所示。

```
>>> online = pd.read_csv("../data/Online_Retail.csv")
>>> online.head()
```

	InvoiceNo	StockCode	Description	Quantity	InvoiceDate	UnitPrice	CustomerID	Country
0	536365	85123A	WHITE HANGING HEART T-LIGHT HOLDER	6	2010/12/1 8:26	2.55	17850.0	United Kingdom
1	536365	71053	WHITE METAL LANTERN	6	2010/12/1 8:26	3.39	17850.0	United Kingdom
2	536365	84406B	CREAM CUPID HEARTS COAT HANGER	8	2010/12/1 8:26	2.75	17850.0	United Kingdom
3	536365	84029G	KNITTED UNION FLAG HOT WATER BOTTLE	6	2010/12/1 8:26	3.39	17850.0	United Kingdom
4	536365	84029E	RED WOOLLY HOTTIE WHITE HEART.	6	2010/12/1 8:26	3.39	17850.0	United Kingdom

图 10.1　读入某电商销售数据

从前 5 行数据看出，该数据集中包含了购物客户 ID、客户来自哪个国家、所购物品的描述、数量、单价以及发票日期、号码等信息。

10.1.2　了解数据

开始数据分析前的第一步就是对待分析的数据有一个大致了解，包括数据类型、数据大小、是否有空值、数据大致分布等。下面首先来看看数据的基本信息，代码如下。

```
>>> online.info()
<class 'pandas.core.frame.DataFrame'>
RangeIndex: 541909 entries, 0 to 541908
Data columns (total 8 columns):
InvoiceNo      541909 non-null object
StockCode      541909 non-null object
Description    540455 non-null object
Quantity       541909 non-null int64
InvoiceDate    541909 non-null object
UnitPrice      541909 non-null float64
CustomerID     406829 non-null float64
Country        541909 non-null object
dtypes: float64(2), int64(1), object(5)
memory usage: 33.1+ MB
```

从代码输出可以看出数据有 541909 行，8 列，其中 2 列为浮点型数据，1 列为整型，还有 5 列是字符串，整个数据使用了 33.1MB 内存。接下来再看看数据中是否存在缺失值，代码如下。

```
>>> online.isnull().sum().sort_values(ascending = False)
CustomerID     135080
Description      1454
Country             0
UnitPrice           0
InvoiceDate         0
Quantity            0
StockCode           0
InvoiceNo           0
dtype: int64
```

第10章 探索性数据分析——某电商销售数据分析

输出结果说明CustomerID列存在大量的缺失数据，几乎25%的CustomerID信息都没有。显然，CustomerID对要进行的数据分析而言是很关键的信息，如果是真实的数据分析，那么需要去探究到底什么原因导致信息的缺失，有无办法补全。此外，Description列也存在一定的数据缺失，但是它的比例不到0.3%，所以基本可以忽略。接下来可以选择看看数据缺失的列到底是哪些，代码如下。

```
>>> online[online.isnull().any(axis = 1)].head()
```

运行结果如图10.2所示。

	InvoiceNo	StockCode	Description	Quantity	InvoiceDate	UnitPrice	CustomerID	Country
622	536414	22139	NaN	56	2010/12/1 11:52	0.00	NaN	United Kingdom
1443	536544	21773	DECORATIVE ROSE BATHROOM BOTTLE	1	2010/12/1 14:32	2.51	NaN	United Kingdom
1444	536544	21774	DECORATIVE CATS BATHROOM BOTTLE	2	2010/12/1 14:32	2.51	NaN	United Kingdom
1445	536544	21786	POLKADOT RAIN HAT	4	2010/12/1 14:32	0.85	NaN	United Kingdom
1446	536544	21787	RAIN PONCHO RETROSPOT	2	2010/12/1 14:32	1.66	NaN	United Kingdom

图10.2　CustomerID列数据缺失

由于这里选择了不对缺失数据进行补全，因此直接将这部分数据丢弃，代码如下。

```
>>> df_new = online.dropna()
>>> df_new.isnull().sum().sort_values(ascending = False)
Country         0
CustomerID      0
UnitPrice       0
InvoiceDate     0
Quantity        0
Description     0
StockCode       0
InvoiceNo       0
dtype: int64
```

从代码的输出可以看到目前已经没有缺失数据了。其实除了丢弃数据，也可以采用另一种办法，如给所有缺失的CustomerID都赋一个特殊值。在后续的分析中看这些CustomerID对应的交易有没有什么特殊规律，有兴趣的读者可以自行尝试。对数据的行、列有了基本了解后，下一步就可以尝试看看数据的大致分布是什么样的，这可以通过描述性统计完成，代码如下。

```
>>> df_new.describe().round(2)
```

结果如图10.3所示。从describe()函数的输出来看，客户购买礼品中75%的价格在3.75美元以下，购物数量少于12。不过购物数量数据中很明显存在一个异常值，即最大购买数量为80995，最小购买数量为-80995。由于购买数量为负代表退货，这里最大值和最小值一样，那么很可能是某一用户错误购买后又立刻退货了。通过如下代码可以对此信息进行确认，结果如图10.4和图10.5所示。

	Quantity	UnitPrice	CustomerID
count	406829.00	406829.00	406829.00
mean	12.06	3.46	15287.69
std	248.69	69.32	1713.60
min	-80995.00	0.00	12346.00
25%	2.00	1.25	13953.00
50%	5.00	1.95	15152.00
75%	12.00	3.75	16791.00
max	80995.00	38970.00	18287.00

图10.3　数据分布情况

	InvoiceNo	StockCode	Description	Quantity	InvoiceDate	UnitPrice	CustomerID	Country
540421	581483	23843	paper craft , little birdie	80995	2011-12-09 09:15:00	2.08	16446.0	United Kingdom

图 10.4　信息确认（80995）

	InvoiceNo	StockCode	Description	Quantity	InvoiceDate	UnitPrice	CustomerID	Country
540422	C581484	23843	paper craft , little birdie	-80995	2011-12-09 09:27:00	2.08	16446.0	United Kingdom

图 10.5　信息确认（-80995）

```
>>> df_new[df_new['Quantity'] == 80995]
>>> df_new[df_new['Quantity'] == -80995]
```

对于此问题，下一节进行数据清洗的时候将进行处理。

10.2　数据清洗与整理

10.2.1　数据类型转换与错误数据删除

现在继续上一节内容，将这一组错误下单后又立刻取消的订单删除，具体代码如下。

```
>>> df_new.drop([540421,540422],axis = 0,inplace = True)
```

在前一节中提到了数据集中有 5 列为字符串，实际上读者只要仔细思考一下就会发现这有问题，因为 InvoiceDate 应该是日期数据。所以需要对该列数据类型进行转换，这里使用 Pandas 中提供的 to_datetime() 函数来完成变换。此外，Description 列中字符串均为大写，为方便阅读，也统一将其转换为小写，代码如下。

```
>>> df_new['InvoiceDate'] = pd.to_datetime(df_new['InvoiceDate'],
    format = '%Y/%m/%d %H:%M')
>>> df_new['Description'] = df_new['Description'].str.lower()
>>> df_new.head()
```

转换结果如图 10.6 所示。

	InvoiceNo	StockCode	Description	Quantity	InvoiceDate	UnitPrice	CustomerID	Country
0	536365	85123A	white hanging heart t-light holder	6	2010-12-01 08:26:00	2.55	17850.0	United Kingdom
1	536365	71053	white metal lantern	6	2010-12-01 08:26:00	3.39	17850.0	United Kingdom
2	536365	84406B	cream cupid hearts coat hanger	8	2010-12-01 08:26:00	2.75	17850.0	United Kingdom
3	536365	84029G	knitted union flag hot water bottle	6	2010-12-01 08:26:00	3.39	17850.0	United Kingdom
4	536365	84029E	red woolly hottie white heart.	6	2010-12-01 08:26:00	3.39	17850.0	United Kingdom

图 10.6　字符串转换为小写

其实如果数据分析前知道某列是日期类型数据，那么也可以在数据读入的时候就指定参数 parse_dates=['InvoiceDate']，代码如下。

```
>>> online = pd.read_csv("../data/Online_Retail.csv",
    parse_dates = ['InvoiceDate'])
```

此外，CustomerID 列在数据集中显示为浮点数，实际上它应该是整数类型，因此也需要对其进行类型转换，代码如下。

```
>>> df_new['CustomerID'] = df_new['CustomerID'].astype('int64')
```

完成了上述修改后，再次运行如下代码可以发现 InvoiceDate 列的数据类型确实已经改变。

```
>>> df_new.info()
<class 'pandas.core.frame.DataFrame'>
Int64Index: 406827 entries, 0 to 541908
Data columns (total 8 columns):
InvoiceNo      406827 non-null object
StockCode      406827 non-null object
Description    406827 non-null object
Quantity       406827 non-null int64
InvoiceDate    406827 non-null datetime64[ns]
UnitPrice      406827 non-null float64
CustomerID     406827 non-null int64
Country        406827 non-null object
dtypes: datetime64[ns](1), float64(2), int64(1), object(4)
memory usage: 27.9+ MB
```

10.2.2 添加新数据

在分析销售数据时，除了单价、购物数量以外，消费总金额也是很重要的信息，但是原数据集中却没有提供，因此需要自行计算得到，代码如下。

```
>>> df_new['AmountSpent'] = df_new['Quantity'] * df_new['UnitPrice']
>>> df_new = df_new[['InvoiceNo','InvoiceDate','StockCode',
    'Description','Quantity','UnitPrice','AmountSpent',
    'CustomerID','Country']]
>>> df_new.head()
```

计算结果如图 10.7 所示。

	InvoiceNo	InvoiceDate	StockCode	Description	Quantity	UnitPrice	AmountSpent	CustomerID	Country
0	536365	2010-12-01 08:26:00	85123A	white hanging heart t-light holder	6	2.55	15.30	17850	United Kingdom
1	536365	2010-12-01 08:26:00	71053	white metal lantern	6	3.39	20.34	17850	United Kingdom
2	536365	2010-12-01 08:26:00	84406B	cream cupid hearts coat hanger	8	2.75	22.00	17850	United Kingdom
3	536365	2010-12-01 08:26:00	84029G	knitted union flag hot water bottle	6	3.39	20.34	17850	United Kingdom
4	536365	2010-12-01 08:26:00	84029E	red woolly hottie white heart.	6	3.39	20.34	17850	United Kingdom

图 10.7 计算消费总金额

上述代码通过 UnitPrice 与 Quantity 计算得到了新的列 AmountSpent。之后对 df_new 中列的顺序进行了重排。在分析的时候除了需要总价，分析人员可能还会通过顾客购物的日期以及具体时间来判断订单产生的趋势等信息，因此需要从 InvoiceDate 中提取上述信息，创建新的列，具体代码如下。

```
>>> df_new.insert(loc=2, column='YearMonth',
    value=df_new['InvoiceDate'].map(lambda x:
    100*x.year + x.month))
>>> df_new.insert(loc=3, column='month',
```

```
                  value = df_new['InvoiceDate'].dt.month)
# Monday = 1.....Sunday = 7
>>> df_new.insert(loc = 4, column = 'day',
                  value = (df_new['InvoiceDate'].dt.dayofweek) + 1)
>>> df_new.insert(loc = 5, column = 'hour',
                  value = df_new['InvoiceDate'].dt.hour)
>>> df_new.head()
```

运行结果如图 10.8 所示。

	InvoiceNo	InvoiceDate	YearMonth	month	day	hour	StockCode	Description	Quantity	UnitPrice	AmountSpent	CustomerID	Country
0	536365	2010-12-01 08:26:00	201012	12	3	8	85123A	white hanging heart t-light holder	6	2.55	15.30	17850	United Kingdom
1	536365	2010-12-01 08:26:00	201012	12	3	8	71053	white metal lantern	6	3.39	20.34	17850	United Kingdom
2	536365	2010-12-01 08:26:00	201012	12	3	8	84406B	cream cupid hearts coat hanger	8	2.75	22.00	17850	United Kingdom
3	536365	2010-12-01 08:26:00	201012	12	3	8	84029G	knitted union flag hot water bottle	6	3.39	20.34	17850	United Kingdom
4	536365	2010-12-01 08:26:00	201012	12	3	8	84029E	red woolly hottie white heart.	6	3.39	20.34	17850	United Kingdom

图 10.8　提取具体时间信息

10.3　探索性数据分析

10.3.1　客户分析

由于该电商面对的是批发客户,所以在数据分析时想了解每个客户的订单数是多少,订单量最大的 5 个客户是谁,每个客户消费金额是多少,消费最多的 5 个客户是谁。下面首先来看看 5 个客户的订单数,代码如下。

```
>>> df_new.groupby(by = ['CustomerID','Country'],
        as_index = False)['InvoiceNo'].count().head()
```

	CustomerID	Country	InvoiceNo
0	12346	United Kingdom	2
1	12347	Iceland	182
2	12348	Finland	31
3	12349	Italy	73
4	12350	Norway	17

图 10.9　5 个客户的订单数

结果如图 10.9 所示。利用 groupby()函数可以按照 CustomerID 和 Country 对数据分组后统计对应的 InvoiceNo 数目,这样就得到了每个国家的客户的订单数目。运行如下代码,将得到如图 10.10 所示的客户订单数图。

```
>>> orders = df_new.groupby(by = ['CustomerID','Country'],
        as_index = False)['InvoiceNo'].count()
>>> plt.subplots(figsize = (15,6))
>>> plt.plot(orders['CustomerID'], orders['InvoiceNo'])
>>> plt.xlabel('客户 ID')
>>> plt.ylabel('订单数')
>>> plt.title('客户订单数')
>>> plt.show()
```

从图 10.10 看出该电商的订单贡献主要来自少数的几个大客户,因此,了解头部客户有助于更好地服务这些大客户。下面的代码先利用 sort_values()函数对订单数进行排序,之

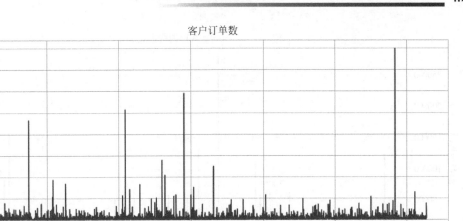

图 10.10 客户订单数

后利用 head()函数对前五大客户进行查看,如果数据分析时想查看更多客户,则可以在 head()函数中输入具体值来完成,结果如图 10.11 所示。

```
>>> orders.sort_values(by = 'InvoiceNo', ascending = False).head()
```

	CustomerID	Country	InvoiceNo
4050	17841	United Kingdom	7983
1903	14911	EIRE	5903
1308	14096	United Kingdom	5128
338	12748	United Kingdom	4642
1682	14606	United Kingdom	2782

图 10.11 查看前五大客户(订单数)

从前五大客户来看,订单主要来自英国,这个结论也和分析的数据是英国某电商销售数据一致。除了了解客户订单,客户消费的金额也是数据分析时需要关注的,利用如下代码可以完成每客户消费金额分析,如图 10.12 所示。

```
>>> money_spent = df_new.groupby(by = ['CustomerID','Country'],
    as_index = False)['AmountSpent'].sum()

>>> plt.subplots(figsize = (15,6))
>>> plt.plot(money_spent['CustomerID'], money_spent['AmountSpent'])
>>> plt.xlabel('客户 ID')
>>> plt.ylabel('消费金额(美元)')
>>> plt.title('客户消费金额')
>>> plt.show()
```

客户消费金额也反映出了同样趋势,那么它会不会和客户订单是一致的呢?因此可以利用如下代码输出前五大消费客户来进行对比,结果如图 10.13 所示。

```
>>> money_spent.sort_values(by = 'AmountSpent',
    ascending = False).head()
```

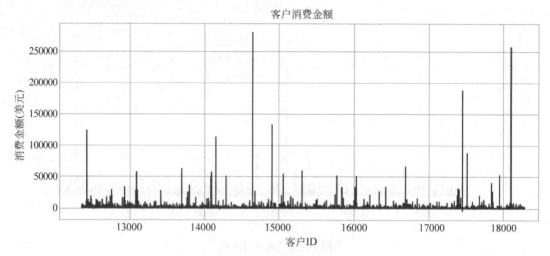

图 10.12　客户消费金额

图 10.13　查看前五大客户（消费金额）

出人意料的是，没有一个消费金额前 5 名的客户与订单数前 5 名的客户一致。这是一个很有意思的现象，显然，数据分析人员可以进一步分析造成这一现象的原因。如果是一部分客户订单很多，但是都是买的相对低价的礼品，而另一部分客户订单相对较少而购买的是相对高价的礼品，是否公司可以进行有针对性的活动？该电商网站是低价产品利润高，还是高价产品利润高，据此又可以做什么？这些都是数据分析之后提出的新问题，带着这些问题，数据分析人员又将进行新的探索。

10.3.2　订单趋势分析

了解了客户后，接下来看看订单是否存在某种规律，如圣诞期间订单数是否激增。为了验证这一问题，让我们按月来统计订单，代码如下。

```
>>> ax = df_new.groupby('InvoiceNo')['YearMonth'].\
    unique().value_counts().sort_index().\
    plot('bar',color=color[0],figsize=(15,6))
>>> ax.set_xlabel('月',fontsize=15)
>>> ax.set_ylabel('订单数',fontsize=15)
>>> ax.set_title('每月订单数(2010.12 - 2011.12)',fontsize=15)
>>> ax.set_xticklabels(('12/10','1/11','2/11','3/11','4/11',
    '5/11','6/11','7/11','8/11','9/11','10/11','11/11','12/11'),
    rotation = 'horizontal', fontsize=13)
```

```
>>> plt.show()
```

上述代码中,第一行代码使用了链式方法,首先利用 groupby() 函数按照 InvoiceNo 分组,之后用 unique() 函数选出不同的 InvoiceNo,然后按照 YearMonth 汇总。之后对得到的数据进行绘图,绘图的时候先对 index 排序,绘制条形图,选用了调色板中的第一个颜色[运行代码 sns.palplot(color)可以查看调色板]。这样就得到了图 10.14 所示的每月订单数图。从图 10.14 中看出确实在 11 月的时候订单相对较多,而在年初 1—4 月订单相对较少。

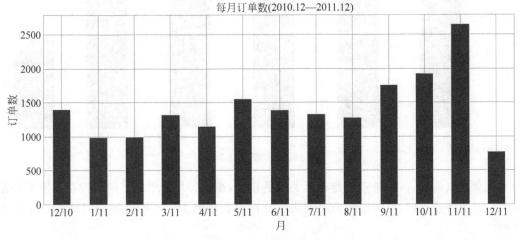

图 10.14　每月订单数

按月考察订单存在不同,那么是否每天也有很大差别呢？可以用类似方法进行分析,代码如下。

```
>>> df_new.groupby('InvoiceNo')['day'].unique().\
    value_counts().sort_index()
[1]    2863
[2]    3185
[3]    3455
[4]    4033
[5]    2831
[7]    2169
Name: day, dtype: int64
```

细心的读者可能已经发现上述代码输出有一个有意思的现象,即似乎周六没有订单,原因不得而知,也许周六是休息日。不过还是让我们将上面的信息可视化吧,代码如下。

```
>>> ax = df_new.groupby('InvoiceNo')['day'].unique().\
    value_counts().sort_index().\
    plot('bar',color = color[0],figsize = (15,6))
>>> ax.set_xlabel('',fontsize = 15)
>>> ax.set_ylabel('订单数',fontsize = 15)
>>> ax.set_title('每天订单数',fontsize = 15)
>>> ax.set_xticklabels(('周一','周二','周三','周四','周五','周日'),
    rotation = 'horizontal', fontsize = 15)
plt.show()
```

从每天订单数(图 10.15)看,似乎周四是订单最多的,周日反而订单最少,这也许是由于该网站的客户主要是批发商,他们的员工周日会休息,所以很少在周末下订单。

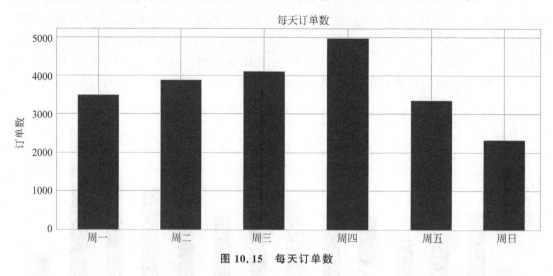

图 10.15　每天订单数

通常对电商而言,响应速度是极其关键的指标,那么客户下单最多的时段是否需要加派人手?要回答这一问题,需要按照时间来统计订单数。图 10.16 即是不同时间的订单数示意图。

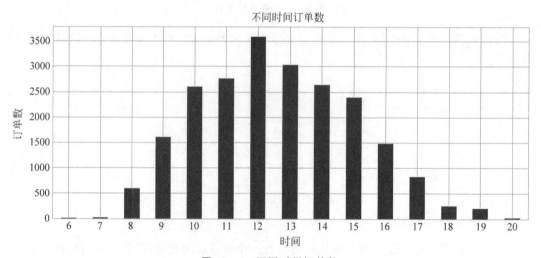

图 10.16　不同时间订单数

从图 10.16 中可以看出订单数基本上符合正态分布,12 点是订单最多的时刻。要得到上面的图形,需要运行如下代码。

```
>>> ax = df_new.groupby('InvoiceNo')['hour'].unique().\
    value_counts().iloc[:-1].sort_index().\
    plot('bar',color=color[0],figsize=(15,6))
>>> ax.set_xlabel('时间',fontsize=15)
>>> ax.set_ylabel('订单数',fontsize=15)
>>> ax.set_title('不同时间订单数',fontsize=15)
```

```
>>> ax.set_xticklabels(range(6,21), rotation = 'horizontal',
    fontsize = 15)
>>> plt.show()
```

10.3.3　客户国家分析

前面已经提到该电商的客户主要来自英国，那么让我们来看看具体的每个国家客户订单分布情况吧，运行如下代码。

```
>>> group_country_orders = df_new.groupby('Country')['InvoiceNo'].\
    count().sort_values()
>>> plt.subplots(figsize = (15,8))
>>> group_country_orders.plot('barh', fontsize = 12, color = color[0])
>>> plt.xlabel('订单数', fontsize = 12)
>>> plt.ylabel('国家', fontsize = 12)
>>> plt.title('各国订单数', fontsize = 12)
>>> plt.show()
```

得到如图10.17所示的各国订单数。

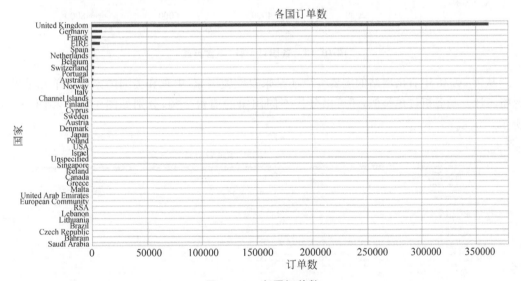

图 10.17　各国订单数

图10.17中英国订单占比过高使得可视化时没法对其他国家的订单有更好的了解，所以考虑将英国的订单数据去掉后再进行分析，代码如下。

```
>>> group_country_orders = df_new.groupby('Country')['InvoiceNo'].\
    count().sort_values()
>>> del group_country_orders['United Kingdom']
>>> plt.subplots(figsize = (15,8))
>>> group_country_orders.plot('barh', fontsize = 12, color = color[0])
>>> plt.xlabel('订单数', fontsize = 12)
>>> plt.ylabel('国家', fontsize = 12)
```

```
>>> plt.title('各国订单数', fontsize = 12)
>>> plt.show()
```

运行上述代码将得到不含英国的各国订单数,如图 10.18 所示。

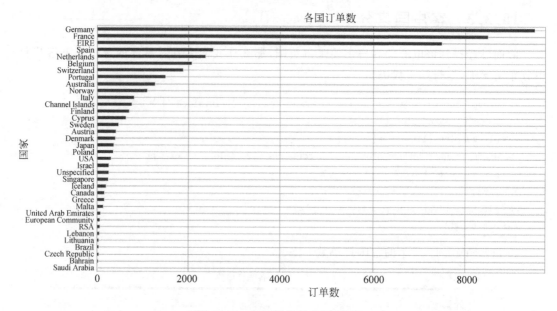

图 10.18　各国订单数(不含英国)

从图 10.18 中看出网站的主要客户还是来自欧盟国家,中东和美洲国家的订单几乎可以忽略不计。与分析订单类似,还可以分析不同国家的消费金额,分别如图 10.19 和图 10.20 所示。

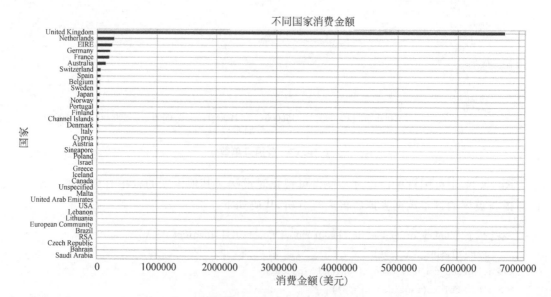

图 10.19　不同国家消费金额

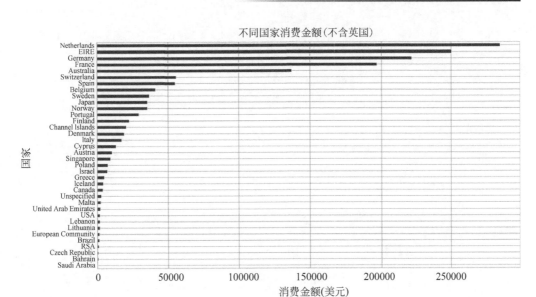

图10.20　不同国家消费金额(不含英国)

10.3.4　留给读者的问题

前面已经对客户、订单以及客户国家等信息进行了分析，这些分析是否就够了呢？是否有必要分析网站的商品售价？如何用盒子图来查看客户的消费金额的具体分布？或者说读者是否有自己的问题待解答呢？

下 篇

Python 数据分析实战

第 11 章　群组分析

CHAPTER 11

> 仰观宇宙之大，俯察品类之盛，
> 所以游目骋怀，足以极视听之娱，
> 信可乐也。
>
> ——《兰亭集序》

在移动互联的初期，如何让用户发现你的应用并下载它是各方竞争的焦点。当蓝海变成红海后，真正的成功就不是让别人下载你的应用，产品若没有很好地留存，花费大量时间和资源来挖掘新客户，终将"世事转头空"。对产品运营人而言，需要考虑的问题已经变成：

- 如何提高用户留存率？
- 如何找到用户流失的原因？
- 如何挽回将要流失或已经流失的用户？
- 用户群体有什么特征？
- 重点需要关注的用户群是哪些？

而所有这些都可以通过群组分析（Cohort Analysis）来完成。本章将介绍什么是群组分析，如何进行群组分析，最后用一个案例来演示实际的群组分析。

11.1　群组分析概述

11.1.1　从 AARRR 到 RARRA 的转变

2007 年 1 月，iPhone 2G 在美国上市；2008 年 7 月，苹果推出 iPhone 3G；2008 年 9 月，谷歌发布首款 Android 手机 HTC G1。移动互联网的大幕终于缓缓拉开，各类移动互联创业公司如雨后春笋般诞生。视线的另一角，有一个叫 Dave McClure 的人在 2007 年提出了一种创业公司的业务增长模式——海盗指标（AARRR），该模型在过去 10 年中或多或少已经成为行业标准。一时间，大量公司利用 AARRR 方法来跟踪产品营销和管理，该方法论已成为企业家创业的增长利器。在 AARRR 模型中，McClure 将用户置于如图 11.1 所示的漏斗中。

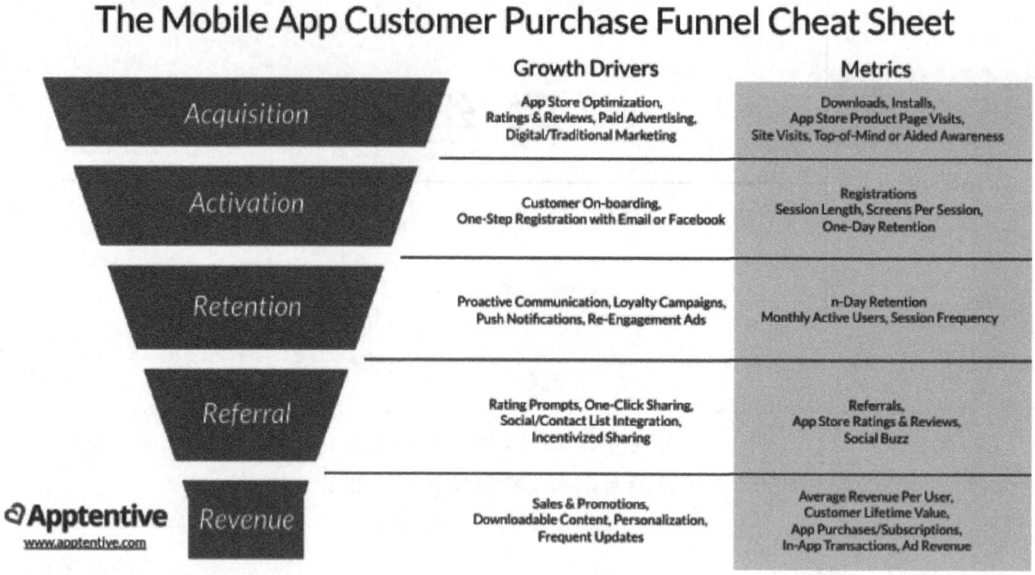

图 11.1　AARRR 模型

这一漏斗依次代表了：
- 用户获取（Acquisition）；
- 用户激活（Activation）；
- 用户留存（Retention）；
- 用户推荐（Referral）；
- 收入（Revenue）。

AARRR 模型从用户的角度，以线性顺序来分析产品的营销。模型认为的产品推广会经历如下阶段。

（1）首先通过搜索引擎优化（Search Engine Optimization，SEO）、广告、地推、邮件推广等模式让用户知道你的产品。

（2）接着通过用户引导去激活他们。

（3）用户激活后，接下来的工作就是提高用户留存率。

（4）推动用户分享，推荐你的产品。

（5）最终完善商业模式，获得收入。

然而在 AARRR 应用中，人们很快发现了其中的一个缺点。许多应用都会经历这样一种模式：应用发布，媒体广泛关注，用户反响也非常积极，许多用户都在不遗余力地为这款产品叫好。于是成千上万的新用户涌入，然而它们都存在一个大问题——用户流失率太高。最终由于新用户越来越少，老用户慢慢离去，这些应用逐渐消失在人们的视线中。另外，在互联网的初期，获客成本只需要几元或十几元，随着移动互联网的发展，各类应用商店上的应用数都达到了百万以上，此时获客成本增加到了几十元。从 2018 年的小米招股说明书披露的数据来看，互联网巨头的获客成本目前已经到了人民币 100 元以上。于是，一个新的模型 RARRA 应运而生，RARRA 模型是 Thomas Petit 和 Gabor Papp 对于海盗指标 AARRR 模型的优化。RARRA 模型突出了用户留存的重要性，认为原有的模型中将用户获取放在第一位是错误的,进行用户分析时,我们第一步应该关注的是留存,即 R(Retention),如图 11.2 所示。

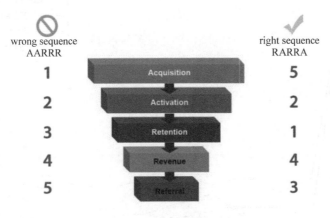

图 11.2　RARRA 模型

设想一下,如果你的应用在用户安装后,3 天内 70% 以上的用户将不再使用,一个月后 90% 的客户完全忘记了它,3 个月后 95% 以上的用户已经卸载了它,无论你在用户获取上多么努力都无济于事。当获客不再是增长的王道时,那么用户留存(Retention)就成为你的新起点。通过为用户提供价值,让用户不断使用你的产品,与此同时在用户激活(Activation)时就能感受到产品价值,最终用户推荐(Referral)他人使用,完成用户获取(Acquisition)。这才是更好的增长模式! 而要完成用户留存,我们就需要了解用户,他们有什么特征,不同用户群之间有何区别。这一切都可以通过群组分析来完成。

11.1.2　什么是群组分析

Cohort 在英文里面是群组的意思,顾名思义,Cohort Analysis 就是群组分析,即将用户分成不同的群组进行分析。群组分析的实现非常简单,就是首先做好观察用户的分组。分组先分维度,再分粒度。所谓维度,如果按用户的新增日期分组,时间就是维度;如果按新增用户的渠道来源分组,渠道就是维度。而粒度是指在该维度如何划分,如时间维度是按照月还是天划分;新增渠道维度是按照新增的来源网站还是来源的具体网址划分,这些都是粒度差异。以下群组就可能是实际数据分析中会遇到的群组:

- 过去 30 天试用产品的用户;
- 5 月的付费用户;
- 通过社交媒体获得的客户;
- 把商品加入了购物车却没有完成付款的用户。

我们可以根据分析需要划分出无数个用户群,之后就可以计算分组留存率,通过对比的差异值逐级锁定,寻找原因。如图 11.3 中对 3 个不同群组的用户在 12 个时间周期的商品购买情况进行的分析,我们发现 2010-12 这个组的用户购买明显比另外两个组要好。那么是什么原因导致的呢,可以进一步分析这个群组用户有什么特征,与另外的群组有何不同,最终提高用户留存率。

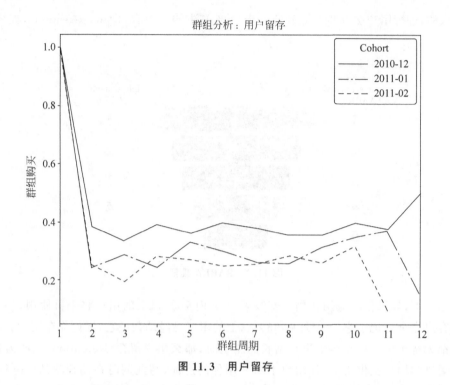

图 11.3 用户留存

11.2 群组分析实战

本节仍将利用前面使用过的英国某电商的销售数据进行群组分析。

11.2.1 定义群组以及周期

首先读入数据，进行简单了解，如图 11.4 所示。

```
>>> online = pd.read_csv("../data/Online_Retail.csv",parse_dates = ['InvoiceDate'])
>>> online.head()
```

	InvoiceNo	StockCode	Description	Quantity	InvoiceDate	UnitPrice	CustomerID	Country
0	536365	85123A	WHITE HANGING HEART T-LIGHT HOLDER	6	2010-12-01 08:26:00	2.55	17850.0	United Kingdom
1	536365	71053	WHITE METAL LANTERN	6	2010-12-01 08:26:00	3.39	17850.0	United Kingdom
2	536365	84406B	CREAM CUPID HEARTS COAT HANGER	8	2010-12-01 08:26:00	2.75	17850.0	United Kingdom
3	536365	84029G	KNITTED UNION FLAG HOT WATER BOTTLE	6	2010-12-01 08:26:00	3.39	17850.0	United Kingdom
4	536365	84029E	RED WOOLLY HOTTIE WHITE HEART.	6	2010-12-01 08:26:00	3.39	17850.0	United Kingdom

图 11.4 读入销售数据

这里的数据包含英国某电商网站 2010 年 12 月到 2011 年 12 月的销售数据，数据包含 8 列。进一步可以通过 info() 函数对数据类型、是否有缺失数据进行了解。

```
>>> online.info()
    <class 'pandas.core.frame.DataFrame'>
    RangeIndex: 541909 entries, 0 to 541908
```

```
Data columns (total 8 columns):
InvoiceNo       541909 non-null object
StockCode       541909 non-null object
Description     540455 non-null object
Quantity        541909 non-null int64
InvoiceDate     541909 non-null datetime64[ns]
UnitPrice       541909 non-null float64
CustomerID      406829 non-null float64
Country         541909 non-null object
dtypes: datetime64[ns](1), float64(2), int64(1), object(4)
memory usage: 33.1+ MB
```

从代码输出可以看出其中的 InvoiceDate 列为日期类型，CustomerID 列以及 Description 列有些数据是有缺失的，不过这里先不对其进行处理。群组分析的第一步就是思考分析的目标是什么，如果想了解不同时期用户的留存率有无变化，购买量有无变化，那么可以以 InvoiceDate 作为分组依据。因此，时间就是前面提到的维度。游戏、应用推广有的会以天、周作为粒度来观察用户的激活、在线、购买趋势，而对当前问题以月为粒度就可以了。至此，我们可以明确分析目标为按照月来观察用户购买、留存趋势。InvoiceDate 列虽然提供了日期信息，但是它不是以月来度量，因此，分析的第一目标就是对该数据进行重构，转换为以月来区分，之后需要将客户（由 CustomerID 唯一提供）按其首次购买月来分组。要将日期转换为月来度量，可以采用如下方法。

```
>>> def get_month(x):
>>>     return datetime(x.year, x.month, 1)
>>> online['InvoiceDate'].apply(get_month)
0         2010-12-01
1         2010-12-01
2         2010-12-01
              ...
541907    2011-12-01
541908    2011-12-01
Name: InvoiceDate, Length: 541909, dtype: datetime64[ns]
```

上述代码利用 get_month() 函数将传入日期只取年和月信息，而最后的日都统一为 1 日，这样同一个月的日期信息就一致了。之后利用在前面章节学习过的 apply() 函数，可以将整个 InvoiceDate 列都进行相同转换，并添加新的 InvoiceMonth 列来保存该信息。变换后的数据如图 11.5 所示。

```
>>> online['InvoiceMonth'] = online['InvoiceDate'].apply(get_month)
>>> online.head()
```

	InvoiceNo	StockCode	Description	Quantity	InvoiceDate	UnitPrice	CustomerID	Country	InvoiceMonth
0	536365	85123A	WHITE HANGING HEART T-LIGHT HOLDER	6	2010-12-01 08:26:00	2.55	17850.0	United Kingdom	2010-12-01
1	536365	71053	WHITE METAL LANTERN	6	2010-12-01 08:26:00	3.39	17850.0	United Kingdom	2010-12-01
2	536365	84406B	CREAM CUPID HEARTS COAT HANGER	8	2010-12-01 08:26:00	2.75	17850.0	United Kingdom	2010-12-01
3	536365	84029G	KNITTED UNION FLAG HOT WATER BOTTLE	6	2010-12-01 08:26:00	3.39	17850.0	United Kingdom	2010-12-01
4	536365	84029E	RED WOOLLY HOTTIE WHITE HEART.	6	2010-12-01 08:26:00	3.39	17850.0	United Kingdom	2010-12-01

图 11.5　变换后的数据（以月度量日期）

有了用户购买月信息 InvoiceMonth 后，我们就可以对所有订单先按照客户，再按照购买月进行分组。然而，进行群组分析想要的是按照首次购买月来对用户进行分组，此时就可以利用 Pandas 中的 grouby 提供的 transform 功能来完成这一功能，即以群中的最小购买日期作为首购月，代码如下。

```
>>> grouping = online.groupby('CustomerID')['InvoiceMonth']
>>> online['CohortMonth'] = grouping.transform('min')
>>> online.tail()
```

运行结果如图 11.6 所示。

	InvoiceNo	StockCode	Description	Quantity	InvoiceDate	UnitPrice	CustomerID	Country	InvoiceMonth	CohortMonth
541904	581587	22613	PACK OF 20 SPACEBOY NAPKINS	12	2011-12-09 12:50:00	0.85	12680.0	France	2011-12-01	2011-08-01
541905	581587	22899	CHILDREN'S APRON DOLLY GIRL	6	2011-12-09 12:50:00	2.10	12680.0	France	2011-12-01	2011-08-01
541906	581587	23254	CHILDRENS CUTLERY DOLLY GIRL	4	2011-12-09 12:50:00	4.15	12680.0	France	2011-12-01	2011-08-01
541907	581587	23255	CHILDRENS CUTLERY CIRCUS PARADE	4	2011-12-09 12:50:00	4.15	12680.0	France	2011-12-01	2011-08-01
541908	581587	22138	BAKING SET 9 PIECE RETROSPOT	3	2011-12-09 12:50:00	4.95	12680.0	France	2011-12-01	2011-08-01

图 11.6　用户首购月

上述代码中的 grouping 是按照 CustomerID 分组后的分组对象，利用 transform() 函数对 InvoiceMonth 中信息进行变换，取首次购买月（min 函数可以完成这一功能）就可以作为对应该组的 CohortMonth。CohortMonth 就是群组分析需要的群组信息，而分析目标是了解不同群组随着时间流逝有何变化。因此，还缺少一个时间周期信息，即对应群组在 1 个月后的购买情况如何，2 个月后购买情况如何，等等。该信息可以通过整合 InvoiceDate 以及 CohortMonth 来获得。InvoiceDate 中有当前购买日期，而 CohortMonth 中是用户首购月，两者求差可以得出当前购买日是在用户首次购买后的几个月。为了处理方便，在本书中认为用户在首购月购买计数为第 1 个统计周期，所以计算差的时候会有加 1 操作，代码如下。

```
>>> def get_date_int(df, column):
>>>     year = df[column].dt.year
>>>     month = df[column].dt.month
>>>     day = df[column].dt.day
>>>     return year, month, day
>>> cohort_year, cohort_month, _ = get_date_int(online, 'CohortMonth')
>>> invoice_year, invoice_month, _ = get_date_int(online, 'InvoiceDate')
```

上述代码定义的 get_date_int() 函数可以取对应日期的年和月，有了这个信息才能进行时间周期计算，最终代码如下。

```
>>> years_diff = invoice_year - cohort_year
>>> months_diff = invoice_month - cohort_month
>>> online['CohortPeriod'] = years_diff * 12 + months_diff + 1
>>> online.tail()
```

运行结果如图 11.7 所示。

InvoiceNo	StockCode	Description	Quantity	InvoiceDate	UnitPrice	CustomerID	Country	InvoiceMonth	CohortMonth	CohortPeriod
541904	581587	PACK OF 20 SPACEBOY NAPKINS	12	2011-12-09 12:50:00	0.85	12680.0	France	2011-12-01	2011-08-01	5.0
541905	581587	CHILDREN'S APRON DOLLY GIRL	6	2011-12-09 12:50:00	2.10	12680.0	France	2011-12-01	2011-08-01	5.0
541906	581587	CHILDRENS CUTLERY DOLLY GIRL	4	2011-12-09 12:50:00	4.15	12680.0	France	2011-12-01	2011-08-01	5.0
541907	581587	CHILDRENS CUTLERY CIRCUS PARADE	4	2011-12-09 12:50:00	4.15	12680.0	France	2011-12-01	2011-08-01	5.0
541908	581587	BAKING SET 9 PIECE RETROSPOT	3	2011-12-09 12:50:00	4.95	12680.0	France	2011-12-01	2011-08-01	5.0

图 11.7 时间周期计算

11.2.2 群组分析具体过程

CohortMonth 和 CohorPeriod 分别提供了群组以及时间周期信息，接下来数据分析要做的就是统计用户活跃情况了。在开始之前，为了后面可视化时显示美观，还需要对 CohortMonth 进行美化。CohortMonth 名义上是月的群组，但是还有日的信息，如果想只显示月，那么可以简单地利用字符串截取功能对数据进行如下处理。

```
>>> online['Cohort'] = online['CohortMonth'].astype(str)
>>> online['Cohort'] = online['Cohort'].apply(lambda x:x[:-3])
```

每个 Cohort 中的活跃用户数可以通过计算该组中不同 CustomerID 个数获得，代码如下。

```
>>> grouping = online.groupby(['Cohort', 'CohortPeriod'])
>>> cohort_data = grouping['CustomerID'].apply(pd.Series.nunique)
>>> cohort_data = cohort_data.reset_index()
>>> cohort_data.head()
```

结果如图 11.8 所示。至此已经完成了所有的数据准备工作，Cohort 列提供了群组，CohortPeriod 提供了时间周期，CustomerID 列提供了活跃用户数。接下来唯一需要做的就是将数据按照时间周期进行展示，即按照不同 Cohort 来观察不同的 CohortPeriod、CustomerID 中的数据变化。而这正是 pivot() 函数提供的功能，代码如下。

	Cohort	CohortPeriod	CustomerID
0	2010-12	1.0	948
1	2010-12	2.0	362
2	2010-12	3.0	317
3	2010-12	4.0	367
4	2010-12	5.0	341

图 11.8 活跃用户数

```
>>> cohort_counts = cohort_data.pivot(index = 'Cohort',
                                      columns = 'CohortPeriod',
                                      values = 'CustomerID')
>>> cohort_counts
```

结果如图 11.9 所从代码输出可以看出，2010-12 这个组在第 1 个时间周期有 948 个活跃用户，但是在第 2 个时间周期就只有 362 个活跃用户了，之后基本没有太大变化，到第 12 个时间周期，活跃用户数突然出现了增长，第 13 个时间周期又突然下降。可以看出，群组分析很好地展示这一趋势变化，数据分析人员很自然地会思考开始的用户下降的原因，之后的用户增长是促销还是别的原因导致。除了观察组内趋势，群组分析还可以对比组间的区别。例如，在第 2 个时间周期，2011-01 组的活跃用户数为何下降比 2010-12 组快。此外，除了分

CohortPeriod	1.0	2.0	3.0	4.0	5.0	6.0	7.0	8.0	9.0	10.0	11.0	12.0	13.0
Cohort													
2010-12	948.0	362.0	317.0	367.0	341.0	376.0	360.0	336.0	336.0	374.0	354.0	474.0	260.0
2011-01	421.0	101.0	119.0	102.0	138.0	126.0	110.0	108.0	131.0	146.0	155.0	63.0	NaN
2011-02	380.0	94.0	73.0	106.0	102.0	94.0	97.0	107.0	98.0	119.0	35.0	NaN	NaN
2011-03	440.0	84.0	112.0	96.0	102.0	78.0	116.0	105.0	127.0	39.0	NaN	NaN	NaN
2011-04	299.0	68.0	66.0	63.0	62.0	71.0	69.0	78.0	25.0	NaN	NaN	NaN	NaN
...	...	...	...	...	...	...	...	...	...	...	...	...	...
2011-08	167.0	42.0	42.0	42.0	23.0	NaN	NaN	NaN	NaN	NaN	NaN	NaN	NaN
2011-09	298.0	89.0	97.0	36.0	NaN	NaN	NaN	NaN	NaN	NaN	NaN	NaN	NaN
2011-10	352.0	93.0	46.0	NaN	NaN	NaN	NaN	NaN	NaN	NaN	NaN	NaN	NaN
2011-11	321.0	43.0	NaN	NaN	NaN	NaN	NaN	NaN	NaN	NaN	NaN	NaN	NaN
2011-12	41.0	NaN	NaN	NaN	NaN	NaN	NaN	NaN	NaN	NaN	NaN	NaN	NaN

13 rows × 13 columns

图 11.9 按时间周期展示数据

析活跃用户，还可以利用如下代码计算用户留存情况，结果如图 11.10 所示。

```
>>> cohort_sizes = cohort_counts.iloc[:,0]
>>> retention = cohort_counts.divide(cohort_sizes, axis = 0)
>>> retention.head()
```

CohortPeriod	1.0	2.0	3.0	4.0	5.0	6.0	7.0	8.0	9.0	10.0	11.0	12.0	13.0
Cohort													
2010-12	1.0	0.381857	0.334388	0.387131	0.359705	0.396624	0.379747	0.354430	0.354430	0.394515	0.373418	0.500000	0.274262
2011-01	1.0	0.239905	0.282660	0.242280	0.327791	0.299287	0.261283	0.256532	0.311164	0.346793	0.368171	0.149644	NaN
2011-02	1.0	0.247368	0.192105	0.278947	0.268421	0.247368	0.255263	0.281579	0.257895	0.313158	0.092105	NaN	NaN
2011-03	1.0	0.190909	0.254545	0.218182	0.231818	0.177273	0.263636	0.238636	0.288636	0.088636	NaN	NaN	NaN
2011-04	1.0	0.227425	0.220736	0.210702	0.207358	0.237458	0.230769	0.260870	0.083612	NaN	NaN	NaN	NaN

图 11.10 用户留存情况

留存率的计算是与第 1 个时间周期对比，因此需要首先获得第 1 个周期内各组的用户数，保存到 cohort_size 变量中，之后将每个周期的用户总数除以 cohort_size，就得到了留存率。为了简单起见，下面的代码将其转化为百分比，同时只取小数点后 1 位，结果如图 11.11 所示。

```
>>> retention.round(3) * 100
```

为了更好地分析每个时间周期用户留存的变化，还可以对上面的数据进行可视化。retention 数据中，用户所属群作为行，时间周期作为列，而数据可视化是想观察不同时间周期的数据变化，因此，需要对原数据进行一个行列变化，这可以通过 .T 完成，代码如下。

```
>>> retention.iloc[[0,1,2],:].T.plot(figsize = (10,8),fontsize = 15)
>>> plt.title('群组分析：用户留存',fontsize = 15)
>>> plt.xticks(np.arange(1, 12.1, 1))
>>> plt.xlim(1, 12)
```

CohortPeriod	1.0	2.0	3.0	4.0	5.0	6.0	7.0	8.0	9.0	10.0	11.0	12.0	13.0
Cohort													
2010-12	100.0	38.2	33.4	38.7	36.0	39.7	38.0	35.4	35.4	39.5	37.3	50.0	27.4
2011-01	100.0	24.0	28.3	24.2	32.8	29.9	26.1	25.7	31.1	34.7	36.8	15.0	NaN
2011-02	100.0	24.7	19.2	27.9	26.8	24.7	25.5	28.2	25.8	31.3	9.2	NaN	NaN
2011-03	100.0	19.1	25.5	21.8	23.2	17.7	26.4	23.9	28.9	8.9	NaN	NaN	NaN
2011-04	100.0	22.7	22.1	21.1	20.7	23.7	23.1	26.1	8.4	NaN	NaN	NaN	NaN
...	...	...	...	...	...	...	...	...	...	...	...	...	...
2011-08	100.0	25.1	25.1	25.1	13.8	NaN	NaN	NaN	NaN	NaN	NaN	NaN	NaN
2011-09	100.0	29.9	32.6	12.1	NaN	NaN	NaN	NaN	NaN	NaN	NaN	NaN	NaN
2011-10	100.0	26.4	13.1	NaN	NaN	NaN	NaN	NaN	NaN	NaN	NaN	NaN	NaN
2011-11	100.0	13.4	NaN	NaN	NaN	NaN	NaN	NaN	NaN	NaN	NaN	NaN	NaN
2011-12	100.0	NaN	NaN	NaN	NaN	NaN	NaN	NaN	NaN	NaN	NaN	NaN	NaN

13 rows × 13 columns

图 11.11 留存率

```
>>> plt.ylabel('群组购买',fontsize = 15)
>>> plt.xlabel('群组周期',fontsize = 15);
```

除了对趋势进行可视化,还可以绘制留存率的热图,最终得到如图 11.12 所示的留存率热图,代码如下。

```
>>> plt.figure(figsize = (10, 8))
>>> plt.title('留存率')
>>> sns.heatmap(data = retention,
        annot = True,
        fmt = '.0%',
        vmin = 0.0,
        vmax = 0.5,
        cmap = 'BuGn')
```

从热图中可以很容易地看到不同群组间在各时间周期的留存率存在差异。那么数据分析人员可能就需要考虑进一步分析留存突然增加或减少的原因,有没有办法对其进行改善。虽然群组分析经常用来进行用户留存分析,但是以类似思路还可以分析客户的购买量、生命周期价值等,下面的代码就是对用户的购买量进行分析,结果如图 11.13 所示。

```
>>> grouping = online.groupby(['Cohort', 'CohortPeriod'])
>>> cohort_data = grouping['Quantity'].mean()
>>> cohort_data = cohort_data.reset_index()
>>> average_quantity = cohort_data.pivot(index = 'Cohort',
                                        columns = 'CohortPeriod',
                                        values = 'Quantity')
>>> average_quantity.round(1)
```

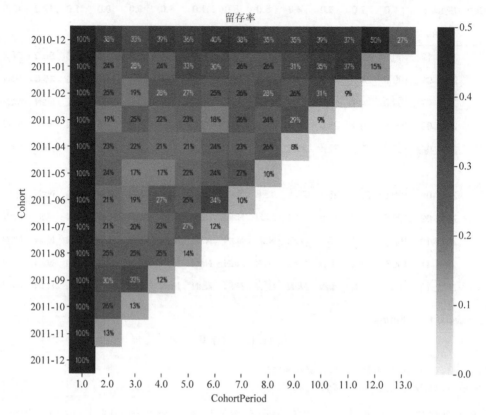

图 11.12 留存率热图

CohortPeriod	1.0	2.0	3.0	4.0	5.0	6.0	7.0	8.0	9.0	10.0	11.0	12.0	13.0
Cohort													
2010-12	11.0	14.6	15.0	14.8	12.9	14.3	15.2	14.8	16.7	16.7	17.3	12.8	14.8
2011-01	10.0	12.6	12.3	10.9	12.2	14.9	14.2	14.4	11.4	9.9	9.1	9.5	NaN
2011-02	10.8	12.1	18.6	12.0	11.1	11.4	13.3	12.4	10.3	11.9	12.6	NaN	NaN
2011-03	9.8	9.9	12.2	9.5	13.6	12.3	13.2	12.2	10.5	8.9	NaN	NaN	NaN
2011-04	9.8	10.1	9.4	11.6	11.5	8.2	9.7	9.3	7.3	NaN	NaN	NaN	NaN
...	...	...	...	...	...	...	...	...	...	...	...	...	...
2011-08	9.9	6.0	5.3	6.0	7.0	NaN	NaN	NaN	NaN	NaN	NaN	NaN	NaN
2011-09	11.9	5.5	7.6	8.8	NaN	NaN	NaN	NaN	NaN	NaN	NaN	NaN	NaN
2011-10	8.4	6.9	8.0	NaN	NaN	NaN	NaN	NaN	NaN	NaN	NaN	NaN	NaN
2011-11	8.7	9.3	NaN	NaN	NaN	NaN	NaN	NaN	NaN	NaN	NaN	NaN	NaN
2011-12	14.5	NaN	NaN	NaN	NaN	NaN	NaN	NaN	NaN	NaN	NaN	NaN	NaN

13 rows × 13 columns

图 11.13 用户购买量分析

11.2.3 思考

在待分析的数据中还包含了用户购买商品数量、单价信息,如果网站想利用群组分析对用户的生命周期价值进行分析,应该如何做呢?本章的例子是以时间维度进行群组分析,那么实际中读者可能还会遇到基于用户行为进行分组的问题,此时又该如何实现呢?群组分析只是用户分析的一种方法,有时数据分析人员还会对用户进行 RFM 建模(RFM 即为 Recency,Frequency,Monetary),这将是下一章讨论的内容。

第 12 章 利用 RFM 分析对用户进行分类
CHAPTER 12

> 顾客是上帝,顾客也可能是魔鬼,
> 但是最难对付的顾客都有一个特点:
> 他是你的顾客,他是你的推销对象。
> ——戈登《推销员成功之道》

顾客是上帝,但是他们也是最善变的,不知道什么时候就离你而去。那我们应该如何去分析顾客,了解他们呢?RFM 模型隶属于用户价值模型,有两个方向:一个是基于用户生命周期,也就是时间和用户在产品内的成长路径进行的生命周期模型的搭建;另一个就是基于用户关键行为进行搭建。其中,RFM 模型是最典型的基于用户关键行为的模型,它是衡量用户价值和用户创利能力的一个重要的工具和手段,被广泛应用在各个行业中。本章将介绍什么是 RFM 分析,如何利用 RFM 分析的结果对客户进行分类。

12.1 RFM 分析简介

12.1.1 RFM 模型概述

在用户运营领域,有一个叫做 RFM 的词,相信很多人看到过。那它到底代表什么意思呢?RFM 中的 R、F、M 分别代表了 3 个英文单词的首字母,各自的意义如下。

- R:最近一次消费(Recency),代表用户距离当前最后一次消费的时间。当然,最近一次消费的时间越短越好,对我们来说更有价值。
- F:消费频次(Frequency),用户在一段时间内,在产品内的消费频次,这里的重点是对"一段时间"的定义。
- M:消费金额(Monetary),代表用户的价值贡献。

有了 RFM 模型之后,进行客户运营时可以决定发送短信时,对哪些用户加上前缀"尊敬的 VIP 用户",对哪些用户加上前缀"好久不见"。该模型也可以帮助企业判断哪些用户有异动,是否有流失的预兆,从而增加相应的运营动作。例如,根据如图 12.1 所示的 RFM 模型将用户分为重要价值客户、重要发展客户、一般价值客户等,据此来进行有针对性的运营。

上面的模型中,客户的重要与否是根据对应的 R、F、M 的值决定的。例如,可以分别将

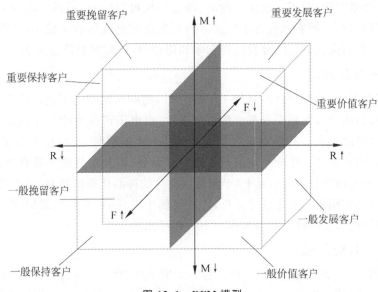

图 12.1　RFM 模型

R、F、M 简单分为高、中、低 3 个区间,然后根据客户所在区间来对客户进行细分,如表 12.1 所示。

表 12.1　利用 RFM 模型细分客户

客 户 类 别	R	F	M
重要价值客户	高	高	高
重要挽留客户	低	低	高
一般价值客户	中	低	低
一般发展客户	高	中	中
…	…	…	…

有了 RFM 模型之后,运营人员就可以基于模型的评分来更好地指导运营,因为 RFM 告诉了我们:

- 谁是最好的客户?
- 哪些客户正处于流失的边缘?
- 谁有可能转化为更有利可图的客户?
- 谁是不需要关注的无价值客户?
- 必须保留哪些客户?
- 谁是忠实客户?
- 哪些客户最有可能对当前的营销动作做出回应?

12.1.2　理解 RFM

1. R——最近一次消费

对不同的企业,R 有不同含义。对电商而言,R 指的是客户在店铺最近一次消费和当前的时间间隔,理论上 R 值越小的客户价值越高。而对社交网站、在线视频播放而言,R 可能就是最近一次登录时间、最近一次发帖时间、最近一次投资时间、最近一次观看时间。以电商为例,目前网购便利,顾客已经有了更多的购买选择和更低的购买成本,去除地域的限制因素,客户非常容易流失,因此,要提高回购率和留存率,需要时刻警惕 R 值。

2. F——消费频率

消费频率是客户在固定时间内(如 1 年、1 个月)的购买次数。不同的行业,用户购买频率有很大区别,如用户可能每个月都会购买纸尿片,而电子产品可能一年内也才消费一次。因此,消费频率取决于产品和行业。我们在构建 RFM 模型时,有时把 F 值的时间范围去掉,替换成累计购买次数。影响复购的核心因素是商品,因此对复购不适合做跨类目比较。例如食品类目和美妆类目:食品属于"半标品",产品的标品化程度越高,客户背叛的难度就越小,越难形成忠实用户;但是相对美妆,食品又属于易耗品,消耗周期短,购买频率高,相对容易产生重复购买。因此跨类目复购并不具有可比性。

3. M——消费金额

M 值是 RFM 模型中最具有价值的指标。大家熟知的"二八定律"(又名"帕累托法则")曾给出过这样的解释:公司 80%的收入来自 20%的用户。理论上 M 值和 F 值是一样的,都带有时间范围,指的是一段时间(通常是 1 年或 1 个月)内的消费金额。有的情况下,我们还会考虑客单价,对于客单价高的用户,我们考虑的是如何提高他的购物频次;而对于客单价低的客户,我们考虑是否可以想办法提高客单价。

12.2　RFM 实战

在第 11 章,我们对某电商的销售数据进行了群组分析,本节将从 RFM 模型的角度对同一数据的用户进行细分。

12.2.1　R、F、M 值的计算

所有的数据分析都是从对目标数据的了解而开始,首先读入数据,代码如下。

```
>>> import pandas as pd
>>> import numpy as np
>>> pd.set_option('display.max_columns', 20)
>>> pd.set_option('display.max_rows', 10)
>>> online = pd.read_csv("../data/Online_Retail.csv",parse_dates = ['InvoiceDate'])
>>> online.head()
```

read_csv()函数指定了参数 parse_dates=['InvoiceDate'],因此 InvoiceDate 列将解析为日期格式。通过 head()函数可以对数据集的信息大致了解。其中的 InvoiceDate、InvoiceNo、CustomerID 将是 RFM 模型构建的基础。接下来需要考察数据中是否有缺失信息,代码如下。

```
>>> online.isnull().sum()
InvoiceNo        0
StockCode        0
```

```
    Description         1454
    Quantity               0
    InvoiceDate            0
    UnitPrice              0
    CustomerID        135080
    Country                0
    dtype: int64
```

从代码输出发现 CustomerID 有 135080 行缺失，而整个数据集一共只有 541909 条。在现实数据分析中如果发现接近 1/4 的数据存在缺失，而该数据又正是需要分析的数据，就需要考虑什么原因导致数据缺失，是否有办法补齐。不过对当前的案例而言，只能采用将有数据缺失的行丢弃的方法，处理代码如下。

```
>>> mask = online['CustomerID'].isnull()
>>> online_rfm = online[~mask]
>>> online_rfm.isnull().sum()
    InvoiceNo      0
    StockCode      0
    Description    0
    Quantity       0
    InvoiceDate    0
    UnitPrice      0
    CustomerID     0
    Country        0
    dtype: int64
```

上述代码利用 mask 掩码，将 CustomerID 缺失的行过滤掉。而新构建的 online_rfm 就是需要分析的数据集。处理完缺失数据后，下一步就是计算 RFM 模型中对应的 R、F、M 值。对电商而言，R 值的计算可以通过当前日期与最近一次购买的间隔来计算获得，F 值可以通过统计客户购物 InvoiceNo 的数目获得。用 UnitPrice 来代表 M 值显然不合理，因此，需要将购物单价与购物数量相乘后得到总价，作为 M 值计算的基础。这里需要在 online_rfm 数据集中添加新的列来记录每张 InvoiceNo 对应的总价，方法如下。

```
>>> online_rfm['Total'] = online_rfm['UnitPrice'] * online_rfm['Quantity']
C:\ProgramData\Anaconda3\envs\py37\lib\site-packages\ipykernel_launcher.py:1:
SettingWithCopyWarning:
    A value is trying to be set on a copy of a slice from a DataFrame.
    Try using .loc[row_indexer,col_indexer] = value instead

    See the caveats in the documentation: http://pandas.pydata.org/pandas-docs/stable/
indexing.html#indexing-view-versus-copy
    """Entry point for launching an IPython kernel.
```

在执行这一计算的过程中，读者可能会得到 SettingWithCopyWarning 的警告，这也是令 Pandas 初学者经常感到迷惑的一个警告。这个警告实际源于 Pandas 的设计机制，因为 online_rfm 是通过布尔筛选的方式过滤 CustomerID 为缺失的行而得到，此时对它进行赋值就会产生一个警告。一种解决方法是如上面建议，使用 .loc 方式赋值，不过这会重复一次之前的数据筛选，而这里由于分析时很明确地知道当前就是要在原 DataFrame 切片备份上进行,那也可以选择忽略该警告。如果要忽略该警告,可以使用如下代码。

```
>>> import warnings
>>> warnings.simplefilter('ignore')
```

再执行前面的赋值操作就不会有警告了。添加了Total列之后,下一个需要处理的问题就是CustomerID列的数据类型了,通过.dtypes属性可以发现该列为float64类型,而实际上CustomerID的数据应该是为整型,因此需要做一次数据类型的变换,代码如下。

```
>>> online_rfm.dtypes
InvoiceNo              object
StockCode              object
Description            object
Quantity                int64
InvoiceDate    datetime64[ns]
UnitPrice             float64
CustomerID            float64
Country                object
Total                 float64
dtype: object
>>> online_rfm['CustomerID'] = online_rfm['CustomerID'].astype(int)
```

至此,所有的数据准备工作都已经完成,接下来可以开始计算R值了。前面已经提到过当前数据集是从2010年12月到2011年12月的数据。在分析时假设当前的日期为2011年12月10日,利用该日期来计算各个用户的最近购物间隔天数。采用如下代码即可完成这一操作。

```
>>> current_date = max(online_rfm.InvoiceDate) + timedelta(days = 1)
```

而客户的最近购物日期与当前日期的间隔天数可以通过先以CustomerID作为分组,找出每组中最晚的日期(InvoiceDate),计算它与当前日期的差值来获得。购物频率则通过对每组中的InvoiceNo数目计数得到,总的消费额则通过对组内Total列汇总得到。这一切通过Pandas中的分组汇聚功能即可实现,代码如下。

```
>>> df = online_rfm.groupby('CustomerID').agg({
    'InvoiceDate' : lambda x: (current_date -
x.max()).days,
    'InvoiceNo':'count',
    'Total':'sum'})
>>> df.sample(3)
```

CustomerID	InvoiceDate	InvoiceNo	Total
13255	4	14	390.66
13923	54	20	351.13
14487	27	145	1183.58

图 12.2　RFM 计算结果

结果如图12.2所示。上述代码的最后一行采用了sample()函数来对df进行采样,取其中3行进行显示。通过分组汇聚后得到的新数据集中,InvoiceDate列实际代表了当前日期与最近购物日期的间隔天数(即Recency),InvoiceNo代表了购物频次(即Frequency),Total列代表了总购物金额(即Monetary),因此有必要对上述的列名进行修正,可以采用.rename()函数实现,结果如图12.3所示。

```
>>> df.rename(columns = {'InvoiceDate':'Recency',
                         'InvoiceNo':'Frequency',
                         'Total':'Monetary'}, inplace = True)
>>> df.sample(3)
```

虽然现在已经得到了想要的 R、F、M 值,但是由于这些值分布很广,不利于进行后续的分析,因此在进一步分析前还需要对它们进行再加工。为简单起见,本例将当前的 R、F、M 划分到 4 个区间,分别用 1,2,3,4 代表,值越小表示该指标越差。Recency 列代表了最近一次购物的间隔日期,显然该值应该越小越好,采用如下代码处理。

```
>>> r = range(4,0,-1)
>>> r_quartiles = pd.cut(df['Recency'],4,labels = r)
```

利用 cut() 函数可以自动将数据划分到指定个数区间,而每个区间对应的标签依次为 4,3,2,1,这样刚好可以实现对应区间 4 的是间隔时间最短的。而对 Frequency 和 Monetary 列,显然是值越大代表越好,所以它们的标签处理刚好与 Recency 相反,直接使用 range(1,5)来对应,代码如下。

```
>>> f = range(1,5)
>>> m = range(1,5)
>>> f_quartiles = pd.qcut(df['Frequency'], 4, labels = f)
>>> m_quartiles = pd.qcut(df['Monetary'], 4, labels = m)
>>> df = df.assign(F = f_quartiles.values)
>>> df = df.assign(M = m_quartiles.values)
>>> df.sample(5)
```

运行结果如图 12.4 所示。

CustomerID	Recency	Frequency	Monetary
17420	50	30	598.83
14782	320	6	200.10
18256	355	4	-50.10

图 12.3 修正列名

CustomerID	Recency	Frequency	Monetary	R	F	M
14116	20	72	1382.74	4	3	3
12921	4	741	16389.74	4	4	4
15225	234	23	409.40	2	2	2
17739	12	48	2786.05	4	3	4
16697	241	21	112.75	2	2	1

图 12.4 获取对应的 R、F、M 值

大功告成,现在已经获得了所有客户对应的 R、F、M 值,接下来就是利用 RFM 模型对客户进行细分。

12.2.2 利用 RFM 模型对客户进行细分

RFM 模型分析的目的是将客户进行细分,进而制定有针对性的营销/运营策略。本案例中的 R、F、M 取值各有 4 种可能,那么理论上一共有 $4^3=64$ 种组合。在进一步分析前,我们先利用如下代码查看组合的分布以及得分情况,结果如图 12.5 所示。

```
>>> def concat_rfm(df):
        return str(df['R']) + str(df['F']) + str(df['M'])
```

```
>>> df['RFM_Segment'] = df.apply(concat_rfm, axis = 1)
>>> df['RFM_Score'] = df[['R','F','M']].sum(axis = 1)
>>> df.head()
```

CustomerID	Recency	Frequency	Monetary	R	F	M	RFM_Segment	RFM_Score
12346	326	2	0.00	1	1	1	111	3.0
12347	2	182	4310.00	4	4	4	444	12.0
12348	75	31	1797.24	4	2	4	424	10.0
12349	19	73	1757.55	4	3	4	434	11.0
12350	310	17	334.40	1	1	2	112	4.0

图 12.5　组合的分布以及得分情况

上述代码首先将 R、F、M 的值连接在一起构成新的 RFM_Segment 列, 而 RFM_Score 则是通过将 R、F、M 这 3 列求和得到, 后面分析中可以基于 RFM_Score 来将用户分为常见的金牌客户、银牌客户、铜牌客户。进一步分析各细分群组, 可以发现优质客户最多, 代码如下。

```
>>> df.groupby('RFM_Segment').size().sort_values(ascending = False)[:10]
    RFM_Segment
    444    760
    433    448
    422    322
    411    311
    443    201
    434    176
    111    167
    423    162
    211    155
    432    152
    dtype: int64
```

444 这个客户群代表的是最近购物时间距当前日期短, 购物频率高, 同时购物金额大的群体。通过分组统计可以发现这个群体是最大的, 同时 433、422 这两个客户群也排在了第 2 和第 3 位, 这说明网站大量客户的购物日期距当前日期都很近, 网站的客户留存做得很好。不过从输出也发现 411 群体也比较多, 那么这部分客户购物日期距当前日期近, 但是购物频率和购物金额都小, 这是否是由于是新客户导致? 因此可以筛选出 411 这个客户群的数据进行进一步分析, 由于这里没有客户的注册日期等信息, 所以就不再展开。

RFM 分析中用得最广泛的就是客户细分, 下面基于 RFM_Score 将客户分为 3 类。需要说明的是, 前面的 RFM_Score 的计算采用简单求和得到, 实际分析中经常考虑赋予不同权重给各指标, 为简单起见, 本例没有考虑这个问题, 运行下面的代码, 分类结果如图 12.6 所示。

```
>>> def segment(df):
        if df['RFM_Score'] >= 10:
            return 'Gold'
```

```
    elif (df['RFM_Score'] >= 6) and (df['RFM_Score'] <= 9):
        return 'Silver'
    else:
        return 'Bronze'
>>> df['Segment'] = df.apply(segment, axis = 1)
>>> df.groupby('Segment').agg({
    'Recency': 'mean',
    'Frequency': 'mean',
    'Monetary': ['mean', 'count']}).round(1)
```

	Recency	Frequency	Monetary	
	mean	mean	mean	count
Segment				
Bronze	260.0	12.8	190.4	698
Gold	30.3	192.1	4053.8	1744
Silver	87.1	32.6	568.5	1930

图 12.6　客户分类情况

本例中首先定义了一个 segment() 函数，将 RFM_Score 大于 10 的归类为金牌客户，得分为 6~9 的归类为银牌客户，其他客户归类为铜牌客户。之后利用 apply() 函数构建了新的 Segment 列。最后利用分组统计可以观察各组客户 Recency、Frequency、Monetary 的区别。很明显，金牌客户的平均消费金额最大，达到了 4053.8，而银牌和铜牌客户只有 568.5 和 190.4，同时金牌客户平均购物频次达到了 192.1，另两组却只有 32.6 和 12.8。通过这一数据可以看出这个公司主要由金牌客户驱动，客户运营时只需要重点关注这些客户就好。

12.2.3　思考

除了案例里面展示的分析，读者还可以对每个 RFM_Segment 的消费情况进行进一步细分。同时，前面的客户细分只是简单分为 3 类，实际分析还可以进一步细化该分类方法，以得出哪些客户消费多，但是最近没有购物；哪些客户消费频次高，但是购物金额不大。类似的问题还有很多，唯一需要强调的是数据分析需要与具体场景结合，它的目标永远是推动运营和销售的改进。所有这些问题都需要基于此而提出。

第 13 章 购物篮分析
CHAPTER 13

> 天地与我并生,万物与我为一。
>
> ——《老子》

俗话说:"商场如战场。"那是指商人之间的争斗,而这种争斗要通过商品这一道具完成。商品如同它们的主人一样,有不同的个性及命运,而货架就是商品展开"厮杀"的"战场"。有的商品一帆风顺,成功进入客户手中的购物篮,帮助自己的主人完成使命,而有的商品在门店中郁郁寡欢,始终与客户手中的购物篮无缘,最终落得一个被赶下货架,扫地出门的悲惨结局。

不同的商品决定了不同商店的命运,这点很好理解,可是不能让大家理解的是开在相同位置的商店,卖的是同样的商品,甚至销售价格也差不多,为什么别人能够活得好好的,自己的商店却每况愈下,最终落得凄凉倒闭的结局。商店倒闭的元凶很多,不了解客户手中的购物篮,从而失去客户的信赖是致命原因之一。本章将讨论零售业中应用广泛的购物篮分析(Market Basket Analysis),同时也将带领大家完成对前两章分析过的电商销售数据的购物篮分析。

13.1 购物篮分析概述

13.1.1 什么是购物篮分析

顾名思义,购物篮指的就是超级市场中供顾客购物时使用的装商品的篮子,当顾客付款时,这些购物篮内的商品被营业人员通过收款机一一登记结算并记录。所谓的购物篮分析就是通过这些购物篮所显示的信息来研究顾客的购买行为。购物篮分析的主要目的在于找出什么样的东西应该放在一起,其目标是由顾客的购买行为来了解是什么样的顾客以及这些顾客为什么买这些产品,找出相关的关联(Association)规则,企业借由这些规则的挖掘获得利益并建立竞争优势。举例来说,零售店可通过此分析改变货架上的商品排列或是设计吸引客户的商业套餐,等等。通过购物篮分析挖掘出来的信息可以指导交叉销售、追加销售、商品促销、顾客忠诚度管理、库存管理和折扣计划。购物篮分析技术可以应用在下列问题上。

- 针对信用卡购物,能够预测未来顾客可能购买什么。

- 对于电信与金融服务业,通过购物篮分析能够设计不同的服务组合以扩大利润。
- 保险业能通过购物篮分析侦测出可能不寻常的投保组合并进行预防。
- 对病人而言,在疗程的组合上,购物篮分析能作为这些疗程组合是否会导致并发症的判断依据。

13.1.2 购物篮分析在超市中的应用

购物篮分析在大型超市的运营体系中占据了非常重要的地位。购物篮分析的结果不仅为门店的商品陈列、促销提供了有力的依据,更重要的是,通过它超市可以更充分了解客户的真实需求,并帮助供应商开发新的产品。利用购物篮分析可以完成如下应用。

- 商品配置分析:哪些商品可以一起购买,关联商品如何陈列、促销。
- 客户需求分析:分析顾客的购买习惯,包括顾客购买商品的时间、地点等。
- 销售趋势分析:利用数据仓库对品种和库存的趋势进行分析,选定需要补充的商品,研究顾客购买趋势,分析季节性购买模式,确定降价商品。
- 帮助供应商改进老产品及开发新品:通过购物篮分析,根据客户的需求,开发新的产品或改进老产品及产品包装。

具体而言,超市根据商品在购物篮中出现的数量,可以分析商品包装和规格的机会点,为商品优化提供支持;而通过跟踪购物篮的变化,超市可以细分顾客消费行为及分析其对销售的影响;分析商品的销售趋势可以帮助制定有针对性的产品销售计划,提升顾客忠诚度。例如,超市通过商品一级品类的购物篮分析,发现用户经常购买的是水果和乳品,这两个品种十分契合下午茶场景,进而考虑超市周围是办公区,那么借此就可以理解超市的用户群体中,办公室白领和比较喜欢下午茶的人群比例有多少;同时通过分析发现果蔬和乳品是另一大受欢迎的组合,这两个品种十分契合居家生活场景,对这一数据的分析可以了解在超市的顾客群体中,做饭居家的用户比例有多少。有了这些数据佐证,超市一方面可以告诉运营部门在这几类品种上不断扩品和扩类,另一方面可以指导运营,在合适的时间(下午茶时间和下班买菜时间)进行合适的品类秒杀和促销。另外可以确定,如果要发放优惠券撬动销售额,那么发放什么品类优惠券合适;如果要进行促销,那么促销品中加入哪款商品能促进该促销品的销售;如果要制定下午茶活动,或者是菜市场活动,选哪些品类比较合适。

而通过对顾客在购买某一目标产品时出现在同一购物篮里的关联最紧密的商品以及相关购买金额、数量、出现概率的分析,可以为运营部门在交叉陈列、销售、商品促销或开发复合包装产品时提供依据。知名的大型连锁超市沃尔玛利用购物篮分析获得丰厚收益的故事很多,本书在这里简单介绍几个公开的案例。

第一个案例是,沃尔玛的采购人员在对一种礼品包装的婴儿护肤品进行购物篮分析时发现,该礼品的购买者基本都是一些商务卡客户,进一步了解才知道,商品都是作为礼品买来送人的,而不是原先预想的"母亲"客户买给自己的孩子。因此,该商品的购买目的才得以明确,这样的购买目的信息为商品的进一步改进提供极大的帮助。

第二个案例是,通过对购物篮分析,沃尔玛发现,很多客户在购买沐浴用品时都会同时购买沐浴露一类商品。这条信息提示,可以针对这种需求,将毛巾、沐浴球、洗澡用品与沐浴露等沐浴主题商品进行捆绑销售或进行相关沐浴用品主题陈列。

第三个案例是,美国著名饮料制造商 Welch's 有一种专门为情人节定制的果汁饮料,但是如何展示、陈列这种情人节专用饮料始终是个难题。通过购物篮分析发现,这种商品与情人节专用的糖果(如巧克力)、贺卡具有商品关联关系。因此,这种饮料在情人节前可与情人节专用季节性通道的糖果、贺卡放在一起,并成为情人节商品整体规划的一部分。

13.1.3 购物篮分析实现

介绍购物篮分析的实现原理之前,首先需要理解几个定义。

1. 项集

购物篮也称为事务数据集,它包含属于同一个项集的项集合。在一篮子商品中的一件消费品即为一项(Item),若干项的集合为项集(Items),如{婴儿奶粉,尿片}构成一个二元项集。

2. 关联规则

X 为先决条件,Y 为相应的关联结果,用于表示数据内隐含的关联性,如关联规则:尿片→婴儿奶粉[支持度=3%,置信度=80%]。

3. 支持度

支持度(Support)是指在所有项集中,{X,Y}出现的可能性,即项集中同时含有 X 和 Y 的概率。假设全部交易中同时购买了婴儿奶粉和尿片的概率是 3/100=0.03,那么{尿片→婴儿奶粉}的支持度为 3%。支持度指标作为建立强关联规则的第一个门槛,衡量了所考察关联规则在"量"上的多少。

4. 置信度

置信度(Confidence)表示在先决条件 X 发生的条件下,关联结果 Y 发生的概率:

$$Confidence(X \to Y) = Support(X,Y) / Support(X)$$

如果在 1000 条交易记录中,100 个购买了尿片的顾客中有 80 个又购买了婴儿奶粉,即{尿片→婴儿奶粉}的置信度为(80/1000)/(100/1000)=0.8。这是生成强关联规则的第二个门槛,衡量了所考察的关联规则在"质"上的可靠性。

5. 提升度

提升度(Lift)表示"使用 X 的用户中同时使用 Y 的比例"与"使用 Y 的用户比例"的比值:

$$Lift(X \to Y) = (Support(X,Y)/Support(X))/Support(Y)$$
$$= Confidence(X \to Y)/Support(Y)$$

交易记录中,有 100 个顾客买了尿片,有 200 个顾客买了婴儿奶粉,有 80 个顾客同时购买了尿片和婴儿奶粉,那么{尿片→奶粉}的提升度为((80/1000)/(100/10 000))/(200/1000)=0.8/0.2=4。该指标与置信度同样用于衡量规则的可靠性,可以看作是置信度的一种互补指标。

6. 出错率

出错率(Conviction)的意义在于度量规则预测错误的概率,表示 X 出现而 Y 不出现的概率:

$$Conviction(X \to Y) = (1 - Support(Y)) / (1 - Confidence(X \to Y))$$

那么{尿片→婴儿奶粉}的出错率为$(1-200/1000)/(1-0.8)=0.8/0.2=4$。

以上各指标中，支持度是一种重要的度量，因为支持度很低的规则可能只是偶然出现，低支持度的规则多半也是无意义的。因此，支持度通常用来删去那些无意义的规则。置信度度量的是通过规则进行推理的可靠性。对于给定的规则 X→Y，置信度越高，Y 在包含 X 的事物中出现的可能性就越大，即 Y 在给定 X 下的条件概率越大。提升度反映了关联规则中 A 与 B 的相关性。如果提升度等于1，说明 A 和 B 没有任何关联；如果小于1，说明 A 和 B 是排斥的；只有大于1，才认为 A 和 B 是有关联的，但是在具体的应用之中，通常认为提升度大于 3 才算作值得认可的关联。一个大的提升度值是一个重要的指标，它表明一个规则是很重要的，并反映了商品之间的真实联系。选择哪个指标作为衡量指标，取决于数据分析的目标。如果数据分析是为了提高销量，那么选择考虑将支持度与置信度结合使用；如果数据分析目标是用于随机推荐，则考虑提升度会更有价值。

理解了上述指标后，基于前面的定义可以很方便地生成关联规则。规则生成可以简单地分为两步。

(1) 找频繁项集：在 Apriori 算法中，一个频繁项集的所有子集必须也是频繁的，即如果{婴儿奶粉,尿片}是频繁集，那么{婴儿奶粉}和{尿片}也得是频繁集，也就是说想要进入后续的规则整理，该商品被采购频率必须大于或等于一个阈值（即 Apriori 函数里的 support 参数）。n 个项，可以产生 2^{n-1} 个项集，指定最小支持度就可以过滤掉非频繁项集，这样既能减轻计算负荷，又能提高预测质量。

(2) 找出频繁项集的规则：n 个项总共可以产生 $3^n-2^{n+1}+1$ 条规则，指定最小置信度过滤掉弱规则。经过上一步的过滤，剩余的项集已能满足最低支持度。计算各项之间的置信度作为候选规则，将这些候选规则与最小置信度阈值相比较，不能满足最小置信度的规则将被消除。

13.2 购物篮分析案例

13.2.1 Mlxtend 库中 Apriori 算法使用介绍

购物篮分析最关键的就是构建频繁项集，之后根据它来构建规则。开源的 Mlxtend 库已经提供了相应的算法实现，首先导入相应的库，代码如下。

```
>>> from mlxtend.preprocessing import TransactionEncoder
>>> from mlxtend.frequent_patterns import apriori
>>> from mlxtend.frequent_patterns import association_rules
```

以上 3 行代码分别提供了交易记录编码转换、Apriori 算法、关联规则的实现函数。对于如下的交易记录，首先需要对其进行编码转换，如图 13.1 所示。

```
>>> dataset = [['Milk', 'Onion', 'Nutmeg', 'Kidney Beans', 'Eggs', \
        'Yogurt'], ['Dill', 'Onion', 'Nutmeg', 'Kidney Beans', \
        'Eggs', 'Yogurt'], ['Milk', 'Apple', 'Kidney Beans', \
        'Eggs'], ['Milk', 'Unicorn', 'Corn', 'Kidney Beans', \
        'Yogurt'], ['Corn', 'Onion', 'Onion', 'Kidney Beans', \
```

```
            'Ice cream', 'Eggs']]
>>> te = TransactionEncoder()
>>> te_ary = te.fit(dataset).transform(dataset)
>>> df = pd.DataFrame(te_ary, columns = te.columns_)
>>> df
```

	Apple	Corn	Dill	Eggs	Ice cream	Kidney Beans	Milk	Nutmeg	Onion	Unicorn	Yogurt
0	False	False	False	True	False	True	True	True	True	False	True
1	False	False	True	True	False	True	False	True	True	False	True
2	True	False	False	True	False	True	True	False	False	False	False
3	False	True	False	False	False	True	True	False	False	True	True
4	False	True	False	True	True	True	False	False	True	False	False

图 13.1 交易记录编码转换

TransactionEncoder()函数首先生成了一个编码转换对象,之后将其转换为 Apriori 算法需要的格式。交易记录按规定格式编码后,就可以利用 apriori()函数计算频繁项集了,代码如下。

```
>>> apriori(df, min_support = 0.6)
    support   itemsets
0   0.8       (3)
1   1.0       (5)
... ...       ...
9   0.6       (10, 5)
10  0.6       (8, 3, 5)
11 rows × 2 columns
```

默认情况下,apriori()函数会返回项的列索引,如果想查看具体项的名称,那么可以指定 use_colnames=True 参数,代码如下。

```
apriori(df, min_support = 0.6, use_colnames = True)
    support   itemsets
0   0.8       (Eggs)
1   1.0       (Kidney Beans)
... ...       ...
9   0.6       (Yogurt, Kidney Beans)
10  0.6       (Eggs, Onion, Kidney Beans)
11 rows × 2 columns
```

这里输出的结果和前面一段代码其实是一样的,只是这里给出了每项的具体名称。获得了频繁项集后,通常分析人员会根据支持度来选择与过滤,代码如下。

```
>>> frequent_itemsets = apriori(df, min_support = 0.6, use_colnames = True)
>>> frequent_itemsets['length'] = frequent_itemsets['itemsets'].\
        apply(lambda x: len(x))
>>> frequent_itemsets
    support   itemsets                      length
0   0.8       (Eggs)                        1
```

```
 1   1.0        (Kidney Beans)              1
...  ...         ...                       ...
 9   0.6        (Yogurt, Kidney Beans)      2
10   0.6        (Eggs, Onion, Kidney Beans) 3
11 rows × 3 columns
```

可以通过如下代码来选择频繁项集中频繁项长度大于或等于 2、支持度大于或等于 0.8 的频繁项集。

```
>>> frequent_itemsets[ (frequent_itemsets['length'] == 2) &\
                       (frequent_itemsets['support'] >= 0.8) ]
    support     itemsets              length
5   0.8         (Kidney Beans, Eggs)  2
```

13.2.2　在线销售数据购物篮分析

本节将利用 Mlxtend 库提供的功能来对之前分析过的英国某电商网站的销售数据进行购物篮分析，该数据来自 UCI 机器学习数据集网站。首先导入数据，如图 13.2 所示。

```
>>> online = pd.read_csv('../data/Online_Retail.csv',\
                parse_dates = ['InvoiceDate'])
>>> online.head()
```

	InvoiceNo	StockCode	Description	Quantity	InvoiceDate	UnitPrice	CustomerID	Country
0	536365	85123A	WHITE HANGING HEART T-LIGHT HOLDER	6	2010-12-01 08:26:00	2.55	17850.0	United Kingdom
1	536365	71053	WHITE METAL LANTERN	6	2010-12-01 08:26:00	3.39	17850.0	United Kingdom
2	536365	84406B	CREAM CUPID HEARTS COAT HANGER	8	2010-12-01 08:26:00	2.75	17850.0	United Kingdom
3	536365	84029G	KNITTED UNION FLAG HOT WATER BOTTLE	6	2010-12-01 08:26:00	3.39	17850.0	United Kingdom
4	536365	84029E	RED WOOLLY HOTTIE WHITE HEART.	6	2010-12-01 08:26:00	3.39	17850.0	United Kingdom

图 13.2　导入销售数据

数据集中一共有 541909 条交易记录，其中 Description 列提供了用户购物的描述，该列即是要分析的项。通常在进行购物篮分析前会对交易中经常出现的购物项进行一个简单的探索性分析。例如，图 13.3 展示了交易中出现最频繁的购物项，利用如下代码即可生成该图。

```
>>> online['des'] = online['Description'].str[:15]
>>> plt.figure(figsize = (8,4),dpi = 120)
>>> color = plt.cm.inferno(np.linspace(0,1,20))
>>> online['des'].value_counts().head(20).plot.bar(color = color)
>>> plt.title('前 20 最频繁购买项')
>>> plt.ylabel('计数')
>>> plt.xlabel('购物项')
>>> plt.show()
```

也可以利用 Squarify 库提供的矩阵树图对其进行可视化，得到图 13.4。

从上面的探索性分析得知 ALARM CLOCK BAK、PLASTERS IN TIN 等是顾客购买频率最高的商品，显然欧洲人购买礼物的习惯和国内还是有很大区别的。现在对数据有了一定了解，接下来就需要生成交易记录，因此首先要对 Description 列进行处理，去掉空格，

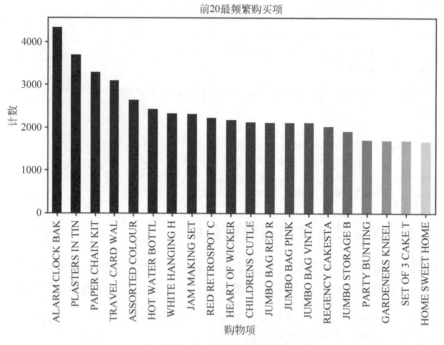

图 13.3　频繁购买项

图 13.4　矩阵树图

去掉 Description 列为空的行，代码如下。

```
>>> online['Description'] = online['Description'].str.strip()
>>> online.dropna(axis = 0, subset = ['Description'], inplace = True)
```

此外，InvoiceNo 列中带有"C"字符的都是取消了的购物记录，因此需要将这一部分记录去掉，代码如下。

```
>>> online['InvoiceNo'] = online['InvoiceNo'].astype('str')
>>> online = online[~online['InvoiceNo'].str.contains('C')]
```

完成了上述准备工作后，需要利用 Description 以及 InvoiceNo 列来生成交易记录，即一条交易的 InvoiceNo 对应到多个 Description 列。此时可以采用按此两列分组后再 unstack() 的方法达到这一效果，代码如下。

```
>>> basket = (online.groupby(['InvoiceNo', 'Description'])\
        ['Quantity'].sum().unstack().reset_index().fillna(0)\
        .set_index('InvoiceNo'))
>>> basket
```

运行结果如图 13.5 所示。

Description	4 PURPLE FLOCK DINNER CANDLES	50'S CHRISTMAS GIFT BAG LARGE	DOLLY GIRL BEAKER	I LOVE LONDON MINI BACKPACK	I LOVE LONDON MINI RUCKSACK	...	wrongly marked carton 22804	wrongly marked. 23343 in box	wrongly sold (22719) barcode	wrongly sold as sets	wrongly sold sets
InvoiceNo											
536365	0.0	0.0	0.0	0.0	0.0	...	0.0	0.0	0.0	0.0	0.0
536366	0.0	0.0	0.0	0.0	0.0	...	0.0	0.0	0.0	0.0	0.0
...	...	...	...	...	...	...	...	...	...	...	...
C581568	0.0	0.0	0.0	0.0	0.0	...	0.0	0.0	0.0	0.0	0.0
C581569	0.0	0.0	0.0	0.0	0.0	...	0.0	0.0	0.0	0.0	0.0

24446 rows × 4223 columns

图 13.5 生成交易记录

理论上，有了上述交易记录后就可以准备生成频繁项集了，不过由于 Apriori 算法要求交易记录中记录的内容是有没有购买，而这里记录的是数量，因此需要将其进行转换。此外，如果读者阅读 UCI 网站上的数据说明，可以发现其中一项购物项 POSTAGE 实际是邮费，所以需要将其去除。具体代码如下。

```
>>> def encode_units(x):
        if x <= 0:
            return 0
        if x >= 1:
            return 1
>>> basket_sets = basket.applymap(encode_units)
>>> basket_sets.drop('POSTAGE', inplace=True, axis=1)
```

现在得到了最终的交易记录，接下来就可以利用它生成频繁项集了。因为分析中感兴趣的频繁项集至少要有两项才具有意义，因此需要用下面的代码过滤掉这些只有 1 项的频繁项集，结果如图 13.6 和图 13.7 所示。

```
>>> frequent_itemsets = apriori(basket_sets, min_support = 0.02, \
        use_colnames = True)
>>> frequent_itemsets['length'] = frequent_itemsets['itemsets'].\
        apply(lambda x: len(x))
>>> frequent_itemsets
>>> frequent_itemsets[frequent_itemsets['length'] >= 2].head(20)
```

如果想查看支持度大于或等于 0.03、项集长度大于 1 的频繁项集，则可以运行如下代码，结果如图 13.8 所示。

	support	itemsets	length
0	0.039066	(6 RIBBONS RUSTIC CHARM)	1
1	0.025280	(60 CAKE CASES VINTAGE CHRISTMAS)	1
...	...	...	...
228	0.022049	(WOODEN FRAME ANTIQUE WHITE , WOODEN PICTURE F...	2
229	0.022171	(PINK REGENCY TEACUP AND SAUCER, GREEN REGENCY...	3

230 rows × 3 columns

图 13.6 生成频繁项集

	support	itemsets	length
192	0.026180	(ALARM CLOCK BAKELIKE GREEN, ALARM CLOCK BAKEL...	2
193	0.021353	(CHARLOTTE BAG PINK POLKADOT, RED RETROSPOT CH...	2
...	...	...	...
228	0.022049	(WOODEN FRAME ANTIQUE WHITE , WOODEN PICTURE F...	2
229	0.022171	(PINK REGENCY TEACUP AND SAUCER, GREEN REGENCY...	3

38 rows × 3 columns

图 13.7 过滤频繁项集

```
>>> frequent_itemsets[ (frequent_itemsets['length'] == 2) &\
            (frequent_itemsets['support'] >= 0.03) ]
```

	support	itemsets	length
199	0.031416	(GREEN REGENCY TEACUP AND SAUCER, ROSES REGENC...	2
203	0.033748	(JUMBO BAG RED RETROSPOT, JUMBO BAG PINK POLKA...	2

图 13.8 支持度大于或等于 0.03、项集长度大于 1 的频繁项集

从输出结果看,这里有两条频繁项集满足这一规则。如果分析目标为进行随机推荐,那么可以考虑运行如下代码查看提升度,结果如图 13.9 所示。

```
>>> rules = association_rules(frequent_itemsets, metric = "lift", \
            min_threshold = 3)
>>> rules
```

	antecedents	consequents	antecedent support	consequent support	support	confidence	lift	leverage	conviction
0	(ALARM CLOCK BAKELIKE GREEN)	(ALARM CLOCK BAKELIKE RED)	0.040088	0.042993	0.026180	0.653061	15.190043	0.024457	2.758433
1	(ALARM CLOCK BAKELIKE RED)	(ALARM CLOCK BAKELIKE GREEN)	0.042993	0.040088	0.026180	0.608944	15.190043	0.024457	2.454665
...	...	...	...	...	...	...	...	...	...
78	(GREEN REGENCY TEACUP AND SAUCER)	(PINK REGENCY TEACUP AND SAUCER, ROSES REGENCY...	0.041520	0.024503	0.022171	0.533990	21.792860	0.021154	2.093297
79	(ROSES REGENCY TEACUP AND SAUCER)	(PINK REGENCY TEACUP AND SAUCER, GREEN REGENCY...	0.043606	0.025894	0.022171	0.508443	19.635691	0.021042	1.981674

80 rows × 9 columns

图 13.9 查看提升度

输出结果显示一共有 80 条规则满足要求,此时就需要和业务专家一起来研究哪些规则可以应用于网站,例如第一条规则实际是两种不同颜色的闹钟,数据分析人员可能无法理解为什么二者会经常同时出现。当然如果 80 条规则太多,还可以进一步过滤,比如添加置信度指标进行过滤,代码如下。

```
>>> rules[(rules['lift'] >= 6)&(rules['confidence'] >= 0.8)]
>>> rules
```

如图 13.10 所示,添加了置信度指标过滤后,最后的规则就只有 3 条。

	antecedents	consequents	antecedent support	consequent support	support	confidence	lift	leverage	conviction
10	(PINK REGENCY TEACUP AND SAUCER)	(GREEN REGENCY TEACUP AND SAUCER)	0.031334	0.041520	0.025894	0.826371	19.902916	0.024593	5.520268
74	(PINK REGENCY TEACUP AND SAUCER, GREEN REGENCY...)	(ROSES REGENCY TEACUP AND SAUCER)	0.025894	0.043606	0.022171	0.856240	19.635691	0.021042	6.652717
75	(PINK REGENCY TEACUP AND SAUCER, ROSES REGENCY...)	(GREEN REGENCY TEACUP AND SAUCER)	0.024503	0.041520	0.022171	0.904841	21.792860	0.021154	10.072447

图 13.10　添加置信度进行过滤

13.3　留给读者的思考

虽然购物篮分析属于数据分析师的工作,但是通过前面的案例分析可以发现,理解业务对数据分析是至关重要的。数据分析永远服务于业务目标,因此懂一些业务知识将对数据分析师的工作大有帮助。

第 14 章 概率分布

CHAPTER 14

> 在终极的分析中,一切知识都是历史;
> 在抽象的意义下,一切科学都是数学;
> 在理性的世界里,所有的判断都是统计学。
>
> ——C. R. Rao

数据分析中使用的许多统计工具和技术都基于概率。所谓概率就是事件发生的可能性,其取值范围为从 0(事件从未发生)到 1(事件总是发生)。而分析数据时,通常会将数据集中的变量作为随机变量,即变量的值无法预先确定,仅以一定的可能性(概率)取值的量。概率分布则描述了随机变量是如何分布的,它告诉我们随机变量最有可能的值和不太可能的值。而在统计学中,存在一系列具有不同形状的精确定义的概率分布,数据分析时经常用它们来模拟不同类型的随机事件。本章将讨论一些常见问题的概率分布以及如何在 Python 中使用它们。

14.1 随机数

在讨论概率分布之前,首先来看看 Python 中的随机数,因为它是后续研究概率分布的基础。自从计算机发明后,便产生了一种全新的解决问题的方式:使用计算机对现实世界进行统计模拟。使用统计模拟,首先要产生随机数,在 Python 中,numpy.random 模块提供了丰富的随机数生成函数。例如,可以用如下代码生成 0 到 1 之间的任意随机数。

```
>>> np.random.random(size = 5)
array([0.96617957, 0.2342853, 0.84400828, 0.83488971, 0.84322257])
```

如下代码可以生成一定范围内的随机整数。

```
>>> np.random.randint(1, 10, size = 5)
array([9, 5, 4, 4, 9])
```

不过需要注意的是,计算机生成的随机数其实是伪随机数,是由一定的方法计算出来的。因此,可以按下面方法指定随机数生成的种子,这样的好处是以后重复计算时,能保证得到相同的模拟结果。例如,如下代码中 seed=1 的时候,两次得到的随机数都是相同的。

```
>>> np.random.seed(1)
```

```
>>> print('seed = 1 :',np.random.randint(1, 10, size = 5))
>>> np.random.seed(2)
>>> print('seed = 2 :',np.random.randint(1, 10, size = 5))
>>> np.random.seed(1)
>>> print('seed = 1 :',np.random.randint(1, 10, size = 5))
seed = 1 : [6 9 6 1 1]
seed = 2 : [9 9 7 3 9]
seed = 1 : [6 9 6 1 1]
```

在 NumPy 中，不仅可以生成上述简单的随机数，还可以按照一定的统计分布生成相应的随机数。例如，np.random.binomial()、np.random.poisson()、np.random.exponential() 和 np.random.normal() 分别对应二项分布、泊松分布、指数分布和正态分布的随机数生成函数。如下代码则随机生成了一个符合均匀分布的随机数。

```
>>> np.random.uniform(0,10)
6.531200998466402
```

除了按照以上各种方式生成随机数，还可以从指定序列中随机抽取数据。例如，如下代码实现从列表[2,4,6,9]中随机抽取一个数。

```
>>> random.choice([2,4,6,9])
9
```

14.2 常见的概率分布

14.2.1 均匀分布

在概率论和统计学中，均匀分布又称矩形分布，它是对称概率分布，在相同长度间隔的分布概率是等可能的。均匀分布由两个参数 a 和 b 定义，它们是数轴上的最小值和最大值，通常缩写为 $U(a,b)$。

如下代码即可模拟 100000 个符合区间[0,10]均匀分布的值。

```
>>> uniform_data = stats.uniform.rvs(size = 100000,\
                                 loc = 0, scale = 10)
```

利用如下代码，则可以得到其概率密度，如图 14.1 所示。

```
>>> pd.DataFrame(uniform_data).plot(kind = "density",
                                figsize = (6,3),
                                xlim = (-1,11),
                                fontsize = 14,
                                legend = None);
```

上述代码在区间[0,10]内生成了 100000 个符合均匀分布的数据点。从概率密度图也可以发现，对均匀分布而言，概率密度基本上是水平的，这意味着任何给定值具有相同的发生概率。而概率密度曲线下的面积总和始终等于 1。

SciPy 中常用的概率函数有 4 类，分别以 stats.distribution.rvs()、stats.distribution.cdf()、stats.distribution.ppf()、stats.distribution.pdf() 形式存在。其中，stats.distribution.rvs() 代表

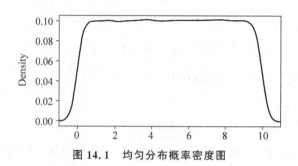

图 14.1 均匀分布概率密度图

根据指定的分布生成随机数。distribution 指明分布类型,如均匀分布用 uniform。stats.distribution.rvs()中的参数则取决于分布类型,对均匀分布而言,需要指定起点、终点以及生成多少个随机数。而 stats.distribution.cdf()代表累积概率分布函数,用于确定从某个分布中抽取某观察值小于指定值的概率。几何意义上,stats.distribution.cdf()就是 X 轴上某个值左侧的分布密度曲线面积。在上面的均匀分布中,观察到的值为 0~2.5 的概率为 25%,也就是有 75% 的可能性将落在 2.5~10 的范围内,可以用 stats.distribution.cdf()函数计算如下。

```
>>> stats.uniform.cdf(x = 2.5, loc = 0, scale = 10)
0.25
```

stats.distribution.ppf()的作用与 stats.distribution.cdf()函数恰好相反,是根据概率求变量(也称为分位点函数)。例如,著名的庞加莱面包案中,想知道 90% 的情况下买到的面包会小于多少克,就可以用这个方法。针对当前的均匀分布,运行如下代码将得到输出 4.0。

```
>>> stats.uniform.ppf(q = 0.4, loc = 0, scale = 10)
4.0
```

最后,stats.distribution.pdf()为概率密度函数,它计算给定 x 值的概率密度(分布的高度)。由于均匀分布是平坦的,因此该范围内的所有 x 值将具有相同的概率密度,超出范围的 x 值的概率密度为 0,示例代码如下。

```
>>> for x in range( - 1,12,3):
        print("{}处概率密度: ".format(x),\
            stats.uniform.pdf(x, loc = 0, scale = 10))
 -1 处概率密度: 0.0
  2 处概率密度: 0.1
  5 处概率密度: 0.1
  8 处概率密度: 0.1
 11 处概率密度: 0.0
```

14.2.2 正态分布

正态分布(Normal Distribution)也称"常态分布",又名高斯分布(Gaussian Distribution),最早由棣莫弗在求二项分布的渐近公式中得到。正态分布曲线像一只倒扣的钟,两头低,中间高,左右对称。大部分数据集中在平均值,小部分在两端。正态分布是自然界最常见的分布,不管是人的身高、手臂长度、肺活量,还是我们的考试成绩,都符合正态分布。神奇数字黄金分割比例同样适用于正态分布。正态分布的期望值 μ 决定了其位置,标准差 σ 决定了分布的幅度。图 14.2 表示的正态分布曲线中,正负 1 个标准差的范围内包含了 68% 的数据。

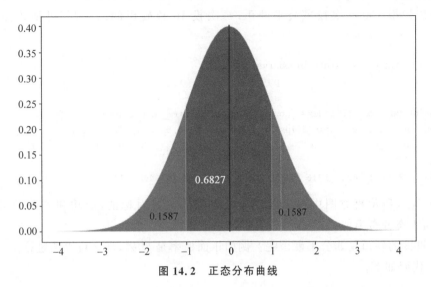

图 14.2 正态分布曲线

要完成这一计算,可以利用 stats.distribution.cdf() 函数计算累积概率分布。计算与绘图代码分别如下。

```
# 正负 1 个标准差的累积概率分布
>>> prob_under_minus1 = stats.norm.cdf(x = -1, loc = 0, scale = 1)
>>> prob_over_1 = 1 - stats.norm.cdf(x = 1, loc = 0, scale = 1)
>>> between_prob = 1 - (prob_under_minus1 + prob_over_1)
>>> print(prob_under_minus1, prob_over_1, between_prob)
0.15865525393145707 0.15865525393145707 0.6826894921370859
# 绘图
>>> plt.figure(figsize = (10,6))
>>> plt.fill_between(x = np.arange(-4, -1, 0.01),\
        y1 = stats.norm.pdf(np.arange(-4, -1, 0.01)) ,\
        facecolor = 'red', alpha = 0.35)
>>> plt.fill_between(x = np.arange(1, 4, 0.01),\
        y1 = stats.norm.pdf(np.arange(1, 4, 0.01)) ,\
        facecolor = 'red', alpha = 0.35)
>>> plt.fill_between(x = np.arange(-1, 1, 0.01),\
        y1 = stats.norm.pdf(np.arange(-1, 1, 0.01)) ,\
        facecolor = 'blue', alpha = 0.35)
>>> plt.plot((0,0),(0,0.4))
>>> plt.text(x = -1.8, y = 0.03, s = round(prob_under_minus1,4))
>>> plt.text(x = -0.5, y = 0.1, s = round(between_prob,4))
>>> plt.text(x = 1.4, y = 0.03, s = round(prob_over_1,4));
```

14.2.3 二项分布

二项分布是由伯努利提出的概念。重复 n 次独立的伯努利试验,在每次试验中只有两种可能的结果,而且两种结果发生与否互相对立,并且相互独立,与其他各次试验结果无关,事件发生与否的概率在每一次独立试验中都保持不变,则这一系列试验总称为 n 重伯努利试验。当试验次数为 1 时,二项分布服从 0-1 分布。二项分布是一个离散分布,所以使用概率质量函数(Probability Mass Function,PMF)来表示 k 次成功的概率。以投硬币为例,如下代码可以模拟 10000 次投掷公平硬币,每次投 10 枚硬币的结果,其可视化如图 14.3 所示。

```
>>> fair_coin_flips = stats.binom.rvs(n = 10, \
                                     p = 0.5, \
                                     size = 10000)
>>> print(pd.crosstab(index = "counts", columns = fair_coin_flips))
>>> pd.DataFrame(fair_coin_flips).hist(range = ( - 0.5,10.5), bins = 11);
col_0    0    1    2     3     4     5     6     7    8   9   10
row_0
counts  12  102  428  1216  2030  2435  2115  1225  448  79  10
```

从图 14.3 所示直方图中可以发现该分布基本上是对称的,成功和失败的可能各占 50%,这与正态分布类似。

如果投掷的硬币是非公平硬币呢?例如正面概率是 80%,那么可以通过指定参数 $p = 0.8$ 模拟,代码如下。

```
>>> biased_coin_flips = stats.binom.rvs(n = 10, \
                                       p = 0.8, \
                                       size = 10000)
>>> print(pd.crosstab(index = "counts", columns = biased_coin_flips))
>>> pd.DataFrame(biased_coin_flips).hist(range = ( - 0.5,10.5), bins = 11);
col_0   3   4    5    6     7     8     9    10
row_0
counts  9  50  276  893  1972  3078  2662  1060
```

可视化结果如图 14.4 所示。

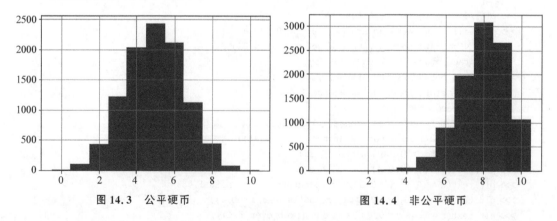

图 14.3 公平硬币　　　　　　　图 14.4 非公平硬币

如果想知道试验中正面有 5 个或更少的概率是多少,又应该如何计算呢?此时可以用累积概率分布函数 stats.distribution.cdf()计算,代码如下。

```
>>> stats.binom.cdf(k = 5, n = 10, p = 0.8)
```

0.032793497599999964

其中，$k=5$ 代表成功 5 次或以下，$n=10$ 代表投掷 10 次。同理，如果想知道正面大于或等于 9 次的概率是多少，只需要用 1 减去正面小于或等于 8 次的累积概率分布就可以，代码如下。

```
>>> 1 - stats.binom.cdf(k = 8, n = 10, p = 0.8)
0.37580963840000003
```

对于连续概率分布，使用密度函数 stats.distribution.pdf() 来检查指定值的概率密度，而对离散分布则使用 stats.distribution.pmf() 概率质量函数。例如，想获得成功 5 次的概率则使用如下代码。

```
>>> stats.binom.pmf(k = 5, n = 10, p = 0.5)
0.24609375000000025
```

这与前面模拟 10000 次投掷硬币的结果十分接近，其中 5 次正面朝上刚好 2435 次，概率密度为 $2435/10000=0.2435$。

14.2.4 泊松分布

泊松分布用于描述单位时间内随机事件发生次数的概率分布，它也是离散分布。例如等公交车，假设这些公交车的到来是独立且随机的（当然这不是现实），前后车之间没有关系，那么在 1 小时中到来的公交车数量就符合泊松分布。日常生活中大量事件是有固定频率的，如某医院平均每小时出生 10 个婴儿，某客服中心每分钟接到 10 个电话，某网站平均每分钟有 10000 次访问。它们的特点是可以预估这些事件的总数，但是没法知道具体的发生时间。下面来模拟一个每时间单元发生一次的泊松分布，代码如下。其可视化如图 14.5 所示。

```
>>> np.random.seed(12)
>>> arrival_rate_1 = stats.poisson.rvs(size = 10000, mu = 1)
>>> print(pd.crosstab(index = "counts", columns = arrival_rate_1))
>>> pd.DataFrame(arrival_rate_1).hist(range = ( - 0.5, \
    max(arrival_rate_1) + 0.5), \
    bins = max(arrival_rate_1) + 1, figsize = (10, 6));
```

从图 14.5 可以看出，当事件发生频率（mu）低的时候很少出现事件同时发生的情况，此时分布显著左偏。

不过如果提高事件发生频率，如将 mu 提高到 10，此时分布就变得更加对称，如图 14.6 所示。

```
>>> np.random.seed(12)
>>> arrival_rate_1 = stats.poisson.rvs(size = 10000, mu = 10)
>>> print(pd.crosstab(index = "counts", columns = arrival_rate_1))
>>> pd.DataFrame(arrival_rate_1).hist(range = ( - 0.5, \
    max(arrival_rate_1) + 0.5), \
    bins = max(arrival_rate_1) + 1, figsize = (10, 6));
```

接下来再看一个生活中的例子，假设某家销售零食的网店平均每周卖出 30 件坚果零

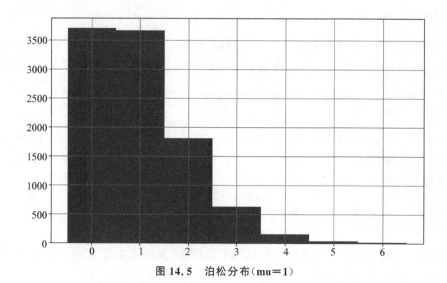

图 14.5 泊松分布(mu=1)

食,请问该网店的最佳库存量应该是多少? 对于此问题,假定不存在季节以及促销因素, 那么可以近似认为,该问题满足以下 3 个条 件:顾客购买坚果是小概率事件;购买坚果 的顾客之间是独立的,即不会互相依赖或影 响;顾客购买坚果的概率是稳定的。在统计 学上,如果某类事件满足上述 3 个条件,就称 它服从泊松分布。因此,可以用泊松分布的 累积概率分布进行计算,代码如下。

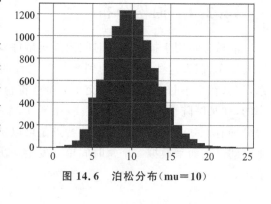

图 14.6 泊松分布(mu=10)

```
>>> rv = stats.poisson(30)
>>>[(i, rv.cdf(i)) for i in range(35,45)]
[(35, 0.8426165255696685),
 (36, 0.8803733589751277),
 (37, 0.9109870076822568),
 (38, 0.9351556777714201),
 (39, 0.9537469623541579),
 (40, 0.9676904258341258),
 (41, 0.9778929600877606),
 (42, 0.9851804845546427),
 (43, 0.9902648039501418),
 (44, 0.993731385356164)]
```

从输出可以看出只要存货为 39,那么网店有 95% 的概率不会缺货,如果商家想降低库 存,那么就需要承担更大的缺货概率。

14.2.5 几何分布与指数分布

几何分布(Geometric Distribution)是离散型概率分布,其中一种定义为:在 n 次伯努 利试验中,试验 k 次才得到第一次成功的概率。具体而言就是前 $k-1$ 次皆失败,第 k 次成功的概率。下面利用几何分布来模拟一下投掷公平硬币,要多少次试验才能出现正面朝上,运行如下代码,将得到如图14.7所示的结果。

```
>>> np.random.seed(12)
>>> flips_till_heads = stats.geom.rvs(size = 10000, p = 0.5)
>>> print(pd.crosstab(index = "counts", columns = flips_till_heads))
>>> pd.DataFrame(flips_till_heads).hist(range = ( - 0.5,\
        max(flips_till_heads) + 0.5), bins = max(flips_till_heads) + 1);
col_0     1     2     3    4    5    6   7   8   9  10  11  12  15
row_0
counts  5052  2485  1212  629  329  141  69  38  14  16  10   4   1
```

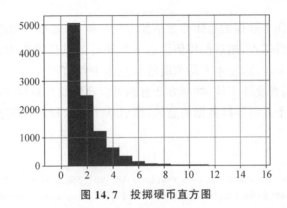

图 14.7　投掷硬币直方图

图 14.7 的结果与预期非常一致,大多数情况下只需要投 1 次或 2 次就可以成功,要投 5 次以上才出现正面朝上的概率极低。模拟的 10000 次试验中,最多是 15 次才成功。下面用 stats.distribution.cdf() 函数来检查一下至少 5 次才成功的概率,代码如下。

```
>>> first_five = stats.geom.cdf(k = 5, p = 0.5) # 在前 5 次就成功的概率
>>> 1 - first_five
0.03125
```

很显然,0.03125 这个概率很低,这也与前面的模拟试验一致。如果想知道刚好 2 次成功的概率,此时则可以用 stats.distribution.pmf() 函数计算,代码如下。

```
>>> stats.geom.pmf(k = 2, p = 0.5)
0.25
```

下面再来看一下指数分布,在概率理论和统计学中,指数分布(也称为负指数分布)是描述泊松过程中的事件之间的时间的概率分布,即事件以恒定平均速率连续且独立地发生的过程。它是几何分布的连续模拟,具有无记忆的关键性质。除了用于分析泊松过程外,还可以在其他各种环境中找到指数分布。指数分布用来描述独立随机事件发生的时间间隔,以等公交车为例,两辆车到来的时间间隔就符合指数分布。假设公交到达时间服从参数 lambda=6 的指数分布,那么现在公交站 15 分钟以内有公交车到达的概率就是:

```
>>> prob_1 = stats.expon.cdf(x = 0.25, scale = 1/6)  # scale = 1/lambda
>>> prob_1
0.7768698398515702
```

14.3 点估计与置信区间

统计推断是分析样本数据以从中了解总体的过程。在数据分析中，经常对某些总体的特征感兴趣，但收集整个数据总体可能不可行。例如，经济普查中对收入的调查，对每个人进行调查并不可行。现实场景中的经济普查都是对一部分人进行普查，如抽样 10000 人，并使用这些数据来推断总体。

14.3.1 点估计

点估计正是基于样本数据的总体参数估计方法。例如，如果想知道人群的平均年龄，那么可以对登记人群进行调查，然后使用他们的平均年龄的点估计作为总体的估计。这里样本的平均值称为样本平均值，样本平均值通常与总体平均值不完全相同。这种差异可以由许多因素造成，包括调查设计不佳、抽样方法有偏见以及随机从总体中抽取样本所固有的误差。下面通过生成一个人群年龄数据的总体，然后从中抽取样本以估算均值来说明这一问题，代码如下。

```
>>> np.random.seed(1)
>>> population_ages1 = stats.poisson.rvs(loc = 18, mu = 35, size = 150000)
>>> population_ages2 = stats.poisson.rvs(loc = 18, mu = 10, size = 100000)
>>> population_ages = np.concatenate((population_ages1, \
        population_ages2))
>>> population_ages.mean()
42.98932
```

上述代码模拟生成了 250000 个年龄数据作为总体，其平均值为 42.98932，这里使用了泊松分布来生成随机数，估计具体试验，不同读者可以选择不同的分布函数。接下来随机抽样 500 个样本，计算样本均值，代码如下。

```
>>> np.random.seed(2)
>>> sample_ages = np.random.choice(a = population_ages, size = 500)
>>> print(sample_ages.mean())
>>> population_ages.mean() - sample_ages.mean()
42.904
0.08531999999999584
```

从输出结果可以得知，基于 500 个样本的抽样得出的点估计与真实的总体平均年龄非常接近，差别仅为 0.085 左右。这也说明通过相对小的样本也可以得出较准确的对总体的估计。

14.3.2 抽样分布与中心极限定理

许多统计过程都假定数据遵循正态分布，因为正态分布具有良好的属性，如对称性，并且大多数数据都聚集在一个平均值标准偏差内。不幸的是，现实世界中的数据通常不是正态分布的。而样本的分布趋向于反映总体的分布，这意味着从具有偏斜分布的人群中获取的样本也将趋于偏斜。以前面创建的年龄数据为例,将其可视化,如图14.8所示。

```
>>> pd.DataFrame(population_ages).hist(bins = 58,
                                        range = (17.5,75.5),
                                        figsize = (10,6))
>>> print(stats.skew(population_ages));
```

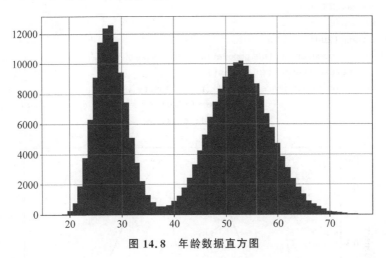

图 14.8　年龄数据直方图

虽然该分布偏度不大,但图14.8中数据显然不是正态分布,而是有两个峰。那么抽样也应该与总体的形状和偏斜大致相同,将样本数据可视化,如图14.9所示。

```
>>> pd.DataFrame(sample_ages).hist(bins = 58,
                                    range = (17.5,75.5),
                                    figsize = (10,6));
>>> print(stats.skew(sample_ages))
```

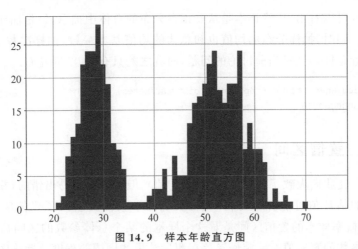

图 14.9　样本年龄直方图

显然,样本的分布形状与总体的形状大致相同。由此表明不能将假定正态分布应用于此数据集,因为从上面的图形看出该分布不是正态分布。那非正态分布的数据应该怎么进行参数估计呢?幸运的是,有数学家提出了中心极限定理。中心极限定理是概率论最重要的理论之一,它是许多统计分析方法的基础。简单来说,中心极限定理指的是给定一个任意分布的总体,每次从这些总体中随机抽取 n 个抽样,一共抽取 m 次,然后把这 m 组抽样分别求出平均值,最终得到的平均值的分布接近正态分布。为了说明这一点,如下代码模拟了从总体中抽取 200 个样本来创建样本分布,然后对平均值进行 200 个点估计,结果可视化如图 14.10 所示。

```
>>> np.random.seed(10)
>>> point_estimates = []
>>> for x in range(200):
        sample = np.random.choice(a = population_ages, size = 500)
        point_estimates.append(sample.mean())
>>> pd.DataFrame(point_estimates).plot(kind = "density", \
                            figsize = (10,6),\
                            xlim = (41,45));
```

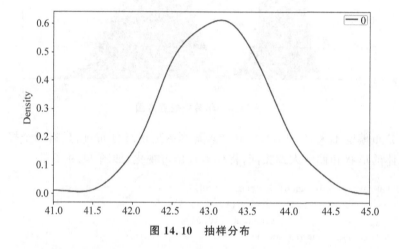

图 14.10 抽样分布

从图 14.10 可以看出,尽管样本是从非正态分布的总体中抽取,但是抽样分布却基本上符合正态分布。同时,抽样分布的均值也和总体的均值基本一致,抽样次数越多,最终估计的参数就越接近总体。针对当前讨论的问题,两者之差只有 0.0728 左右。

```
>>> population_ages.mean() - np.array(point_estimates).mean()
-0.07279000000000048
```

14.3.3 置信区间

点估计可以让我们大致了解总体参数(如均值),但估计是容易出错的,并且采取多个样本来获得改进的估计值可能并不可行。因此,统计学家们又引入了置信区间(Confidence Interval),一个概率样本的置信区间是对这个样本的某个总体参数的区间估计。置信区间展现的是这个参数的真实值有一定概率落在测量结果的周围的程度。置信区间给出的是被测量参数的测量值的可信程度,即前面所要求的"一定概率"。这个概率被称为置信度或置信水平。如果想拥有一个 95% 的机会通过点估计和相应的方法来捕获真实的总体参数置信区间,那么可以将置信度设置为 95%。较高的置信度会得到范围更广的置信区间。在已经得到点估计的情况下,将其加上和减去边际误差就可以得到置信区间。如下代码对置信区间的计算进行了展示。

```
>>> np.random.seed(10)
sample_size = 1000
>>> sample = np.random.choice(a = population_ages, size = sample_size)
>>> sample_mean = sample.mean()
>>> z_critical = stats.norm.ppf(q = 0.975)  # z-critical value 双尾
>>> print("z-critical value:", z_critical)
>>> pop_stdev = population_ages.std()
>>> margin_of_error = z_critical * (pop_stdev/math.sqrt(sample_size))
>>> confidence_interval = (sample_mean - margin_of_error, \
        sample_mean + margin_of_error)
>>> print("Confidence interval:", confidence_interval)
z-critical value: 1.959963984540054
Confidence interval: (41.827654507799416, 43.46634549220058)
```

上述代码中的 sample_mean 就是点估计，而边际误差通过首先计算关键值 z_critical，然后由 z_critical * (pop_stdev/math.sqrt(sample_size)) 计算得到。那么应该如何理解上面的置信区间呢？图 14.11 提供了很好的说明，置信区间代表了有多大概率将总体均值包含在区间之内，代码如下。

```
>>> np.random.seed(12)
>>> sample_size = 1000
>>> intervals = []
>>> sample_means = []
>>> for sample in range(25):
        sample = np.random.choice(a = population_ages, size = sample_size)
        sample_mean = sample.mean()
        sample_means.append(sample_mean)
        z_critical = stats.norm.ppf(q = 0.975)
        pop_stdev = population_ages.std()
        stats.norm.ppf(q = 0.025)
        margin_of_error = z_critical * \
            (pop_stdev/math.sqrt(sample_size))
        confidence_interval = (sample_mean - margin_of_error, \
                        sample_mean + margin_of_error)
        intervals.append(confidence_interval)

>>> plt.figure(figsize = (10, 6))
>>> plt.errorbar(x = np.arange(0.1, 25, 1),
        y = sample_means,
        yerr = [(top - bot)/2 for top, bot in intervals],
        fmt = 'o')
>>> plt.hlines(xmin = 0, xmax = 25,
        y = 43.0023,
        linewidth = 2.0,
        color = "red");
```

在不知道总体标准差的情况下，通常采用样本标准差来代替总体标准差，同时采用 t 分布来计算置信区间。因此，使用 stats.t.ppf() 函数来计算 t_critical，并用 sample_stdev 代

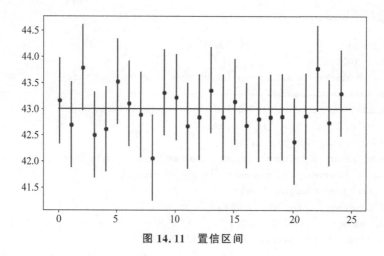

图 14.11 置信区间

替总体标准差,代码如下。

```
>>> np.random.seed(10)
>>> sample_size = 25
>>> sample = np.random.choice(a = population_ages, size = sample_size)
>>> sample_mean = sample.mean()
>>> t_critical = stats.t.ppf(q = 0.975, df = 24)
>>> print("t - critical value:",t_critical)
>>> sample_stdev = sample.std(ddof = 1)
>>> sigma = sample_stdev/math.sqrt(sample_size)
>>> margin_of_error = t_critical * sigma
>>> confidence_interval = (sample_mean - margin_of_error,\
        sample_mean + margin_of_error)
>>> print("Confidence interval:",confidence_interval)
t - critical value: 2.0638985616280205
Confidence interval: (39.95797358704254, 51.72202641295747)
```

用样本标准偏差代替总体标准偏差,最终结果是得到较宽的置信区间。

14.4 留给读者的思考

理解概率论,无论是对数据分析还有将来的机器学习都大有帮助,这里推荐读者进一步学习以下书籍。

- 陈希儒. 概率论与数理统计[M]. 合肥:中国科学技术大学出版社,2009.
- Thomas Haslwanter. *An Introduction to Statistics with Python*: *With Applications in the Life Sciences*[M]. Basel,SwitzeHand:Springer,2016.
- Allen B. Downey. *Think Stats*[M]. 2nd Edition. CA,USA:O'Reilly Media,2014.
- Allen B. Downey. *Think Bayes*[M]. CA,USA:O'Reilly Media,2013.

第 15 章 假 设 检 验

CHAPTER 15

> 正如一个法庭宣告某一判决为"无罪"而不为"清白",
> 统计检验的结论也应为"不拒绝"而不为"接受"。
>
> ——Jan Kmenta

有些人看起来是好人,实际是坏人;有些人看起来是坏人,实际是好人。好人还是坏人,不但与他实际是好人还是坏人有关,还与我们的眼睛有关。所谓"甲之蜜糖,乙之砒霜也",判断一个事物的好坏,不但和我们的判断标准有关,还和判断方法有关。统计学则是利用假设检验(又称统计检验)这一框架来进行判断。本章将介绍假设检验的基本原理,同时也将讨论在 Python 中如何进行一些常用的检验。

15.1 假设检验概述

15.1.1 初识假设检验

假设检验是数理统计学中根据一定假设条件由样本推断总体的一种方法。事先对总体参数或分布形式做出某种假设,然后利用样本信息来判断原假设是否成立,采用逻辑上的反证法,依据统计上的小概率原理得出结论。所谓反证法,就是如果要证明一个结论是正确的,那么先假设这个结论是错误的,然后以这个结论是错误的为前提条件进行推理,推理出来的结果与假设条件矛盾,这个时候就说明这个假设是错误的,也就是这个结论是正确的。

前面一段关于假设检验的论述非常拗口,下面用一个真实的例子——女士品茶来说明。女士品茶这个故事最早出现在统计学家 Fisher 的著作 *The Design of Experiment* 中。书中提到,有位女士一次喝茶时提出了一个有趣的观点:把茶加到奶里和把奶加到茶里,最后得到的奶茶的味道是不一样的。大部分人都觉得这位女士在瞎说,但是 Fisher 教授提出了要用科学的方法去证明到底一样还是不一样(牛人就是牛人,所以遇到问题要多想想别人为什么那么说,而不是不经思考就拒绝)。接下来,我们具体看一下 Fisher 的实验方法:他调配出了 8 杯其他条件一模一样而仅仅是倒茶、倒奶顺序相反的茶,其中每类各 4 杯。然后他让女士品尝之后告诉他哪 4 杯是先加奶的,剩下的就都是先加茶的了。

在分析实验结果的时候,Fisher 运用了这样的逻辑:首先假设女士没有这个能力(这个假设被称为原假设或空假设),如果女士很准确地鉴别了这 8 杯茶,那就说明在原假设成立的情况下,发生了非常反常的现象(小概率事件),以至于说明原假设是令人怀疑的。从统计学上来说,如果在原假设成立的前提下,发生了非常小概率的事件,那就有理由怀疑原假设的真实性。我们把上面这个过程叫做假设检验。

15.1.2 假设检验的步骤

了解了假设检验的思想后,本节将讨论假设检验的具体步骤。

1. 提出空假设和备择假设

空假设(H0)一般是要推翻的论点,备择假设(H1)则是要证明的论点。以上面的女士品茶为例,H0 和 H1 分别如下。

- H0:把茶加到奶里和把奶加到茶里得到的奶茶是一样的。
- H1:把茶加到奶里和把奶加到茶里得到的奶茶是不一样的。

2. 构造检验统计量

检验统计量是根据样本观测结果计算得到的样本统计量,并以此对空假设和备择假设做出决策。具体而言,假设总体 $X \sim N(\mu,\sigma^2)$,$X_1,X_2,\cdots,X_n$ 为取自该总体 X 的样本,n 为样本总量,$\overline{X}$ 为样本均值,S^2 为样本方差。那么有:

$$统计量\ U = \frac{\overline{X} - \mu}{\sigma}\sqrt{n} \sim N(0,1)$$

$$统计量\ T = \frac{\overline{X} - \mu}{S}\sqrt{n} \sim t(n-1)$$

$$统计量\ \chi^2 = \frac{(n-1)S^2}{\sigma}\sqrt{n} \sim \chi^2(0,1)$$

这 3 种统计量及其对应分布分别为 z 检验(z-test)、t 检验(t-test)和卡方检验。

- z 检验一般用于大样本(即样本容量大于 30)平均值差异性检验。它是用标准正态分布的理论来推断差异发生的概率,从而比较两个平均数的差异是否显著。
- t 检验主要用于样本含量较小(如 $n<30$),总体标准差 σ 未知的正态分布。t 检验是用 t 分布理论来推论差异发生的概率,从而比较两个平均数的差异是否显著。
- 卡方检验是统计样本的实际观测值与理论推断值之间的偏离程度,实际观测值与理论推断值之间的偏离程度决定了卡方值的大小。卡方值越大,二者偏差越大;反之,二者偏差越小;若两个值完全相等时,卡方值就为 0,表明理论值完全符合。实际运用中可以参考图 15.1 来完成不同类型检验的选择。

3. 根据要求的显著性水平求临界值和拒绝域

还记得前面提到的反常事件(小概率事件)吗?如果小概率事件发生了,就表示空假设是错误的,可是具体多小的概率才算是小概率呢?一般这个概率为 0.05,也就是 5%,如果一件事情发生的概率小于或等于 5%,我们就认为这是一个小概率事件,0.05 就是显著性水平,用 α 表示。显著性水平把概率分布分为两个区间:拒绝区间和接受区间。最后计算出来的结果落在拒绝区间,就可以拒绝空假设;如果落在了接受区间,就需要接受空假设,$1-\alpha$ 则称为置信水平(置信度)。

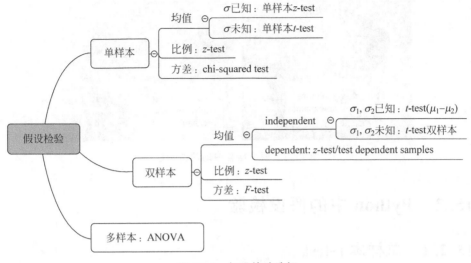

图 15.1　假设检验选择

4. 计算检验统计量

根据前面选择的检验统计量类型,计算对应的检验统计量的值。除此之外,我们还可以根据样本量得出 p 值,p 值就是实际样本中小概率事件的具体概率值。

5. 决策

比较计算出来的检验统计量与临界值和拒绝域,如果值落在了拒绝域内,那就要拒绝空假设,否则接受空假设。比较计算出来的 p 值和显著性水平 α 值,如果 $p \leqslant \alpha$,则拒绝空假设,否则接受空假设。

15.1.3　假设检验中的 Ⅰ 类错误与 Ⅱ 类错误

前面探讨了假设检验的基本思想,本节将介绍假设检验中的两类错误。假设检验的最终目的是去伪存真,那么它对应的两类错误就是弃真存伪。第一类错误叫做弃真错误,通俗一点说就是漏诊,就是本来生病了(假设是正确的),但是没有检测出来,所以给拒绝掉了;第二类错误是存伪错误,通俗一点就是误诊,就是本来没病(假设是错误的),结果诊断说生病了(假设是正确的),所以就把假设给接受了。

为了更形象地说明这两类错误,以图 15.2 为例,正常情况下,该实例的假设检验应该为:

- H0:没有怀孕;
- H1:怀孕了。

左图:这类错误为弃真错误,也就是空假设为没有怀孕,但是检验的结果落在拒绝域,因而拒绝没有怀孕的空假设,认定左图里的男士怀孕了,而事实上图里面的男士根本不可能怀孕,这就犯了第一类错误——弃真。右图:这类错误为存伪错误,也就是空假设为没有怀孕,检验结果落在接受域,所以接受没有怀孕的空假设,认定右图中的女士没有怀孕,而事实上图片里的女士是怀孕的,这就犯了第二类错误——存伪。

图 15.2　假设检验中的两类错误

15.2　Python 中的假设检验

15.2.1　单样本 t-test

单样本 t-test 属于参数检验，用于比较样本数据与一个特定数值之间的差异情况。例如，想比较成都的工资水平与全国工资水平是否存在显著差异，首先构造数据如下。

```
>>> import numpy as np
>>> import pandas as pd
>>> import scipy.stats as stats
>>> import math
>>> np.random.seed(1)
>>> population_salary1 = stats.poisson.rvs(loc=1300, mu=3500, \
      size=150000)
>>> population_salary2 = stats.poisson.rvs(loc=1300, mu=2000, \
      size=100000)
>>> population_salary = np.concatenate((population_salary1, \
      population_salary2))
>>> cd_salary1 = stats.poisson.rvs(loc=1300, mu=3200, size=30)
>>> cd_salary2 = stats.poisson.rvs(loc=1300, mu=1700, size=20)
>>> cd_salary = np.concatenate((cd_salary1, cd_salary2))
>>> print(population_salary.mean())
>>> print(cd_salary.mean())
4199.829132
3891.94
```

模拟数据中成都的平均工资为 3891.94 元，全国的平均工资为 4199.8 元，现在想知道二者有无显著差异，就可以用 stats 模块中的 ttest_1samp() 函数进行假设检验，代码如下。

```
>>> stats.ttest_1samp(a=cd_salary, popmean=population_salary.mean())
Ttest_1sampResult(statistic=-2.897004249304246, 
pvalue=0.00561748480065776)
```

上述代码的输出结果中：$p = 0.0056$，显然此时在显著性水平为 0.05 时应该拒绝空假设——成都的工资水平和全国工资水平没有显著差异。此外，也可以用 stats.t.ppf() 函数验证，代码如下。

```
>>> print(stats.t.ppf(q = 0.025, df = 49))
>>> print(stats.t.ppf(q = 0.975, df = 49))
-2.0095752344892093
2.009575234489209
```

显然 t 值在该区间以外,即 95% 的置信区间以外,通过 t.interval() 函数也可以对此进行验证。

```
>>> sigma = cd_salary.std()/math.sqrt(50)  # 样本 std/样本数
>>> stats.t.interval(0.95, df = 49,\
                loc = cd_salary.mean(),\
                scale = sigma)
(3680.5119838234955, 4103.368016176504)
```

上述代码输出的成都平均工资区间为 3681～4103 元,与前面的判断一致。

15.2.2 双样本 t-test

双样本 t-test 是根据样本数据对两个样本来自的两个独立总体的均值是否有显著差异进行判断。它需要满足以下 3 个条件。

- 随机抽样,所有观测应该随机地从目标总体中抽出。
- 正态分布,每个样本来自的总体必须满足正态分布。
- 方差齐性,均数比较时,要求两总体方差相等。

还是以上面的工资数据为例,现在构造一个重庆的工资数据样本如下。

```
>>> np.random.seed(2)
>>> cq_salary1 = stats.poisson.rvs(loc = 1300, mu = 3100, size = 30)
>>> cq_salary2 = stats.poisson.rvs(loc = 1300, mu = 1100, size = 20)
>>> cq_salary = np.concatenate((cq_salary1, cq_salary2))
>>> print(cq_salary.mean())
3600.78
```

现在样本中成都的平均工资为 3891.94 元,重庆的平均工资为 3600.78 元,请问两者有显著差别吗?从数字上看有差别,但是需要用双样本 t-test 来确认一下,代码如下。

```
>>> stats.ttest_ind(a = cd_salary, b = cq_salary, equal_var = False)
Ttest_indResult(statistic = 1.6628806744879354,
 pvalue = 0.09975252036818426)
```

输出结果中 $p=0.09975$,如果显著性水平为 0.05,此时无法拒绝空假设。实际上也就是说是有 9.975% 的可能看到成都和重庆的工资数据会有这样的差异。

15.2.3 配对 t-test

配对 t-test 在医疗行业应用广泛,例如在医疗试验中:配对的两个受试对象分别接受两种不同的处理;同一受试对象接受两种不同的处理;同一受试对象处理前后的结果进行比较(即自身配对);同一对象的两个部位给予不同的处理。下面以某种减肥药的试验为例进行说明,假设有如下的受试者体重数据。

```
>>> np.random.seed(3)
>>> before = stats.norm.rvs(scale = 10, loc = 60, size = 100)
>>> after = before + stats.norm.rvs(scale = 5, loc = -1.25, size = 100)
>>> weight_df = pd.DataFrame({"weight_before":before,\
        "weight_after":after,"weight_change":after-before})
>>> weight_df.describe()
       weight_before  weight_after  weight_change
count     100.000000    100.000000     100.000000
mean       58.913629     57.498908      -1.414721
std        10.693536     10.468844       4.418131
min        30.842622     32.167345     -11.401968
25%        51.399515     50.033280      -4.529386
50%        58.210360     55.887337      -1.687446
75%        66.769302     64.518491       1.550781
max        81.581493     88.057492      12.130562
```

从描述性统计结果看,吃了该药后体重平均要减少1.41千克左右。这是减肥药有效,还是只是偶然事件呢?利用配对 t-test 验证如下。

```
>>> stats.ttest_rel(before,after)
Ttest_relResult(statistic = 3.2020800238221665,
pvalue = 0.0018350355143263457)
```

从配对 t-test 结果来看,$p = 0.0018$,应该拒绝空假设,也就是说减肥药是有效的。

15.2.4 卡方检验

卡方检验属于非参数检验的范畴,主要是比较两个及两个以上样本率(构成比)以及两个分类变量的关联性分析。其根本思想就是比较理论频数和实际频数的吻合程度或拟合优度问题。上面的描述非常晦涩难懂,这里用几个简单的卡方检验的例子来说明,例如:
- 男性和女性的线上生鲜食品购买习惯有无差别?
- 不吃早饭对体重下降有无影响?
- 疗效是否与不同药品有关?
- 不同广告渠道获得的用户,次日留存率是否有差别?

以上问题都可以利用卡方检验来回答,这里以最后一个问题为例来说明卡方检验的应用。假设某移动应用推广使用了3个不同渠道,分别是门户网站的在线广告、微信推广、微博推广。现在想判断以上3个不同渠道获得的用户的留存率是否有差别。基于此问题构造如下数据。

```
>>> data = pd.read_csv('../data/reguser.txt',sep = '\t')
>>> data.head()
    type    day   reg   stay
0   weibo   day1  2504  752
1   weibo   day2  2718  701
2   weibo   day3  2538  692
3   weibo   day4  2207  540
4   weibo   day5  2004  46
```

以上数据是每天该应用的新注册人数和次日继续使用用户数。因此,可以计算用户流失数据如下。

```
>>> data['lost'] = data['reg'] - data['stay']
>>> data.head()
>>> group = data.groupby('type')
>>> observed = group.agg(np.sum)
>>> observed
           reg    stay    lost
type
webad    11570   3173    8397
weibo    15113   3901   11212
weichat  18244   4899   13345
```

现在想知道来自不同渠道的用户的次日留存是否相互独立,利用卡方检验,代码如下。

```
>>> stats.chi2_contingency(observed = observed[['stay','lost']])
(9.359095286322784,
0.0092832122619623,
2,
array([[ 3083.39328244,  8486.60671756],
       [ 4027.59919425, 11085.40080575],
       [ 4862.00752332, 13381.99247668]]))
```

输出结果中,$p = 0.00928$,因此应该拒绝空假设,即用户的渠道类别影响了次日留存情况。计算不同渠道的留存率如下。

```
>>> observed['stay']/observed['reg']
type
webad      0.274244
weibo      0.258122
weichat    0.268527
dtype: float64
```

似乎通过门户网站获取的用户有更高的留存率,据此,营销部门可以在门户网站相对增加推广。

15.3 留给读者的思考

统计检验属于一门专门的学科,本章的介绍只是一点皮毛。感兴趣的读者可以进一步阅读专业的概率论与统计的相关书籍以加深理解。这里向读者推荐以下两本书籍:

- David Freedman, Robert Pisani, Roger Purves, et al. 统计学[M]. 魏宗舒,施锡铨,林举干,等译. 北京:中国统计出版社,1997.
- John A. Rice. 数理统计与数据分析[M]. 田金方,译. 北京:机械工业出版社,2011.

第 16 章 一名数据分析师的游戏上线之旅

CHAPTER 16

> 距离已经消失，
> 要么创新，要么死亡。
>
> ——托马斯·彼得斯

移动应用间的竞争越来越激烈，每天都有新的应用上线。你所在的公司也不例外，项目组经过了 5 个月的紧张开发，终于完成了一款新的移动游戏应用，明天就准备上线了。作为一名数据分析师，你将遇到哪些问题呢？应用第一天上线后会不会因为大量用户涌入，导致应用启动时间比要求的 3 秒长？次日留存率是否达到目标？应该在游戏的哪一个关卡引入微信分享提示？游戏内购定价是 1.99 元还是 0.99 元更好？本章将开始一名数据分析师的游戏上线之旅！

16.1 游戏启动时间是否超过目标

管理团队为了随时了解公司的游戏软件上线情况，一开始就设计了一些简单的运营指标来跟踪游戏运营情况。其中一个指标就是：启动游戏后欢迎界面平均等待时间不能超过 3 秒。测试团队经过了大量测试，已经验证无论是在 iOS 还是 Android 平台，欢迎界面等待时间都不超过 3 秒。游戏上线后也一切运行正常，然而不妙的是上线 6 小时后，游戏的上一小时平均启动时间开始超过了管理层设定的 3 秒平均值。紧张的项目经理跑来问你——团队的数据分析师，这是否可能是用户过多导致启动延迟？

16.1.1 启动时间是否超过 3 秒

要回答此问题，首先来看一下模拟的游戏运营数据，代码如下。

```
# 导入库
>>> import numpy as np
>>> import pandas as pd
>>> import matplotlib.pyplot as plt
>>> import seaborn as sns
>>> import scipy.stats as stats
>>> import statsmodels.stats.weightstats as wstats
>>> from matplotlib.ticker import FuncFormatter
```

```
>>> %matplotlib inline
# 绘图设置
>>> plt.style.use('fivethirtyeight')
>>> plt.rcParams['font.sans-serif'] = ['SimHei']
>>> plt.rcParams['axes.unicode_minus'] = False
# 生成模拟数据
>>> observation_hours = 7           # 游戏已经上线 7 小时
>>> expected_installs = 60          # 预期每小时有 60 人安装
>>> loading_times = []
>>> loading_times_averages = []
>>> np.random.seed(12)              # 随机种子
>>> for ix, installs in enumerate(np.random.poisson(\
        lam = expected_installs, size = observation_hours)):
                                    # 1 小时内每用户的启动时间
        loading_times.append(np.random.gamma(\
            shape = 3, scale = .95, size = installs))
                                    # 该小时的平均启动时间
        loading_times_averages.append(loading_times[ix].mean())
```

上述代码模拟了 7 个小时的数据,假定每小时装机数是符合参数为 60 的泊松分布,而启动时间则是符合参数分别为 3 和 0.95 的伽马分布。利用如下代码,将上面数据进行可视化。如图 16.1 所示,前 6 小时一切正常,每小时的平均启动时间都在 3 秒以内,但进入第 7 小时,似乎突然启动时间就超过了目标值。

```
>>> fig, ax = plt.subplots(figsize = (10,3.4))
>>> plt.plot(loading_times_averages, marker = 'o')
>>> plt.title('平均启动时间', fontdict = {'size':18})
>>> plt.plot([0,observation_hours-1],[3,3],'--',color = 'black')
>>> plt.xlabel('游戏已上线时间',fontsize = 14)
>>> plt.ylabel('启动时间(秒)',fontsize = 14)
>>> plt.ylim(2.3,3.5)

>>> fig, ax = plt.subplots(figsize = (10,3.4))
>>> plt.plot([len(x) for x in loading_times], marker = 'o')
>>> plt.title('每小时装机数', fontsize = 18)
>>> #plt.title('每小时装机', fontdict = {'size':18})
>>> plt.xlabel('游戏已上线时间',fontdict = {'size':14})
>>> plt.ylabel('装机数',fontsize = 14);
```

当下需要考察的是最后一小时的数据,对其启动时间可视化(见图 16.2),代码如下。

```
>>> fig, ax = plt.subplots(figsize = (10,4))
>>> plt.bar(range(loading_times[6].shape[0]),
        loading_times[6], align = 'center')
>>> plt.plot([-1,100],[3,3],'--',color = '0.3')
>>> plt.xlim(-1,61)
>>> plt.title('过去一小时用户启动时间', fontsize = 16)
>>> plt.ylabel('秒',fontsize = 14)
>>> plt.xticks([]);
```

虽然确实有许多用户的启动时间在 3 秒以上,但是管理层关心的问题是:过去一小时

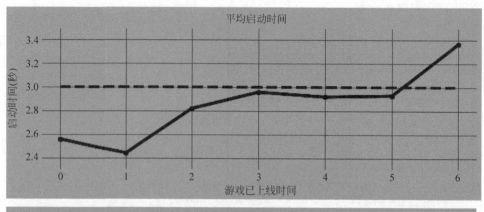

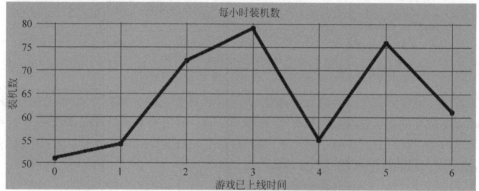

图 16.1　游戏平均启动时间与装机数

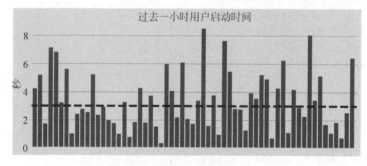

图 16.2　过去一小时启动时间

的问题是否具有普适性。作为项目经理，对这一异常感到紧张是很正常的事，然而作为一名数据分析师，对此提出的问题却应该是：最近一小时的平均启动时间是否来自平均启动时间不超过 3 秒的启动时间分布？很显然，这是一个统计检验问题，那么该采用何种假设检验呢？上一章的图 15.1 给出了答案。

根据图 15.1 得知当前要做的是针对单样本均值的 t-test，具体假设如下。

- 空假设：前一小时总体的观察平均值小于或等于 3 秒。
- 备择假设：前一小时总体的观察平均值大于 3 秒。
- 检验：单样本，单尾 t-test，$\alpha = 0.05$。

因此，采用 t-test 验证如下。

```
>>> import scipy.stats as stats
>>> t, p = stats.ttest_1samp(loading_times[6], popmean = 3.0)
>>> print('t- statistic = {t} \np - value = {p}'.format(t = t, p = p/2))
t - statistic = 1.38005787853313
p - value = 0.08634481804336265
```

SciPy 中的 stats 模块提供了单样本 t-test 函数。利用 stats.ttest_1samp()函数,输入样本值和总体均值即可得到 $t=1.38, p=0.086$。很显然,根据检验结果无法拒绝空假设,那么前一小时总体的观察平均值小于或等于 3 秒就应该是正确的。此时你应该可以去拍拍项目经理的肩膀,放心地说:"老大,目前的情况应该很正常,出现启动时间大于 3 秒应该是偶然事件。"当然前面是直接利用 SciPy 中的函数实现 t 值和 p 值的计算,读者也可以通过如下的公式手工计算 t 值后,查 t 分布表得到 p 值。

$$t = \frac{\bar{x} - \mu_0}{SE} = \frac{\bar{x} - \mu_0}{s/\sqrt{n}}$$

其中,$\bar{x}$ 为样本平均数;μ_0 为总体平均数;SE 为测量标准误差;s 为样本标准差;n 为样本数。

16.1.2 构造启动时间监测图

项目经理已经很满意地离开,但是如果每次出现启动时间大于 3 秒,他就很紧张地到你这里来确认是不是偶然事件,显然不是问题的解决之道。那应该如何来处理这一问题呢?在前面章节读者已经学习过置信区间的概念,回忆一下置信区间 CI 的计算公式:

$$CI = \bar{x} \pm t_{critical} \cdot SE$$

其中,$\bar{x}$ 为样本平均数;$t_{critical}$ 为样本平均数与总体平均数的离差统计量这;SE 为测量标准误差。

根据此公式我们可以为启动时间构造一个置信区间(Confidence Level=95%),当平均启动时间在置信区间之外时才应该特别关注。以第 7 小时的启动时间为例,可以计算置信区间如下。

```
>>> import scipy.stats as stats
>>> x = loading_times[6]
>>> SE = stats.sem(x) #Standard Error
>>> t_c = stats.t.ppf(0.975, df = len(x) - 1) #t - critical
>>> CI = x.mean() - t_c * SE , x.mean() + t_c * SE
>>> CI
(2.837226159651679, 3.887130030235891)
```

有兴趣的读者可以自行验证是不是所有的第 7 小时启动时间都在 2.837~3.887 秒这个区间之内。类似地,可以利用如下代码计算游戏自从上线以来每个小时的平均启动时间的置信区间,结果如图 16.3 所示。

```
>>> loading_performance = pd.DataFrame(loading_times_averages,
        columns = ['loadingtime'])
>>> loading_performance['installs'] = [len(x) for x in loading_times]
>>> loading_performance['SE'] = [stats.sem(x) for x in loading_times]
```

```
>>> loading_performance['t_critical'] = stats.t.ppf(0.975,
        df = loading_performance['installs'] - 1)
>>> loading_performance['CI_low'] = \
        loading_performance['loadingtime'] - \
        loading_performance['t_critical'] * loading_performance['SE']
>>> loading_performance['CI_high'] = \
        loading_performance['loadingtime'] + \
        loading_performance['t_critical'] * loading_performance['SE']
>>> loading_performance
```

	loadingtime	installs	SE	t_critical	CI_low	CI_high
0	2.559482	51	0.196072	2.008559	2.165660	2.953305
1	2.443319	54	0.183372	2.005746	2.075521	2.811118
2	2.820219	72	0.198834	1.993943	2.423755	3.216683
3	2.958101	79	0.175907	1.990847	2.607897	3.308305
4	2.919596	55	0.257128	2.004879	2.404086	3.435105
5	2.928829	76	0.190776	1.992102	2.548783	3.308875
6	3.362178	61	0.262437	2.000298	2.837226	3.887130

图 16.3　每小时的平均启动时间的置信区间

同时可以将上面的数据用如下代码可视化，如图 16.4 所示。这段代码使用了区域填充图来绘制启动时间的置信区间，关于 plt.fill_between() 函数的使用在第 9 章已经有介绍，这里不再讨论。

```
>>> fig, ax = plt.subplots(figsize = (10,3.4))
>>> plt.plot(loading_times_averages, marker = 'o')
>>> plt.title('平均启动时间', fontsize = 16)
>>> plt.plot([0,observation_hours - 1],[3,3],'--',color = '0.3')
>>> plt.fill_between(loading_performance.index, \
        loading_performance['CI_low'], loading_performance['CI_high'],\
            where = loading_performance['CI_low']\
                < loading_performance['CI_high'],\
            alpha = 0.2, interpolate = True, linewidth = 0.0)
>>> plt.xlabel('游戏已上线时间',fontsize = 14)
>>> plt.ylabel('启动时间(秒)',fontsize = 14)
>>> plt.ylim(2,4)
>>> plt.subplots(figsize = (10,2))
>>> plt.plot(loading_performance['installs'], marker = 'o')
>>> plt.ylim(0,loading_performance['installs'].max() * 1.1)
>>> plt.title('每小时装机数', fontsize = 14)
>>> plt.xlabel('游戏已上线时间',fontsize = 14)
>>> plt.ylabel('装机数',fontsize = 14);
```

显然，图 16.4 很好地展示了游戏在前 7 小时平均启动时间指标，一切尽在掌握中！接下来数据分析师可以考虑为项目经理建立如图 16.5 所示的仪表盘，供项目经理随时监控启动时间是否异常。

利用仪表盘，运营团队可以很方便地对装机数和平均启动时间进行监控。图 16.5 模拟了后面 24 小时的游戏运营情况，它由如下代码生成。

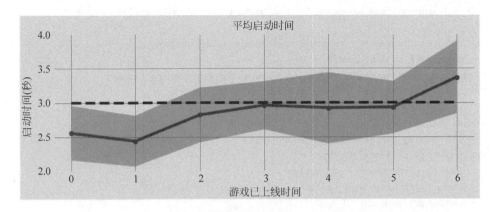

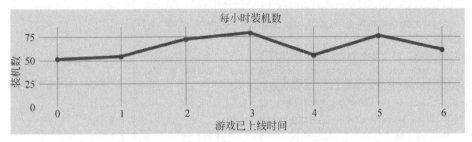

图 16.4 带置信区间的前 7 小时平均启动时间和装机数

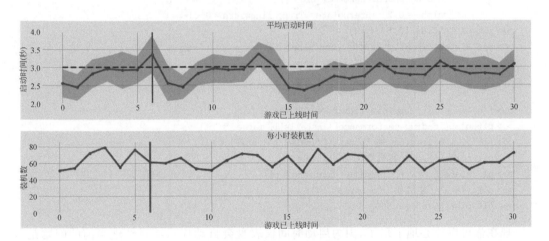

图 16.5 启动时间仪表盘

```
>>> observation_hours = 24
>>> expected_installs = 60
>>> np.random.seed(23)
>>> loading_times2 = list(loading_times)
>>> loading_times_averages2 = list(loading_times_averages)

>>> for ix, installs in enumerate(np.random.poisson(\
      lam = expected_installs, size = observation_hours)):
        loading_times2.append(np.random.gamma(shape = 3,\
        scale = .95, size = installs))
```

```
            loading_times_averages2.append(loading_times2[ix].mean())

>>> loading_performance = pd.DataFrame(loading_times_averages2,
    columns = ['loadingtime'])
>>> loading_performance['installs'] = [len(x) for x in loading_times2]
>>> loading_performance['SE'] = [standard_error(x) for x \
    in loading_times2]
>>> loading_performance['t_critical'] = stats.t.ppf(0.975, \
    df = loading_performance['installs'] - 1)
>>> loading_performance['CI_low'] = \
    loading_performance['loadingtime'] - \
    loading_performance['t_critical'] * loading_performance['SE']
>>> loading_performance['CI_high'] = \
    loading_performance['loadingtime'] + \
    loading_performance['t_critical'] * loading_performance['SE']
#仪表盘
>>> fig, ax = plt.subplots(figsize = (20,3))
>>> plt.plot(loading_performance['loadingtime'], marker = 'o')
>>> plt.title('平均启动时间', fontsize = 16)
>>> plt.plot([0,len(loading_performance) - 1],[3,3],'--',color = '0.3')
>>> plt.fill_between(loading_performance.index, \
    loading_performance['CI_low'], loading_performance['CI_high'], \
        where = loading_performance['CI_low']<\
        loading_performance['CI_high'],
        alpha = 0.2, interpolate = True, linewidth = 0.0)
>>> plt.plot([6,6],[0,5],'-')
>>> plt.xlabel('游戏已上线时间',fontsize = 14)
>>> plt.ylabel('启动时间(秒)',fontsize = 14)
>>> plt.ylim(2,4)

>>> fig, ax = plt.subplots(figsize = (20,3))
>>> plt.plot(loading_performance['installs'], marker = 'o')
>>> plt.ylim(0,loading_performance['installs'].max() * 1.1)
>>> plt.title('每小时装机数', fontsize = 14)
>>> plt.xlabel('游戏已上线时间',fontsize = 14)
>>> plt.ylabel('装机数',fontsize = 14);
>>> plt.plot([6,6],[0,500],'-');
```

现在你可以放心地下班了，因为启动时间仪表盘会自动提示项目经理当前的问题是否需要采取行动。

16.2 次日留存率是否大于 30%

现在游戏已经成功上线 1 天，项目经理又开始计算次日留存率指标，如图 16.6 所示。

很不幸，游戏的次日留存率只有 27.6%，离 30% 的目标还有一定差距。模拟数据代码与可视化代码如下。

```
#模拟数据
>>> installs = 448
```

```
>>> returned = 123
>>> p = returned/installs
>>> print('装机数 = {} \n 次日留存 = {} \n 次日留存率 = {:.2f}% \n \
    目标 >= 30%'.format(installs, returned, 100 * p))
#可视化
>>> fig, ax = plt.subplots(figsize = (8,4))
>>> plt.bar([1],[p], align = 'center', width = .8)
>>> plt.plot([0,100],[.3,.3],'--',color = '0.3')
>>> plt.xticks(range(1,10))
>>> plt.xlim(0,5)
>>> plt.ylim(0,.40)
>>> ax.set_xticklabels(['%d Sep'%d for d in range(6,10)])
>>> ax.yaxis.set_major_formatter(FuncFormatter(lambda x,\
    pos = 0: '%0.0f%%'%(100.0 * x)))
>>> plt.title('次日留存率', fontsize = 16)
>>> ax.text(1, p*.95, '%0.2f%%'%(100*p), ha = 'center', \
    va = 'top', \
    fontdict = {'size':15,'weight':'bold','color':(0.9,.9,.9)})
```

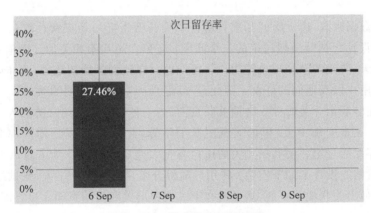

图 16.6 游戏的次日留存率

上述代码读者应该已经非常熟悉，这里不过多解释。在第 9 章中已经提到过，axes 对象可以使用各种绘图函数，所以这里使用了 ax 变量来进行图形属性设置。其中，ax.text() 函数中字体的指定通过 fontdict 这个字典来一次完成多个值的设置，这也是数据可视化经常用到的一种属性设置方式。

回到游戏的次日留存率问题，现在运营团队是否应该为第一天上线后的次日留存率小于 30% 而担心？很显然，这又是一个统计检验问题，只不过这次遇到的问题是单样本比例问题。参考图 15.1 可知应该采用 z-test 来解决此问题，利用 statsmodels 中的 proportions_ztest() 函数，代码如下。

```
>>> from statsmodels.stats.proportion import proportions_ztest
>>> z,p = proportions_ztest(returned, installs, value = .3, \
    alternative = 'smaller', prop_var = .3)
>>> print('z-stat = {z} \n p-value = {p}'.format(z = z,p = p))
z-stat = -1.175320190850308
p-value = 0.11993331980861971
```

$p > 0.05$，显然无法拒绝空假设，也就是无法认为次日留存率小于30%。如果计算置信区间，可以发现95%的置信区间取值是23.32%～31.59%，因此，当前游戏的次日留存率还在合理范围，代码如下。

```
>>> from statsmodels.stats.proportion import proportion_confint
>>> ci_low, ci_upp = proportion_confint(returned, installs)
>>> print('95% Confidence Interval = ( {0:.2f}% , \
        :.2f}% )'.format(100 * ci_low, 100 * ci_upp))
95% Confidence Interval = (23.32%, 31.59%)
```

相信作为数据分析师，读者应该知道如何回答项目经理了吧？是否有必要也为项目经理构建一个次日留存率的仪表盘呢？这项工作就留给读者完成了。

16.3 应该在游戏第几关加入关联微信提示

16.3.1 A/B测试

经过多日数据跟踪，启动时间和次日留存率等各项指标一切正常。现在项目经理打算着手解决游戏设计之初就激烈讨论的一个问题：应该在游戏第几关加入微信关联页面？在微信当道的今天，游戏产品经理希望用户尽可能地关联他们的微信账号，这样运营团队就可以更好地了解用户以及他们的好友。因此，产品经理想对两种不同的微信登录的页面进行测试，一种是在游戏第一关时加入微信关联页面，另一种是在游戏第二关加入。需要说明的是，该游戏前3关难度都不大，根据运营团队的估算，几乎90%以上用户都会通过前面3关，因此不会存在通过第一关和第二关的用户有很大差别的情况。为了对以上两种策略进行比较，项目组精心设计了如下实验：将用户随机分组，控制组2501人，测试组2141人，控制组在第一关弹出关联微信页面，测试组在第二关弹出关联微信页面。最终测试结果如下。

```
>>> control_installs = 2501
>>> control_connected = 1104
>>> test_installs = 2141
>>> test_connected = 1076

>>> print('{}: 装机数 = {} \t 关联微信 = {} \t 比例 = {}'\
    .format('A', control_installs, control_connected, \
     control_connected/control_installs))
>>> print('{}: 装机数 = {} \t 关联微信 = {} \t 比例 = {}'\
    .format('B', test_installs, test_connected, \
     test_connected/test_installs))
A: 装机数 = 2501    关联微信 = 1104    比例 = 0.4414234306277489
B: 装机数 = 2141    关联微信 = 1076    比例 = 0.5025688930406352
```

将结果可视化，如图16.7所示。现在产品经理想知道哪种策略更好，很明显，测试组中有50.26%的用户关联了微信，而控制组只有44.14%的用户进行了此操作。但是产品经理担心这只是偶然因素，正如游戏上线时游戏的启动时间超过3秒一样。请问数据分析师将如何回答他呢？

```
>>> fig, ax = plt.subplots(figsize = (8,4))
>>> x = [0,1]
>>> y = [control_connected/control_installs, \
    test_connected/test_installs]
>>> ax.bar(x, y, align = 'center', width = .8)
>>> ax.set_xticks(x)
>>> ax.set_xticklabels(['控制', '测试'])
>>> plt.xlim( - .5,1.5)
>>> plt.ylim(0, .69)
>>> for xx, yy in zip(x,y):
    ax.text(xx, yy * .7, '%0.2f%%'%(100 * yy),ha = 'center', va = 'bottom',\
      fontdict = {'size':15,'weight':'bold','color':(0.9,.9,.9)})
>>> ax.yaxis.set_major_formatter(FuncFormatter(lambda x,\
    pos = 0: '%0.0f%%'%(100.0 * x)))
>>> plt.title('哪种策略更好?', fontdict = {'size':16});
```

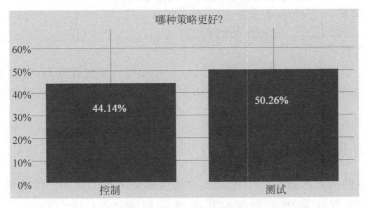

图 16.7　关联页面选择

与前面的问题处理方式一样,首先参考图 15.1,根据描述,目前需要处理的是双样本,比例问题。因此,应该采用 z-test 来回答此问题,利用 statsmodels 中的 proportions_ztest() 函数计算如下。

```
>>> from statsmodels.stats.proportion import proportions_ztest
>>> count = np.array([control_connected,test_connected])
>>> nobs = np.array([control_installs, test_installs])
>>> z,p = proportions_ztest(count, nobs, value = 0, \
    alternative = 'two - sided')
>>> print('z - stat = {z} \n p - value = {p}'.format(z = z,p = p))
z - stat = - 4.161114920415351
p - value = 3.1669765828788065e - 05
```

p 远远小于 0.05,那么可以拒绝空假设,即两种关联策略没有区别。因此,数据分析师应该告诉产品经理在第二关引入该页面有更好的效果。不过产品经理不仅关心哪种策略更好,他还关心采用这一策略游戏的微信关联指标能提高多少,将其转化为统计语言实际就是策略二的关联比例减去策略一关联比例的置信区间。要解决此问题,首先需要计算出标准误差(Standard Error)和 z-test 中的 z_critical 值,之后再利用置信区间计算公式就可以得到答案,代码如下。

```
>>> def compute_standard_error_prop_two_samples(\
        x1, n1, x2, n2, alpha = 0.05):
    p1 = x1/n1
    p2 = x2/n2
    se = p1 * (1 - p1)/n1 + p2 * (1 - p2)/n2
    return np.sqrt(se)

>>> def zconf_interval_two_samples(x1, n1, x2, n2, alpha = 0.05):
    p1 = x1/n1
    p2 = x2/n2
    se = compute_standard_error_prop_two_samples(x1, n1, x2, n2)
    z_critical = stats.norm.ppf(1 - 0.5 * alpha)
    return p2 - p1 - z_critical * se, p2 - p1 + z_critical * se

>>> ci_low, ci_upp = zconf_interval_two_samples(control_connected,\
        control_installs, test_connected, test_installs)
>>> print('95 % Confidence Interval = ( {0:.2f} % , {1:.2f} % )'\
        .format(100 * ci_low, 100 * ci_upp))
95 % Confidence Interval = (3.24 %, 8.99 %)
```

在 $\alpha=0.05$ 的情况下,置信区间为 $3.24\%\sim8.99\%$。从统计学角度,就是说(p_2-p_1)有95%的可能落在这个区间,因此可以认为第二种策略下微信关联指标的提升在 3.24% 以上。

16.3.2 贝叶斯解决方案

了解概率论的读者看到这里可能会说:"前面都是采用的频率学派的解决方法。"如果用贝叶斯的解决方法该怎么做呢?其实可以用 PyMC3 这个包来完成,开源书籍 *Probabilistic Programming & Bayesian Methods for Hackers* 以 PyMC3 为例详细介绍了概率编程以及贝叶斯方法的应用,其中的第 2 章也给出了贝叶斯 A/B 测试的例子。由于 PyMC3 以及贝叶斯理论涉及太多新内容,本书篇幅有限,这里仅给出代码,不进行详细说明。

```
>>> import pymc3 as pm
>>> control = [1] * control_connected + [0] * (control_installs - \
    control_connected)
>>> treatment = [1] * test_connected + [0] * (test_installs - test_connected)
>>> control = np.asarray(control)
>>> treatment = np.asarray(treatment)
>>> start = {}
>>> start['p_C'] = (control).sum()/len(control)
>>> start['p_T'] = (treatment).sum()/len(treatment)
# 模型
>>> with pm.Model() as model:
    p_C = pm.Uniform('p_C', 0.00001, .9)
    p_T = pm.Uniform('p_T', 0.00001, .9)
    # 模拟
    uplift = pm.Deterministic('uplift', p_T - p_C)
    obs_C = pm.Bernoulli("obs_C", p_C, observed = control)
    obs_T = pm.Bernoulli("obs_T", p_T, observed = treatment)
```

```
    # Inference
    step = pm.NUTS()
    trace = pm.sample(10000, step, start = start, progressbar = True)
>>> pm.stats.hpd(trace['uplift'], alpha = 0.05)
array([0.03264087, 0.09001931])
```

从输出结果可以看出策略二的提升在 0.032～0.09 之间，与前面得出的结果类似。从图 16.8 所示的 Traceplot 图也可以看出，10000 次采样得到的提升基本上符合均值为 0.06 的正态分布。

```
>>> pm.traceplot(trace,['uplift']);
```

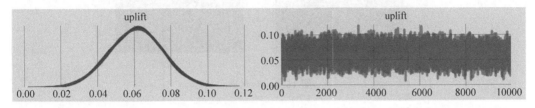

图 16.8　Traceplot

虽然本书对概率编程以及贝叶斯方法没有进行深入介绍，但是强烈建议有兴趣的读者去看看前面提到的书籍，以及掌握 PyMC3 包，相信它一定会对读者的学习和工作大有帮助。

16.4　如何定价

目前游戏中用户在通关失败后可以花 1.99 元获得新的生命进行尝试。但是运营推广部门认为 1.99 元太贵了，这样大量玩家都不会成为付费用户。他们建议降价到 0.99 元，这样虽然价格低了，但是整体上游戏收入将提高。因此，设计如下的 A/B 测试：

- 只对新用户进行测试；
- 运行 2 个月；
- 统计每个用户前 30 天的总收入；
- 空假设：0.99 元组收入更高。

而具体度量指标则包括：

- 每用户平均收入（Average Revenue Per User，ARPU）值在前 30 天的区别；
- 转化率（多少比例用户至少购买一次）。

假设经过 30 天后，得到如下数据。

```
>>> conversion_a = 0.015
>>> conversion_b = 0.013
>>> installs_a = 30000
>>> installs_b = 30000
>>> payers_a = int(installs_a * conversion_a)
>>> payers_b = int(installs_b * conversion_b)
>>> print('A 组付费用户数：', payers_a)
>>> print('B 组付费用户数：', payers_b)
```

A 组付费用户数：450
B 组付费用户数：390

如果仅从图 16.9 来看，显然 0.99 元组有更好的转化率。

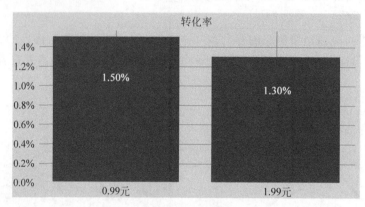

图 16.9　转化率

不过这也需要进行统计检验来验证，代码如下。

```
>>> from statsmodels.stats.proportion import proportions_ztest
>>> count = np.array([payers_a, payers_b])
>>> nobs = np.array([installs_a, installs_b])
>>> z, p = proportions_ztest(count, nobs, value = 0,\
        alternative = 'two-sided')
>>> print('z-stat = {z} \n p-value = {p}'.format(z = z, p = p))
z-stat = 2.0848420114464243
p-value = 0.03708364384057536
```

$p=0.037$，可以认为具有统计显著性，因此拒绝空假设。确实 0.99 元组的表现比 1.99 元组要好。接下来再来看 ARPU 数据，生成模拟数据如下。

```
>>> np.random.seed(8)
>>> revenues_a = np.clip(np.random.gamma(.7, 10, payers_a).\
        astype(np.int),1,1000) * np.clip(np.random.gamma(1, 25, \
        payers_a).round(2), .99, 99)
>>> revenues_b = np.clip(np.random.gamma(.7, 13, payers_b).\
        astype(np.int),1,1000) * np.clip(np.random.gamma(1, 30, \
        payers_b).round(2), 2.99, 99)
>>> print('A: ARPU = {}, min = {}, max = {}'.format(revenues_a.mean(),
        revenues_a.min(), revenues_a.max()))
>>> print('B: ARPU = {}, min = {}, max = {}'.format(revenues_b.mean(),
        revenues_b.min(), revenues_b.max()))
>>> pd.set_option('display.precision', 2)
>>> pd.DataFrame(data = revenues_a, columns = ['0.99']).\
        describe().join(pd.DataFrame(data = revenues_b,
        columns = ['1.99']).describe())
A: ARPU = 151.86206666666666, min = 0.99, max = 3960.0
B: ARPU = 214.2176923076923, min = 2.99, max = 3647.7999999999997
        0.99      1.99
count   450.00    390.00
```

```
mean     151.86      214.22
std      325.31      372.41
min        0.99        2.99
25%       20.82       26.52
50%       55.31       69.44
75%      147.27      231.28
max     3960.00     3647.80
```

注意，这里的代码生成的是任意模拟数据，读者关注的重点不是数据的准确性，关键应在于理解后面的计算逻辑。基于此数据，利用如下代码可视化，如图 16.10 所示。

```
>>> x = [0,1]
>>> y = [revenues_a.mean(), revenues_b.mean()]
>>> fig, ax = plt.subplots(figsize = (8,4))
>>> ax.bar(x, y, align = 'center', width = .8)
>>> ax.set_xticks(x)
>>> ax.set_xticklabels(['0.99 元', '1.99 元'])
>>> plt.xlim(-.5,1.5)
>>> for xx, yy in zip(x,y):
        ax.text(xx, yy * .7, '%0.2f' % (yy), ha = 'center', va = 'bottom', \
            fontdict = {'size':18,'weight':'bold','color':(.9,.9,.9)})
>>> ax.yaxis.set_major_formatter(FuncFormatter(lambda x, \
        pos = 0: '%0.02f' % (x)))
>>> plt.title('付费用户 ARPU', fontdict = {'size':16})
```

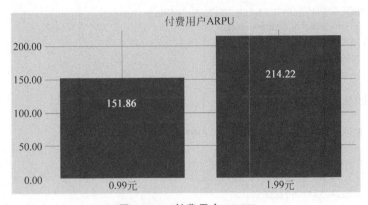

图 16.10　付费用户 ARPU

从 ARPU 角度看，1.99 元组具有更高的付费用户 ARPU。如果将所有用户考虑进来计算 ARPU，得到的数据如下。

```
>>> revenues_a = np.concatenate([np.zeros(installs_a - payers_a),\
        revenues_a])
>>> revenues_b = np.concatenate([np.zeros(installs_b - payers_b), \
        revenues_b])
>>> print('A: ARPU = {}, min = {}, max = {}'.format(\
        revenues_a.mean(), revenues_a.min(), revenues_a.max()))
>>> print('B: ARPU = {}, min = {}, max = {}'.\
        format(revenues_b.mean(), revenues_b.min(), revenues_b.max()))
>>> print('ARPU 差别: ', revenues_b.mean() - revenues_a.mean())
>>> print('ARPU 提升比例: ', (revenues_b.mean() - \
```

```
                revenues_a.mean())/revenues_b.mean())
A: ARPU = 0.7669801346801346, min = 0.0, max = 3960.0
B: ARPU = 0.9363920645595157, min = 0.0, max = 3647.7999999999997
ARPU 差别: 0.16941192987938114
ARPU 提升比例: 0.18091986924202896
```

利用双样本独立 t-test，计算结果如下。

```
>>> import scipy.stats as stats
>>> t, p = stats.ttest_ind(revenues_a, revenues_b, axis = 0, \
        equal_var = False)
>>> print('t - stat = {t} \n p - value = {p}'.format(t = t, p = p/2))
t - stat = -1.337055975602803
p - value = 0.09060474681783709
```

由于 $p=0.09$，无法拒绝空假设。那么这是否是说明 1.99 元组消费更高只是偶然因素，游戏应该对所有人降价？从统计学角度回答此问题很简单，但是如果从商业角度也许就变得更复杂了。如果查看模拟的数据，可以发现有少数用户消费在 1000 元以上，这些就是所谓的 VIP 游戏玩家了，如果将这一部分用户去掉后进行观察，将得到如下结果。

```
>>> revenues_a_trimmed = np.minimum(revenues_a, 1000)
>>> revenues_b_trimmed = np.minimum(revenues_b, 1000)
>>> print('A: ARPU = {}'.format(revenues_a_trimmed.mean()))
>>> print('B: ARPU = {}'.format(revenues_b_trimmed.mean()))
>>> print('ARPU 差别: ', revenues_b_trimmed.mean()\
        - revenues_a_trimmed.mean())
A: ARPU = 2.0011756666666667
B: ARPU = 2.4898616666666666
ARPU 差别: 0.48868599999999995
```

此时重新计算 p 值，代码如下。

```
>>> t, p = stats.ttest_ind(revenues_a_trimmed, revenues_b_trimmed, \
        axis = 0, equal_var = False)
>>> print('t - stat = {t} \n p - value = {p}'.format(t = t, p = p/2))
t - stat = -1.7854914296667377
p - value = 0.03709347599105856
```

此时 $p=0.037$，是否意味着应该拒绝空假设？其实仅凭这些数据我们是无法知道定价是如何影响这些客户的，不过商业决策始终是有风险的，也许更好的方式是继续采用 1.99 元的定价，之后用更激进的定价策略，进行新一轮的 A/B 测试。

16.5 留给读者的思考

A/B 测试是一门专门的学科，其核心并不是简单的统计检验。在测试时需要考虑的问题很多：什么时候开始 A/B 测试，做哪些 A/B 测试，需要运行多久，怎么衡量 A/B 测试是否成功，等等。如果要从事 A/B 测试相关的分析，建议读者进一步阅读 A/B 测试相关书籍。

第 17 章 利用数据分析找工作
CHAPTER 17

> 在前一个半世纪所有伟大发明的背后，
> 绝不仅仅是技术本身的长期进步，同时还有思维方式的改变。
> ——路易·芒福德

数据时代来临，我们需要用新的视角来解读这个世界。数据分析不仅可以用于企业改进运营，提升效率，也可以用来帮助我们做出日常决策，如找工作、买房。本章将对拉勾网 2019 年 8 月发布的数据分析职位进行分析，以说明目前数据分析职位的需求情况。

17.1 设定分析目标

17.1.1 问题定义

所有的数据分析都源于某个待解决的问题，那么分析数据分析相关的职位的目的是什么呢？作为在校学生，可能看到数据分析目前正流行，未来想从事这一职业，因此想了解：

- 数据分析相关职位主要在哪些行业有需求？
- 哪些城市对这些职位有大量需求？
- 都是哪些公司在招聘？
- 这些公司目前发展怎么样？
- 职位待遇如何？
- 对学历有什么要求？
- 对工作经验要求高吗？
- 技能要求如何？

类似的问题还可以提出很多，如果企业想发布一项数据分析的招聘需求，那么作为职位发布者可能想了解：

- 市场上这个行业的人才紧缺吗？
- 其他公司的薪酬如何？
- 平均招聘周期多长？
- 都有哪些公司对这类人才有大量需求？

17.1.2 获取数据

对要解决的问题有了清晰定义后,接下来就需要考虑当前有哪些可用数据了。很明显,目前我们手里没有任何数据,那么就需要思考如何去获得数据。假设读者是一名求职者,那么很容易就想到可以从招聘网站了解这些数据,如智联招聘、前程无忧,还有互联网行业经常使用的拉勾网,等等。图 17.1 是在拉勾网搜索数据分析职位返回的页面。

图 17.1　拉勾网职位

从这个页面可以看出,通过该网站可以得到招聘公司、职位所在城市、工作经验要求、学历、薪酬等信息,关于职位的技能要求则需要进一步单击该职位后获得。显然,如果能获取所有数据分析职位的信息,那么应该可以回答上一小节提出的问题。

17.2　准备分析数据

本节将以拉勾网的数据分析职位为例进行讲解,关于数据获取部分,可以通过数据爬虫来获得,具体实现过程本书就不再讨论,有兴趣的读者可以自行学习网络爬虫相关知识。现在假设已经获得了这一数据。

17.2.1　数据准备

首先导入需要的 Python 模块,完成一些初始的设置。

```
>>> import numpy as np
>>> import pandas as pd
>>> import random
>>> import re
>>> import matplotlib.pyplot as plt
>>> import seaborn as sns
```

```
>>> pd.set_option('display.max_columns', 10)
>>> pd.set_option('display.max_rows', 10)
>>> %matplotlib inline
# 用来正常显示中文标签
>>> plt.rcParams['font.sans-serif'] = ['SimHei']
# 当坐标轴有负号的时候可以显示负号
>>> plt.rcParams['axes.unicode_minus'] = False
```

接下来需要读入待分析的数据,并对其有一个初步了解,如图 17.2 所示。

```
>>> lagou = pd.read_csv('lagou_data.csv')
>>> lagou.head()
```

	Unnamed: 0	adWord	appShow	approve	businessZones	...	skillLables	stationname	subwayline	thirdType	workYear
0	0	0	0	1	['张江']	...	['SQL', '数据分析']	金科路	2号线	数据分析	3-5年
1	1	0	0	1	['四惠', '十里堡', '甘露园']	...	['数据分析']	四惠东	1号线	数据分析	不限
2	2	0	0	1	NaN	...	['数据分析', '数据库']	中山公园	1号线	数据分析	1-3年
3	3	0	0	1	NaN	...	['数据挖掘', '数据分析', '算法']	安华桥	10号线	数据挖掘	1-3年
4	4	0	0	1	['学院路', '北太平庄', '牡丹园']	...	['BI', '数据分析']	西土城	10号线	数据分析	3-5年

5 rows × 50 columns

图 17.2 读入待分析职位数据

通过查看数据的前 5 行大致可以看出该数据提供了公司所在位置、工作年限要求等信息。进一步观察可以发现该数据一共有 50 列,但是由于前面使用了代码 pd.set_option ('display.max_columns',10)来设置仅展示 10 列,所以其余列在 Jupyter 中显示时都用省略号代替,因此这里对数据的了解并不全面。当然在数据分析时也可以取消这一限制,不过更好的方法是用下面的代码来了解列的信息。

```
>>> lagou.columns
Index(['Unnamed:0','adWord','appShow','approve','busniessZones','city',
       'companyFullName','companyId','companyLabelList','companyLogo',
       'companyShortName','companySize','createTime','deliver',
       'district','education','explain','financeStage','firstType',
       'formatCreatTime','gradeDescription','hitags','imstate',
       'industryField','industryLables','isHotHire','isSchoolJob',
       'jobNature','lastLogin','latitude','linestation','longitude',
       'pcShow','plus','positionAdvantage','positionId',
       'positionLables','positionName','promotionScoreExplain',
       'publisherId','resumeProcessDay','resumeProcessRate','salary',
       'score','secondType','skillLables','stationname','subwayline',
       'thireType','workYear'],
      dtype='object')
```

上述代码输出了所有的列名,其中有些信息是数据分析中不需要的,因此对数据进行精简处理,只选择需要的列来进行分析,如图 17.3 所示。

```
>>> columns = ['positionId','city','companyFullName','companySize',
    'district','education','financeStage','industryField',
```

```
          'jobNature','latitude','longitude','salary','skillLables',
          'workYear']
>>> lagou = lagou[columns]
>>> lagou.head()
```

	positionId	city	companyFullName	companySize	district	...	latitude	longitude	salary	skillLables	workYear
0	6199988	上海	上海麦聆科技有限公司	50-150人	浦东新区	...	31.200891	121.602909	15k-30k	['SQL','数据分析']	3-5年
1	6247003	北京	掌阅科技股份有限公司	500-2000人	朝阳区	...	39.905841	116.514211	15k-30k	['数据分析']	不限
2	5880792	厦门	厦门多快好省网络科技有限公司	50-150人	思明区	...	24.449090	118.079900	8k-16k	['数据分析','数据库']	1-3年
3	6240762	北京	联洋国融（北京）科技有限公司	50-150人	西城区	...	39.969851	116.383333	15k-30k	['数据挖掘','数据分析','算法']	1-3年
4	6247059	北京	北京小川在线网络技术有限公司	150-500人	海淀区	...	39.980092	116.368056	20k-40k	['BI','数据分析']	3-5年

5 rows × 14 columns

图 17.3 选择需要的列

现在基本上已经完成了对要分析的数据的筛选，接下来需要对数据清洗以便后续分析。

17.2.2 数据清洗

对待分析数据进行简单浏览，很容易就可以发现有些列中的数据只适合人工查看，不适合数据分析。例如，companySize 列提供了公司的人数范围，虽然方便阅读，但是对于数据分析却不方便，因此可以考虑处理为两列数据或只取最小数据，类似地，还有 salary、workYear 等数据，都需要进行类似处理。首先用如下代码处理 companySize 数据。

```
>>> companysize = lagou['companySize'].str.extract('(\d*)-?')
>>> lagou['size'] = companysize
>>> lagou['size'].head()
0      50
1     500
2      50
3      50
4     150
Name: size, dtype: object
```

上述代码采取了取最小公司规模人数的方法，通过正则表达式提取 companySize 列的前半部分数字，之后将取到的数值作为新的列添加到原数据集中。细心的读者可能会注意到这里的 lagou['size'] 列实际上是字符串类型，因此还需要将其转化为整型，代码如下。

```
>>> lagou['size'] = lagou['size'].astype(int)
```

接下来再处理 salary 列，该列以类似"10k-20k"这种格式来表示工资范围。利用正则表达式可以分别提取出最低工资和最高工资，之后再利用最低、最高工资计算平均工资，代码如下。

```
>>> lagou['lowerSalary'] = lagou['salary'].str.\
        extract('(\d*)k-').astype(int)
>>> lagou['upperSalary'] = lagou['salary'].str.\
        extract('k-(\d*)').astype(int)
>>>> lagou['avgSalary'] = (lagou['lowerSalary'] + lagou['upperSalary'])/2
```

workYear 列采用了两种数据格式来记录工作年限要求,一种是类似"3-5 年"这种格式,还有一种用"不限"或"应届毕业生"来代表没有工作年限要求。因此,需要先统一将第二种格式改为第一种格式,之后再利用正则表达式提取最低工作年限要求,代码如下。

```
>>> lagou['workYear'] = lagou['workYear'].str.\
        replace('不限','0-')
>>> lagou['workYear'] = lagou['workYear'].str.\
        replace('应届毕业生','0-')
>>> lagou['workYears'] = lagou['workYear'].str.\
        extract('(\d*)').astype(int)
```

现在基本已经完成了数据的清理工作,使用 head() 函数再次查看数据,如图 17.4 所示。

```
>>> lagou.head()
```

	positionId	city	companyFullName	companySize	district	...	size	lowerSalary	upperSalary	avgSalary	workYears
0	6199988	上海	上海麦略科技有限公司	50-150人	浦东新区	...	50	15	30	22.5	3
1	6247003	北京	掌阅科技股份有限公司	500-2000人	朝阳区	...	500	15	30	22.5	0
2	5880792	厦门	厦门多快好省网络科技有限公司	50-150人	思明区	...	50	8	16	12.0	1
3	6240762	北京	联洋国融(北京)科技有限公司	50-150人	西城区	...	50	15	30	22.5	1
4	6247059	北京	北京小川在线网络技术有限公司	150-500人	海淀区	...	150	20	40	30.0	3

5 rows × 19 columns

图 17.4 职位数据清洗结果

17.3 开始数据分析

17.3.1 职位来自哪里

根据前面数据中提供的信息,职位来自哪里这个问题有 3 个层面的意思。其一是哪些行业对这类职位有需求;其二是哪些城市对这类职位有需求;其三是对这些职位有需求的公司规模如何,都处在什么阶段。首先来回答哪些行业对这类职位有需求的问题。通过前面的数据准备工作,读者应该已经注意到数据集中 industryField 列给出了公司所在行业的信息。因此,通过 groupby 操作,利用如下代码就可以回答该问题,结果如图 17.5 所示。

```
>>> lagou.groupby('industryField').count()
```

industryField	positionId	city	companyFullName	companySize	district	...	size	lowerSalary	upperSalary	avgSalary	workYears
人工智能	3	3	3	3	3	...	3	3	3	3	3
人工智能,物联网	1	1	1	1	1	...	1	1	1	1	1
...	...	...	...	...	...	...	...	...	...	...	...
金融,电商	1	1	1	1	1	...	1	1	1	1	1
金融,移动互联网	1	1	1	1	1	...	1	1	1	1	1

70 rows × 18 columns

图 17.5 公司所在行业信息

然而，如果仔细查看代码的输出结果，就会发现 industryField 中的信息似乎和我们期待的结果有所不同。该列中包含了多个行业信息，如"金融，电商""金融，移动互联网"。对于这种情况，我们的理解是一个公司可以从属于多个子行业。更好的统计方法是，如果某一职位属于两个行业，那么分别在两个行业进行统计。因此，需要先对 industryField 列进行拆分，方法如下。

```
>>> industrySplits = lagou['industryField'].str.split(',', expand = True)
>>> industrySplits
            0           1
0     移动互联网      None
1     文娱丨内容     None
...       ...         ...
433    企业服务      数据服务
434    企业服务      金融
435 rows × 2 columns
```

上述代码将原来的 industryField 列分成了两列，每列包含一个子行业信息，之后再利用 stack() 函数将两列合并如下。

```
>>> industrySplits.stack()
0    0    移动互联网
1    0    文娱丨内容
              ...
434  0    企业服务
     1    金融
Length: 631, dtype: object
```

合并后的数据中增加了一级索引，索引的取值就是 industrySplits 的列名。该信息在最终的统计中是不需要的，因此可以直接去掉，代码如下。

```
>>> lagou_industry = industrySplits.stack().reset_index(\
        level = 1, drop = True)
>>> lagou_industry.head()
0    移动互联网
1    文娱丨内容
2       金融
3    数据服务
4    文娱丨内容
dtype: object
```

利用上面得到的 lagou_industry 就可以完成各行业对数据分析类职位需求的统计，代码如下。

```
>>> lagou_industry = lagou_industry.groupby(lagou_industry.values).\
        count().reset_index()
>>> lagou_industry.columns = ['industryField','number']
>>> lagou_industry
   industryField  number
0      人工智能       7
1      企业服务      35
```

...	...	...
21	软件开发	1
22	金融	93

23 rows × 2 columns

接下来将该信息以可视化的方式进行展示,代码如下。

```
>>> fig = plt.figure(figsize=(8,6),dpi=120)
>>> ax = fig.add_subplot(1, 1, 1)
>>> sns.barplot('industryField','number',
        data=lagou_industry,color='royalblue')
>>> x = np.arange(len(lagou_industry))
>>> y = lagou_industry.number
>>> for industry,jobs in zip(x,y):
        plt.text(industry, jobs+2, '{}'.format(jobs),
            ha='center', va='bottom',fontsize=8)
>>> plt.xticks(fontsize=8)
>>> props = {"rotation" : 45}
>>> plt.setp(ax.get_xticklabels(), **props)
>>> plt.yticks([])
>>> plt.xlabel('')
>>> plt.ylabel('')
>>> plt.title('数据分析需求行业分布',size=10)
>>> sns.despine(left=True)
>>> plt.show()
```

上述代码选择了使用条形图来展示信息,同时将绘图子区域保存到了 ax 变量中,因为后面修改 X 轴的刻度标记时需要用到该信息。之后使用 plt.text()函数在每个条形上面添加了该条形代表的具体数值,当然也可以使用代码 plt.text(industry, jobs+2, '{:.1f}%'.format(jobs/sum(lagou_industry.number)*100), ha='center', va='bottom',fontsize=10)以百分比的形式进行展示。由于 X 轴的刻度标记文字较长,会存在重叠现象,因此选择了对其进行旋转的方式,代码 plt.setp(ax.get_xticklabels(), **props)完成了这一功能。最后,sns.despine()函数设置不显示坐标轴的左边框架,得到如图 17.6 所示的条形图。

从图 17.6 看出移动互联网、金融、数据服务、电商等行业是对数据分析职位需求最大的行业,很可能是由于这些行业有大量运营相关工作,因此对数据分析的需求较大。而人工智能、广告营销、物联网、医疗健康等行业相对需求较少,也许这些行业对机器学习会有更大的需求。感兴趣的读者可以试着去获取机器学习相关的职位数据,然后来验证一下。

下面再来看看对数据分析职位需求最多的城市有哪些。首先通过分组统计获取职位需求最大的 10 个城市,代码如下。

```
>>> lagou_city = lagou.groupby('city')['positionId'].count()\
        .sort_values(ascending=False)
```

这段代码按照城市分组对每个城市职位数进行了汇总,之后按照职位数进行排序。获得了每个城市的职位数后,采用类似前面各行业数据分析职位需求的可视化代码来对城市职位需求进行可视化,得到图 17.7,具体代码如下。

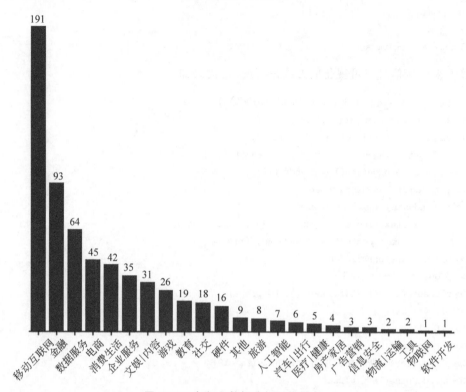

图 17.6 各行业数据分析职位需求

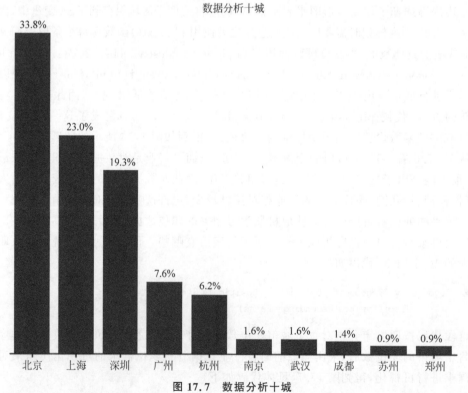

图 17.7 数据分析十城

```
>>> fig = plt.figure(figsize=(8,6),dpi=120)
>>> sns.barplot(lagou_city[:10].index,lagou_city[:10],
    color='royalblue')
>>> x = np.arange(0,10)
>>> y = lagou_city.values
>>> for x_loc,jobs in zip(x,y):
    plt.text(x_loc, jobs+2,
    '{:.1f}%'.format(jobs/sum(lagou_city)*100),
    ha='center', va='bottom',fontsize=8)
>>> plt.xticks(fontsize=8)
>>> plt.yticks([])
>>> plt.xlabel('')
>>> plt.ylabel('')
>>> plt.title('数据分析十城',size=8)
>>> sns.despine(left=True)
>>> plt.show()
```

毫无疑问,北上广深占据了前 4 位,超过 80% 的职位都来自以上城市。如果读者想从事数据分析相关的职位,显然应该考虑以上城市。

对数据分析职位需求的行业和城市有了了解后,接下来再来分析提供职位的都是些什么类型的公司。下面了解公司所处财务阶段,利用如下代码,可以得到图 17.8 的输出。

```
>>> financeStage = lagou.groupby('financeStage')['positionId'].count()
>>> financeStage = financeStage.sort_values(ascending=True)
>>> plt.figure(figsize=(8,6),dpi=120)
>>> sns.barplot(x=financeStage.index,y=financeStage.values)
>>> plt.xlabel("财务阶段")
```

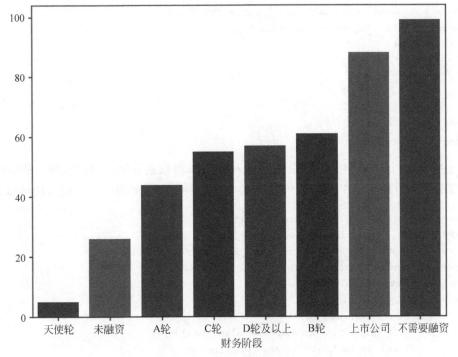

图 17.8 公司所处财务阶段

从图 17.8 看出，招聘公司中，各类存在不同融资阶段的创业公司占据了主要地位。从某种意义上这也验证了数据分析是当下的一大热点。除了分析公司所处财务阶段，还可以分析公司规模，这部分就留给读者来完成。

17.3.2 职位薪酬如何

作为求职者，最关心的肯定就是薪酬了。那么数据分析职位的平均薪酬如何呢？通过 describe()函数可以快速查看描述性统计值。

```
>>> lagou['avgSalary'].describe()
count    435.000000
mean      19.086207
std        7.422723
min        1.000000
25%       15.000000
50%       19.500000
75%       22.500000
max       52.500000
Name: avgSalary, dtype: float64
```

从描述性统计看，该职位平均月薪在 1.9 万元左右，其中 75% 在 2.25 万元以下，最高工资是 5.25 万元。从这个统计上看，数据分析职位的薪酬还是不错的，那么具体工资分布情况如何呢？考虑将工资分为 7000 元以下、7000 元到 1.5 万元、1.5 万元到 2.5 万元、2.5 万元到 5 万元、5 万元以上 5 个区间来进行考察，代码如下。

```
>>> bins = [0,7,15,25,50,100]
>>> cats = pd.cut(lagou['avgSalary'],bins,right = False)
>>> salary_data = pd.value_counts(cats)
>>> salary_data
[15, 25)    252
[7, 15)      99
[25, 50)     73
[0, 7)        9
[50, 100)     2
Name: avgSalary, dtype: int64
```

上述代码中 pd.cut()函数可以根据输入的 bins 将数据分割到对应区间。从输出结果看，大部分职位月薪在 1.5 万元到 2.5 万元。将结果可视化，如图 17.9 所示，代码如下。

```
>>> salary_data = salary_data.sort_index()
>>> fig = plt.figure(figsize = (8,6),dpi = 120)
>>> sns.barplot(salary_data.index,salary_data,color = 'royalblue')
>>> x = np.arange(len(salary_data))
>>> y = salary_data.values
>>> for x_loc,jobs in zip(x,y):
        plt.text(x_loc, jobs + 2,
                '{:.1f}%'.format(jobs/sum(salary_data) * 100),
                ha = 'center', va = 'bottom',fontsize = 8)
>>> plt.xticks(fontsize = 8)
```

```
>>> plt.yticks([])
>>> plt.xlabel('单位:千元',fontsize = 15)
>>> plt.ylabel('')
>>> plt.title('数据分析岗位平均月薪',size = 8)
>>> sns.despine(left = True)
>>> plt.show()
```

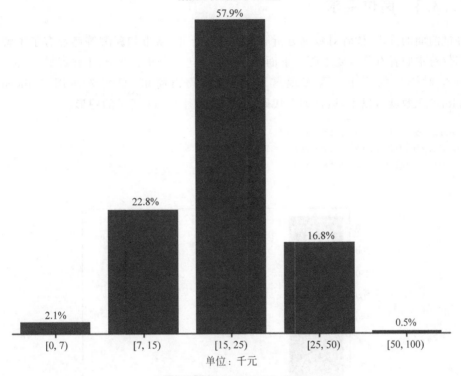

图17.9 数据分析岗位薪酬

除了用条形图来展示数据分析职位的薪酬分布以外,还可以使用分布图对其进行更进一步分析,如图17.10所示,输出该图的代码如下。

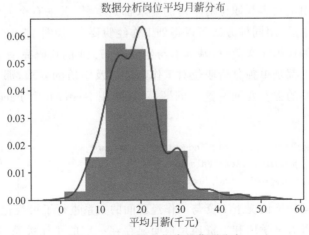

图17.10 数据分析岗位薪酬分布

```
>>> sns.distplot(lagou['avgSalary'],bins = 10)
>>> plt.xlabel('平均月薪(千元)',fontsize = 15)
>>> plt.title('数据分析岗位平均月薪分布',size = 15)
```

从分布图看,该职位的薪酬分布是基本符合正态分布的,只有极少数的人才拿到了较高薪酬。

17.3.3 岗位要求

经过前面的分析,读者对数据分析职位需求的行业、城市和薪酬等已经有了了解,那么这些职位对求职者有什么要求呢?下面从3个方面进行分析:学历、工作经验、技能。首先来看职位对学历的要求。要实现这一统计,代码很简单,只需要使用 Seaborn 中的 countplot()函数就可以了,运行如下代码,将得到如图 17.11 所示的图形。

```
>>> sns.countplot(lagou['education'])
>>> plt.xlabel('学历要求',fontsize = 10)
>>> plt.title('职位数',size = 10)
```

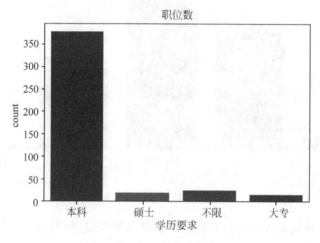

图 17.11　学历要求

从图 17.11 看出绝大多数职位对学历的要求都是本科,看来有个大学文凭还是很重要的。了解了学历要求后,用同样方法可以得到工作经验要求,如图 17.12 所示。

生成图 17.12 的代码非常简单,基本上与生成图 17.11 的代码完全一样,这段代码留给读者自行完成。以上都是单独分析职位对工作经验以及学历的要求,那么工作经验和学历是如何共同影响薪酬的呢?要回答这一问题,可以利用 Seaborn 中 FaceGrid 图进行分析。具体代码如下。

```
>>> g = sns.FacetGrid(lagou, col = "education",    #row
            margin_titles = False)
>>> g.map(sns.regplot,'workYears','avgSalary')
```

上述代码将不同学历情况下工资与工作经验间的关系进行了可视化,如图 17.13 所示。从图 17.13 可以看出学历和工资还是很明显存在一定的正比关系,同时随着工作经验

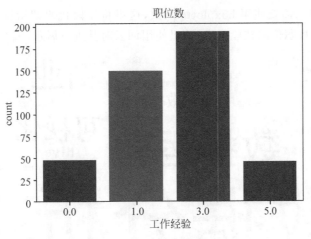

图 17.12 工作经验要求

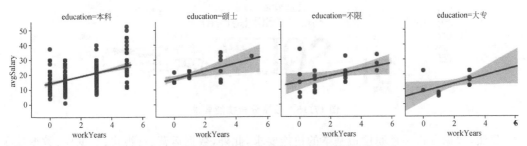

图 17.13 不同学历对工资与工作经验间关系的影响

的增加,学历在其中起的作用随之减小。这也充分说明了学历只是敲门砖。当然也可以用箱线图来进一步考察工作经验对薪酬的影响,例如,从图 17.14 可以看出对于 5 年及以上工作经验的人,薪酬明显有一个大的增长。而毕业生和只有一年工作经验的人,工资几乎没有大的差别,所以刚工作就跳槽并不一定是增长工资的好方式。

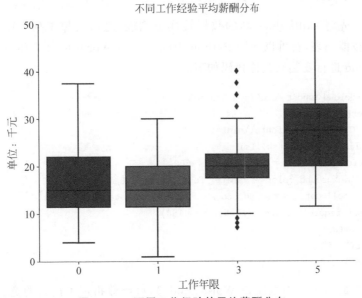

图 17.14 不同工作经验的平均薪酬分布

要得到图 17.14,需要使用 boxplot( )函数,这里将这段代码留给读者完成。最后让我们来看一下数据分析职位的技能要求,这里使用词云对其进行展示,如图 17.15 所示。

图 17.15　数据分析技能要求

显然,数据分析是该职位最基本的技能要求,此外,数据运营、可视化、数据库、数据挖掘等也是数据分析职位需要的技能。要得到图 17.15,首先需要有技能列表,已有数据集中的 skillLables 列已经提供了该信息,只需要将其转换为列表即可,代码如下。

```
>>> skills = lagou['skillLables'].values.tolist()
>>> skills = [c.replace('[','') for c in skills]
>>> skills = [c.replace(']','') for c in skills]
>>> skills = [c.replace("\'",'') for c in skills]
```

上述代码首先将 skillLables 列的数据转换为列表,之后去掉了列表中的一些无用字符。有了这个技能列表,就可以利用 Python 中的三方库 WordCloud 来生成词云(使用 pip install wordcloud 进行安装),具体代码如下。

```
>>> from wordcloud import WordCloud,STOPWORDS
>>> sw = set(STOPWORDS)
>>> font = r'C:\\Windows\\fonts\\simhei.ttf'
>>> skills_list = " ".join(skills)
>>> wc = WordCloud(width = 800, height = 600,
        background_color = 'white',font_path = font,max_words = 50,
        collocations = False,stopwords = sw).generate(skills_list)
>>> fig = plt.figure(figsize = (10,5),dpi = 150)
>>> plt.imshow(wc)
>>> plt.axis("off")
>>> plt.show()
```

上述代码中最关键的函数就是 WordCloud( ),该函数指定了词云的宽、高、背景色、字体、停用词等。WordCloud 库还支持根据某个输入图像来输出词云,感兴趣的读者可以进一步阅读其说明文档,这里不再进行讨论。

17.3.4 思考

通过前面的分析,我们已经对数据分析相关职位有了一定了解,但是这些是否就能解答本章一开始提出的全部问题？或者读者是否可以提出一些新的问题呢？如果能拿到更多数据,能否分析从事数据分析的创业公司都分布在各个城市的哪个区域？最佳跳槽时机是工作几年以后？各位读者又有什么其他问题呢？

第 18 章 用数据解读成都房价

CHAPTER 18

> 安得广厦千万间,大庇天下寒士俱欢颜。
> ——杜甫《茅屋为秋风所破歌》

无论你愿意还是不愿意,解决住房可能是每一个年轻人都不得不面临的问题。既然我们学习了数据分析,那么可不可以用数据分析来帮助了解一个城市的房价高低,判断自己应该在哪个区域买房,某个区域的房产是否有价值洼地呢?本章将用数据来对成都的房价进行解读。

18.1 设定分析目标

18.1.1 问题定义

数据分析的问题需要具体而明确,简单的一句房价分析包含了太多内容。例如,分析中关心的是新房还是二手房,普通住宅还是别墅;从买房者还是开发商角度分析;从投资还是自住角度分析。对这些问题的回答决定了数据分析的重点。这里先假定分析的视角为成都的一名普通买房者,目前想买一套二手房。那么本次数据分析要回答的问题就包括:

- 目前成都的二手房市场平均房价是多少?
- 成都各区二手房价如何?
- 别墅和普通住宅的房价如何?
- 买装修房划算吗?
- 二手房主要分布在哪些区域?
- 小户型与大户型的价格差异如何?
- 能否以热力图的形式将房价在成都地图上显示出来?

18.1.2 获取数据

针对前面的问题,需要考虑从哪里能收集到这些数据。我们的第一反应就是房产网站,这里以链家为例。从网站的成都页面可以看到如图 18.1 所示的各项信息。

如果进入具体的某一套房产页面,还可以查看更详细的信息,如图 18.2 所示。

图 18.1　链家二手房页面

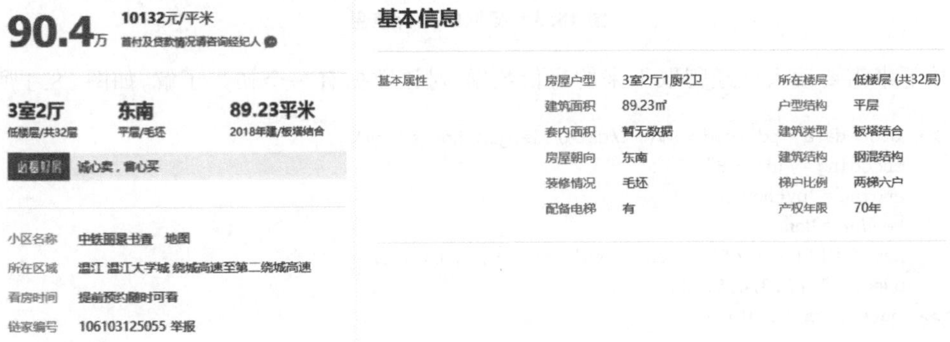

图 18.2　具体房产信息

很自然地，我们可以考虑利用爬虫来爬取成都的二手房信息，之后利用这些数据就可以对成都的二手房进行自己的解读了。

18.2　解读成都二手房

这里已经提前利用爬虫爬取了 2019 年 7 月链家成都发布的大部分二手房数据，一共有 7 万多条。下面就利用这一数据来解读一下成都的二手房市场。

18.2.1　数据准备

首先导入需要的 Python 模块，完成一些初始的设置。

```
>>> import pandas as pd
>>> import matplotlib.pyplot as plt
>>> import seaborn as sns
```

```
>>> pd.set_option('display.max_columns', 10)
>>> pd.set_option('display.max_rows', 10)
>>> %matplotlib inline
# 用来正常显示中文标签
>>> plt.rcParams['font.sans-serif'] = ['SimHei']
# 当坐标轴有负号的时候可以显示负号
>>> plt.rcParams['axes.unicode_minus'] = False
```

提前爬取的房价数据已经以 UTF-8 格式保存在本地 lianjia_house.csv 中,图 18.3 显示了该文件的前几行。

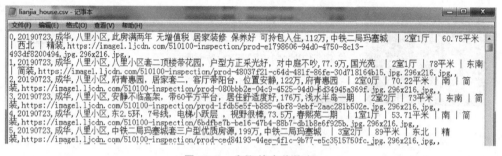

图 18.3　爬取的房价信息

接下来需要读入已经爬取下来的房价数据,对该数据有一个初步了解,如图 18.4 所示。

```
>>> house_data = pd.read_csv('../data/lianjia_house.csv',
    encoding = "utf-8",
    engine = 'python',
    header = None,
    names = ['district','area','des','price','detail'],
    usecols = [2,3,4,5,6])
>>> house_data.head()
```

	district	area	des	price	detail
0	成华	八里小区	此房满两年 无增值税 居家装修 保养好 可拎包入住	112万	中铁二局玛塞城 | 2室1厅 | 60.75平米 | 西北 | 精装
1	成华	八里小区	八里小区套二顶楼带花园,户型方正采光好,对中庭不吵	77.9万	国光苑 | 2室1厅 | 78平米 | 东南 | 简装
2	成华	八里小区	府青惠园,居家套二,客厅带阳台,位置安静	122万	府青惠园 | 2室0厅 | 70.22平米 | 南 | 简装
3	成华	八里小区	安静不临高架,带60平方平台,居住舒适度好	176万	浅水半岛一期 | 2室2厅 | 73平米 | 东南 | 简装
4	成华	八里小区	东2.5环,7号线,电梯小跃层,视野很棒	73.5万	春熙苑二期 | 1室1厅 | 53.71平米 | 南 | 简装

图 18.4　读入房价数据

由于爬取下来的文件是以 UTF-8 格式保存,所以在读取时需要使用 encoding = utf-8 参数,同时指定 engine = 'python'。根据图 18.3 可知该文件是没有文件头的,每列的标题需要自行添加(通过 names 参数实现)。此外,我们还发现需要的数据只存在于中间 5 列,因此只需要读入这几列就可以了(通过 usecols 参数实现)。从数据的前 5 行输出可知数据包含了本次数据分析中需要的二手房区域、小区名称、价格、面积、房屋状态等信息,但是如果想显示房价热力图,还需要获取对应的经纬度信息。另外,数据中 detail 列包含了多项信息:小区名、房屋户型、面积、朝向、装修状态等,后续数据分析需要将以上信息拆分到多列。

首先处理二手房所在小区的经纬度信息，要得到这个信息，首先需要有小区的具体地址，其中小区在成都哪个区，具体区域已经在数据集中的 district 和 area 列给出，而小区名称包含在 detail 列内。通过对前面 5 行数据的观察，可以发现 detail 列中不同信息的分隔采用了"|"，因此可以利用字符串函数 split() 将这些信息拆分出来，如图 18.5 所示。

```
>>> house_detail = house_data['detail'].str.split('|', expand = True)
>>> house_detail.head()
```

	0	1	2	3	4	5
0	中铁二局玛塞城	2室1厅	60.75平米	西北	精装	None
1	国光苑	2室1厅	78平米	东南	简装	None
2	府青惠园	2室0厅	70.22平米	南	简装	None
3	浅水半岛一期	2室2厅	73平米	东南	简装	None
4	春熙苑二期	1室1厅	53.71平米	南	简装	None

图 18.5　信息拆分

拆分后的数据中第 0 列即是小区名称，其他各列包含了户型、面积等信息。显然我们需要对 house_detail 数据的各列进行重新命名，让它们有更明确的意义，不过这里晚些再来处理这个问题，先利用获得的小区名称来构造小区的位置，如图 18.6 所示。

```
>>> house_data['name'] = house_data['district'] +
      house_data['area'] + house_detail[0]
>>> house_data.head()
```

	district	area	des	price	detail	name
0	成华	八里小区	此房满两年 无增值税 居家装修 保养好 可拎包入住	112万	中铁二局玛塞城|2室1厅|60.75平米|西北|精装	成华八里小区中铁二局玛塞城
1	成华	八里小区	八里小区套二顶楼带花园，户型方正采光好，对中庭不吵	77.9万	国光苑|2室1厅|78平米|东南|简装	成华八里小区国光苑
2	成华	八里小区	府青惠园，居家装二，客厅带阳台，位置安静	122万	府青惠园|2室0厅|70.22平米|南|简装	成华八里小区府青惠园
3	成华	八里小区	安静不临高架，带60平方平台，居住舒适度好	176万	浅水半岛一期|2室2厅|73平米|东南|简装	成华八里小区浅水半岛一期
4	成华	八里小区	东2.5环，7号线，电梯小跃层，视野很棒	73.5万	春熙苑二期|1室1厅|53.71平米|南|简装	成华八里小区春熙苑二期

图 18.6　构造小区位置

运行代码 house_data.shape，可以得到输出 (79970,7)，说明爬取的数据一共有 79970 条。通过上述代码将小区的位置与名称信息合并到 name 列，不过仅利用该名称还是没法取得经纬度，因为这里缺少了城市信息。前面已经提到这是成都的二手房，因此可以手动添加新列 city，其取值均为"成都"，如图 18.7 所示。

```
>>> house_data['city'] = '成都'
>>> house_data[['city','name']].head()
```

将 city 与 name 合并就可以得到所有楼盘的地址。

```
>>> addr = house_data['city'] + house_data['name']
>>> addr.head(3)
```

	city	name
0	成都	成华八里小区中铁二局玛塞城
1	成都	成华八里小区国光苑
2	成都	成华八里小区府青惠园
3	成都	成华八里小区浅水半岛一期
4	成都	成华八里小区春熙苑二期

图 18.7　添加城市信息

有了具体的楼盘地址,此时就可以想办法获得经纬度,通过地址获取经纬度的方法很多,这里采用百度提供的一个 API 来获取,首先定义获取经纬度函数,代码如下。

```
>>> import requests
>>> import json
>>> def getLocation_json(addr):
    url = 'http://api.map.baidu.com/geocoder?address = % s&output = json&key = Nku3ztTbOD9MI8mfMlR9ZUol0wduESvB' % (addr)
    json_resp = requests.get(url)
    json_result = json_resp.json()              # 转化为 dict 类型
    lng = json_result['result']['location']['lng']    # 经度
    lat = json_result['result']['location']['lat']    # 纬度
    lng_lat = [lng, lat]
    return lng_lat
```

getLocation_json()函数根据输入的地址,访问 api.map.baidu.com 之后,将返回的响应转换为 JSON 格式,最后从该 JSON 对象中取出经纬度。例如,运行如下代码将得到成都成华八里小区中铁二局玛塞城的经纬度。

```
>>> getLocation_json('成都成华八里小区中铁二局玛塞城')
    [104.108344, 30.689665]
```

如果想得到所有楼盘的经纬度,只需要遍历一下全部的楼盘就可以了,代码如下。

```
>>> import time
>>> longitude = list()
>>> latitude = list()
>>> length = len(addr)
>>> for i in range(0, length):
    lon, lati = getLocation_json(addr[i])
    if lon == - 1:
        break
    longitude.append(lon)
    latitude.append(lati)
    if i != 0 and i % 20 == 0:
        time.sleep(0.5)
    if i != 0 and i % 500 == 0:
        print("Now fetch row: ", i + 1)
```

不过在实际分析时如果运行上述代码就会出错。这是由于网站限制,可能在调用了几百次 API 后就会遇到网站无法访问的错误,这显然是服务端为了保护自己采取的措施。对于这种情况可以考虑采用访问一定次数后就休息一段时间的方法(time.sleep()),或者也可以分段获取,每次取 1000 条,保存到本地,之后再将所有数据连接起来,代码如下。

```
>>> import os
>>> if os.path.exists('../data/location.csv'):
    location_df = pd.read_csv('../data/location.csv')
else:
    location_df = pd.DataFrame()
```

```
>>> lon_lat = {
        "lon":longitude,
        "lat":longitude}
>>> lon_lat_df = pd.DataFrame(lon_lat)
>>> location_df = pd.concat([location_df,lon_lat_df],axis = 0)
>>> location_df.to_csv('../data/location.csv',index = False)
```

假设之前获取的经纬度信息保存在 location.csv 中,每次获取新的地址前,预先将 location.csv 读入到 location_df,之后将新获取的经纬度 lon_lat_df 与 location_df 合并,最后再次保存为 location.csv。这似乎看起来是一个不错的方法,不过细心的读者可能会想到虽然二手房记录有 79970 条,但是楼盘肯定不可能有这么多,也就是说数据中有许多相同楼盘,那么多次获取经纬度就是重复的工作。所以更好的方法实际上是利用 addr.unique()获得不同楼盘信息,之后再来得到这些楼盘的经纬度,保存到一个 DataFrame 中。将该 DataFrame 与之前的 house_data 合并就可以得到需要的数据,代码如下。

```
>>> addr.unique()
         array(['成都成华八里小区中铁二局玛塞城         ', , …,
         '成都新都犀浦朗基少帅府         '], dtype = object)
```

假设现在已经完成了所有地址的获取,并将其保存到了 location.csv 中,下一步工作就是把该数据整合到 house_data 中,代码如下。

```
>>> location_df = pd.read_csv('../data/location.csv')
>>> house_df = pd.concat([house_data,location_df],axis = 1)
>>> house_df.head()
```

整合结果如图 18.8 所示。

	district	area	des	price	detail	name	lon	lat
0	成华	八里小区	此房满两年 无增值税 居家装修 保养好 可拎包入住	112万	中铁二局玛塞城 | 2室1厅 | 60.75平米 | 西北 | 精装	成华八里小区中铁二局玛塞城	104.108344	30.689665
1	成华	八里小区	八里小区套二顶楼带花园,户型方正采光好,对中庭不吵	77.9万	国光苑 | 2室1厅 | 78平米 | 东南 | 简装	成华八里小区国光苑	104.116106	30.694133
2	成华	八里小区	府青惠园,居家套二,客厅带阳台,位置安静	122万	府青惠园 | 2室0厅 | 70.22平米 | 南 | 简装	成华八里小区府青惠园	104.107503	30.686327
3	成华	八里小区	安静不临高架,带60平方平台,居住舒适度好	176万	浅水半岛一期 | 2室2厅 | 73平米 | 东南 | 简装	成华八里小区浅水半岛一期	104.112553	30.688031
4	成华	八里小区	东2.5环,7号线,电梯小跃层,视野很棒	73.5万	春熙苑二期 | 1室1厅 | 53.71平米 | 南 | 简装	成华八里小区春熙苑二期	104.129863	30.686791

图 18.8 二手房数据整合结果

18.2.2 列名调整

数据已经就位,下一步需要做的工作就是对数据进行清洗。前面已经提到 house_detail 的列名需要处理,所以先来看一下 house_detail,具体信息如图 18.5 所示。

初看 house_detail 数据的前 5 行,我们的第一印象是似乎第 6 列没有什么用(注意:第 6 列的名称为 5),都是空值。那么来具体看看第 6 列为空到底是什么原因,运行如下代码,得到如图 18.9 所示的结果。

```
>>> house_detail[house_detail[5].notnull()].head()
```

	0	1	2	3	4	5
1317	万科魅力之城三期	联排别墅	4室2厅	183.4平米	东	精装
1395	万科魅力之城三期	联排别墅	3室2厅	130.8平米	南北	精装
3020	多元总部国际1号	独栋别墅	6室2厅	662.17平米	东	其他
8399	嘉裕第六洲	联排别墅	4室2厅	178.04平米	东南	毛坯
8421	高尔国际2期	独栋别墅	5室3厅	479平米	南	毛坯

图 18.9　查看第 6 列非空的数据

原来第 6 列不都是空值，对于别墅，该列的信息是房屋装修状态；而如果房屋是普通住宅，则第 6 列是空值，房屋的装修状态在第 5 列。基于此，我们将这两种不同的房产类型分别处理保存在 villa 和 apartment 两个不同的 DataFrame 中。

```
>>> villa = house_detail[house_detail[5].notnull()]
>>> apartment = house_detail[house_detail[5].isnull()]
>>> apartment = apartment[[0,1,2,3,4]]
```

接下来将 villa 和 apartment 中各列数据存在的空白字符都去掉，代码如下。

```
>>> for i in range(0,5):
        apartment[i] = apartment[i].str.strip()
>>> for i in range(0,6):
        villa[i] = villa[i].str.strip()
```

最后再给 apartment 和 villa 的列赋予有意义的名称，重命名结果如图 18.10 和图 18.11 所示。

```
>>> apartment.columns = ['house_name','rooms','space',
        'orientation','status']
>>> apartment.head()
>>> villa.columns = ['house_name','type','rooms','space',
        'orientation','status']
>>> villa.head()
```

	house_name	rooms	space	orientation	status
0	中铁二局玛塞城	2室1厅	60.75平米	西北	精装
1	国光苑	2室1厅	78平米	东南	简装
2	府青惠园	2室0厅	70.22平米	南	简装
3	浅水半岛一期	2室1厅	73平米	东南	简装
4	春熙苑二期	1室1厅	53.71平米	南	简装

图 18.10　重命名列（普通住宅）

到了这里，似乎数据已经处理完毕，但是只需要再仔细查看一下 apartment 数据，就会发现预期的 rooms 列中有异常信息，运行如下代码查看。

```
>>> apartment[apartment['rooms'] == '车位'].head()
```

	house_name	type	rooms	space	orientation	status
1317	万科魅力之城三期	联排别墅	4室2厅	183.4平米	东	精装
1395	万科魅力之城三期	联排别墅	3室2厅	130.8平米	南北	精装
3020	多元总部国际1号	独栋别墅	6室2厅	662.17平米	东	其他
8399	嘉裕第六洲	联排别墅	4室2厅	178.04平米	东南	毛坯
8421	高尔国际2期	独栋别墅	5室3厅	479平米	南	毛坯

图 18.11　重命名列（别墅）

如图 18.12 所示，apartment 数据中有些是车位的信息，因此需要将车位信息放到另一个数据集 parking 中，代码如下。

```
>>> parking = apartment[apartment['rooms'] == '车位']
>>> apartment = apartment[apartment['rooms']!= '车位']
```

	house_name	rooms	space	orientation	status
607	浅水半岛一期	车位	28.57平米	东 东南 南 西南 西	None
628	上行东方	车位	26.41平米	东	None
629	蓝光COCO时代	车位	31.83平米	东	None
630	上行东方	车位	27.9平米	南	None
632	浅水半岛三期	车位	28平米	东 东南 西南 南 西	None

图 18.12　车位信息

现在最初的数据集被分成了 3 部分：普通房产、别墅、车位。利用如下代码可以查看各数据集的大小，parking、apartment 和 villa 3 个数据集的行数加起来刚好是 79970。

```
>>> parking.shape,apartment.shape,villa.shape,house_detail.shape
((3705, 5), (74799, 5), (1466, 6), (79970, 6))
```

因为本次分析的目标是分析成都房价，所以我们应该把别墅和普通住宅放到一起来分析。为了区分别墅与普通住宅，我们给 apartment 数据集加上一列 type，取值为"普通住宅"，代码如下。

```
>>> apartment['type'] = '普通住宅'
>>> apartment = apartment[['house_name', 'type', 'rooms',
    'space', 'orientation', 'status']]
>>> apartment_villa = pd.concat([apartment,villa],axis = 0)
>>> apartment_villa.sample(5)
```

结果如图 18.13 所示。之后再将 apartment 与 villa 合并，代码如下。

```
>>> house_df = pd.concat([house_df[['district', 'area',
    'price','lon','lat']],apartment_villa],axis = 1)
>>> house_df.sample(5)
```

	house_name	type	rooms	space	orientation	status
65525	花样年花样城	普通住宅	3室2厅	119.08平米	东	简装
29510	顶峰水岸汇景	普通住宅	2室2厅	82.38平米	东	精装
69301	龙锦慧苑	普通住宅	4室2厅	155平米	东	简装
51804	欧洲印象	普通住宅	2室2厅	58平米	东	精装
49034	天府豪庭	普通住宅	3室2厅	101.08平米	南	简装

图18.13 添加"普通住宅"列

合并结果如图18.14所示。

	district	area	price	lon	lat	house_name	type	rooms	space	orientation	status
41775	青羊	八宝街	120万	104.060388	30.680234	西岸蒂景	普通住宅	1室1厅	58.97平米	南	简装
38796	郫都	红光	90万	103.971056	30.798798	晶宝塞纳国际	普通住宅	3室2厅	83平米	东南	精装
11093	高新	市一医院	216万	104.059022	30.602937	南城都汇雅园二期	普通住宅	2室2厅	89.37平米	南	精装
70767	武侯	华西	136万	104.072522	30.647360	人民南路三段16号	普通住宅	2室1厅	80平米	东	精装
6596	成华	万年场	146.5万	104.140998	30.652351	鲁能公馆	普通住宅	2室1厅	61平米	南	精装

图18.14 房产数据合并结果

实际的数据清洗过程经常不是一帆风顺的,这一工作可能要持续很久,所以经常将工作成果保存是一个良好习惯,下面的代码将处理后的房产数据保存到本地。

```
>>> house_df.to_csv('../data/lianjia_final.csv', index = False)
>>> parking.to_csv('../data/lianjia_parking.csv', index = False)
```

18.2.3 数据类型转换

将前一小节处理后的数据再次读入,如图18.15所示,我们发现其中的price、space、rooms等信息都是字符串,因此需要进一步处理这些列的数据。

```
>>> df = pd.read_csv('../data/lianjia_final.csv')
>>> df.head()
```

	district	area	price	lon	lat	...	type	rooms	space	orientation	status
0	成华	八里小区	112万	104.108344	30.689665	...	普通住宅	2室1厅	60.75平米	西北	精装
1	成华	八里小区	77.9万	104.116106	30.694133	...	普通住宅	2室1厅	78平米	东南	简装
2	成华	八里小区	122万	104.107503	30.686327	...	普通住宅	2室0厅	70.22平米	南	简装
3	成华	八里小区	176万	104.112553	30.688031	...	普通住宅	2室2厅	73平米	东南	简装
4	成华	八里小区	73.5万	104.129863	30.686791	...	普通住宅	1室1厅	53.71平米	南	简装

5 rows × 11 columns

图18.15 读入处理后的数据

如果只考虑前5行数据,我们的第一反应是直接提取price、space、rooms列中的数字信息就可以完成数据类型的转换。现实总是不尽如人意,如果直接提取price列中的数字转换为浮点数,我们会碰到无法将NaN转换为float类型的错误,其实这是由于数据爬虫爬取的数据中存在错误而导致。输入如下代码，得到图 18.16 的结果。

```
>>> df.iloc[5726:5730,:]
```

	district	area	price	lon	lat	...	type	rooms	space	orientation	status
5726	成华	驷马桥	41万	104.102753	30.706117	...	普通住宅	1室1厅	36.21平米	东南	简装
5727	成华	驷马桥	150万	104.101956	30.704810	...	普通住宅	3室1厅	86.87平米	东	精装
5728	成华	驷马桥	总价低户型好通风采光俱佳	104.098105	30.701102	...	普通住宅	NaN	NaN	NaN	NaN
5729	成华	驷马桥	168万	104.098871	30.705401	...	普通住宅	2室1厅	88平米	东	毛坯

4 rows × 11 columns

图 18.16　查看 5276～5730 行

可以发现 5728 行的 price 信息存在错误，同时该行的 space、orientation 等信息为空。如果是真实的数据分析项目，那么我们需要考虑是不是爬虫有问题，需要修正该信息。或者考虑到当前一共有 7 万多条数据，可以利用如下代码将错误信息行删除，结果如图 18.17 所示。

```
>>> df.drop([5728], inplace = True)
>>> df.iloc[5726:5730,:]
```

	district	area	price	lon	lat	...	type	rooms	space	orientation	status
5726	成华	驷马桥	41万	104.102753	30.706117	...	普通住宅	1室1厅	36.21平米	东南	简装
5727	成华	驷马桥	150万	104.101956	30.704810	...	普通住宅	3室1厅	86.87平米	东	精装
5729	成华	驷马桥	168万	104.098871	30.705401	...	普通住宅	2室1厅	88平米	东	毛坯
5730	成华	驷马桥	190万	104.104989	30.721520	...	普通住宅	3室2厅	124平米	东	精装

4 rows × 11 columns

图 18.17　删除错误信息行

对 5728 行处理完毕后，如果继续进行数据清洗，会发现 65332 行也存在问题，因此采用同样方法对其进行处理，代码如下。

```
>>> df.drop([65332], inplace = True)
```

此外，读者应该已经注意到 space 列存在空值的情况。分析房价的时候，因为我们需要根据面积和总价来计算房价，所以对这类数据也需要丢弃。如下代码即可完成这一工作。

```
>>> df = df[df['space'].notnull()]
```

处理完错误数据后，我们可以再次尝试提取之前提到的数字信息，代码如下。

```
>>> df['price'] = df['price'].str.extract("(\d+\.?\d+)").astype(float)
>>> df['space'] = df['space'].str.extract("(\d+\.?\d+)").astype(float)
```

读到这里，有的读者可能就会有疑问了。作者是怎么知道 5728 行有问题的？实际上数据清洗是一个不断迭代的过程，在真实的分析中，我们是先执行前面的提取数字和类型转换代码，这时就会遇到类型转换错误。那么要解决这一问题，我们可能就会只执行 df['price']. str.extract("(\d+\.? \d+)") 这段代码，之后在其返回的结果中利用 isnull() 函数来查看哪一行数据为空，这样就会得到前面提到的 5728 和 65332 行。完成了 price、space 信息的提取,我们发现房型信息中给出的是几房几厅,分析中需要将该信息分为两部分,分别记录房间与厅,代码如下。

```
>>> rooms = df['rooms'].str.extract("(\d+)室(\d+)")
>>> df['livingRooms'] = rooms[0].astype(int)
>>> df['halls'] = rooms[1].astype(int)
>>> df.head()
```

结果如图 18.18 所示。

	district	area	price	lon	lat	...	space	orientation	status	livingRooms	halls
0	成华	八里小区	112.0	104.108344	30.689665	...	60.75	西北	精装	2	1
1	成华	八里小区	77.9	104.116106	30.694133	...	78.00	东南	简装	2	1
2	成华	八里小区	122.0	104.107503	30.686327	...	70.22	南	简装	2	0
3	成华	八里小区	176.0	104.112553	30.688031	...	73.00	东南	简装	2	2
4	成华	八里小区	73.5	104.129863	30.686791	...	53.71	南	简装	1	1

5 rows × 13 columns

图 18.18　拆分房型信息

大功告成,目前似乎已经获得了房产的相关数据了。处理后的数据只有 76263 行(运行代码 df.shape 进行查看),这是由于我们丢弃了一些错误数据。现在来检查一下最终的数据类型,代码如下。

```
>>> df.dtypes
district          object
area              object
price             float64
lon               float64
lat               float64
house_name        object
type              object
rooms             object
space             float64
orientation       object
status            object
livingRooms       int32
halls             int32
dtype: object
```

房价、面积等数据类型已经是浮点型,房间与厅的数目为整型。不过我们似乎还缺少每平方米价格数据,该数据可以通过总价除以面积得到。

```
>>> df['priceSquare'] = (df['price']/df['space']).round(4) * 10000
```

最终得到的数据如下,如图 18.19 所示。

```
>>> df = df[['house_name','type','district', 'area',
        'space','price','priceSquare', 'lon', 'lat',
        'orientation', 'status', 'livingRooms', 'halls']]
>>> df.sample(5)
```

	house_name	type	district	area	space	price	priceSquare	lon	lat	orientation	status	livingRooms	halls
15640	龙湖时代天街	普通住宅	高新区	高新西	48.94	40.0	8173.0	103.912523	30.777052	东南	简装	1	0
67130	供电局家属院	普通住宅	温江	温江老城	103.92	73.0	7025.0	103.863573	30.688487	东	简装	3	2
46849	成都青羊万达广场	普通住宅	青羊	外光华	32.07	42.0	13096.0	103.978276	30.681982	东	毛坯	1	0
27148	交大智能三期	普通住宅	金牛	九里堤	177.90	316.0	17763.0	104.056654	30.709609	东南	精装	4	2
52576	润扬书院阁	普通住宅	双流	航空港	53.76	69.0	12835.0	103.996624	30.584570	北	精装	1	1

图 18.19 最终房价数据

18.2.4 数据解读

1. 综合房价信息

到一个城市买房,可能最先想了解的就是这个城市的房价水平。而这里我们想知道的显然是平均房价以及价格分布。输入如下代码即可达成目标,结果如图 18.20 所示。

```
>>> df.describe()
```

	space	price	priceSquare	lon	lat	livingRooms	halls
count	76263.000000	76261.000000	76261.000000	76263.000000	76263.000000	76263.000000	76263.000000
mean	99.050024	166.404885	15945.723201	104.054618	30.650110	2.495168	1.490093
std	57.658514	176.405092	6447.867738	0.214618	0.128884	1.010487	0.623891
min	8.800000	9.200000	2298.000000	103.562053	22.235979	0.000000	0.000000
25%	67.980000	90.000000	11667.000000	103.984520	30.596707	2.000000	1.000000
50%	87.700000	128.000000	14754.000000	104.053707	30.658761	2.000000	2.000000
75%	118.000000	185.000000	18785.000000	104.109579	30.700240	3.000000	2.000000
max	1814.220000	12000.000000	146341.000000	113.968541	31.007646	20.000000	7.000000

图 18.20 综合房价信息

从代码的输出可以看出成都的平均房价大约为 15945 元/平方米,最贵的是 14.6 万元/平方米,最便宜的是 2298 元/平方米。在成都买一套房平均要 166 万元,大部分二手房产都是 3 房或 3 房以下,平均 100 平方米左右。进一步分析发现,75% 的二手房都是 118 平方米左右,售价 185 万元以下。不过,正如在统计收入时我们经常被平均一样,房价是否也存在被平均的情况呢? 在数据准备时我们已经知道上面的数据包含了别墅与普通住宅,那么是否别墅拉高了平均价呢? 房价按不同类型区分,价格又是多少呢? 因此可用如下代码进行分组统计。

```
>>> df.groupby('type')['price'].mean()
type
双拼别墅      785.483871
叠拼别墅      505.806154
普通住宅      155.649478
独栋别墅     1410.901961
联排别墅      568.957377
Name: price, dtype: float64

>>> df.groupby('type')['priceSquare'].mean()
type
```

```
双拼别墅    24414.387097
叠拼别墅    21087.732308
普通住宅    15811.870031
独栋别墅    33041.596078
联排别墅    19972.660782
Name: priceSquare, dtype: float64
```

按照房产类型统计,普通住宅平均 156 万元一套;而别墅里面最贵的是独栋别墅,平均一套大约 1411 万元,最便宜的是叠拼别墅,平均一套 506 万元左右。普通住宅平均价格是 15811 元/平方米,基本受别墅影响不大,虽然叠拼别墅平均总价低些,但是在平均价格上,联排别墅似乎更低些,为 19973 元/平方米。对成都的房价,现在我们已经有了一个大致的了解,读者朋友们,您是准备买别墅还是普通住宅呢?买在哪个区域呢?让我们继续来为您解读。

2. 成都各区域房价

对成都房价有了大致了解后,接下来我们关注的就是各区域的价格情况,不同房型价格是多少,不同面积房产价格是多少。在前面的综合房价信息中,我们看到有的房产只有厅,而有的房间居然有 20 间。我们具体来看看这些 livingrooms=0 的房子吧,如图 18.21 所示。

```
>>> df[df['livingRooms'] == 0]
```

	house_name	type	district	area	space	price	priceSquare	lon	lat	orientation	status	livingRooms	halls
1732	和泓东28	普通住宅	成华	东郊记忆	34.92	42.8	12257.0	104.134746	30.666928	东南	简装	0	1
35655	壹中心	普通住宅	龙泉驿	龙泉驿城区	46.00	60.0	13043.0	104.248241	30.573475	东南	毛坯	0	1
35689	壹中心	普通住宅	龙泉驿	龙泉驿城区	46.00	58.0	12609.0	104.248241	30.573475	南北	精装	0	2
40255	一里阳光	普通住宅	郫都	郫县万达	30.26	31.0	10245.0	103.906297	30.811277	西南	毛坯	0	0
43953	左右	普通住宅	青羊	光华泡沫	49.41	55.0	11131.0	104.016875	30.669354	东	简装	0	0
47978	天祥广场	普通住宅	青羊	西南财大	193.80	380.0	19608.0	104.027469	30.667302	南北	简装	0	0

图 18.21 livingrooms=0

对这些房子大致进行一下浏览就可以发现,很可能这些数据都存在错误,如最后一条天祥广场的房子面积为 193.8 平方米,怎么可能是 0 室 0 厅呢?因此,这些数据如果不能修正的话,也应该剔除后再进行分析,这一工作就留给读者朋友了。接下来再继续看看 livingrooms≥10 的房产吧,如图 18.22 所示。

```
>>> df[df['livingRooms']>=10]
```

	house_name	type	district	area	space	price	priceSquare	lon	lat	orientation	status	livingRooms	halls
33994	中粮御岭湾	独栋别墅	龙泉驿	阳光城	389.00	3500.0	89974.0	104.314249	30.608306	南	精装	20	5
33998	中粮御岭湾	普通住宅	龙泉驿	阳光城	496.79	1500.0	30194.0	104.314249	30.608306	东南	精装	10	3

图 18.22 livingrooms≥10

原来这一豪宅在龙泉的中粮御岭湾,不过这里似乎应该有些疑问,389 平方米,有 20 间房,价格要 3500 万元,而另一套房 497 平方米只要 1500 万元。是否是网站数据有误?我们先不纠结于此,还是看看成都各区域的房产价格吧。老成都以前有着"东穷北匪,南富西贵"的说法,那么房价是否在以上各区域有所不同呢?要回答此问题,输入如下代码,结果如图 18.23 所示。

```
>>> price_by_district = df.groupby(['district','type'])['price',
    'priceSquare'].mean()
>>> price_by_district.reset_index(inplace = True)
>>> price_by_district[price_by_district['type'] == '普通住宅']\
    .sort_values('priceSquare',ascending = False)
```

	district	type	price	priceSquare
62	高新	普通住宅	236.935818	21236.565036
51	锦江	普通住宅	194.030554	21185.851520
58	青羊	普通住宅	171.954882	18411.852449
7	天府新区	普通住宅	226.430212	17711.145318
29	武侯	普通住宅	171.179658	17391.948034
19	成华	普通住宅	139.487899	16682.231293
2	双流	普通住宅	160.475643	15904.005413
47	金牛	普通住宅	143.245017	15504.820833
68	龙泉驿	普通住宅	132.791846	13422.082816
12	天府新区南区	普通住宅	186.004986	13272.528090
24	新都	普通住宅	115.911606	12640.606921
64	高新西	普通住宅	108.070754	12328.160065
41	郫都	普通住宅	113.140613	12220.637277
34	温江	普通住宅	124.685721	11582.472485
44	都江堰	普通住宅	156.962963	10666.407407
37	简阳	普通住宅	108.452086	10008.688525
17	彭州	普通住宅	89.718890	8472.589823
54	青白江	普通住宅	77.868085	7072.680851

图 18.23 区域房价（普通住宅）

从输出结果来看，南边的成都高新区和西边的青羊区位列平均房价第一和第三，分别约为 21237 元/平方米和 18412 元/平方米，而城市中心的锦江区位列第二，平均 21186 元/平方米。此外，成都的新贵——南边的天府新区，平均价格也达到了 17711 元/平方米，东边的成华区和北边的金牛区价格要比上述区域相对低些。而新并入成都的彭州、青白江、简阳目前价格都较低。此外，温江与郫都的价格也只是在 12000 元/平方米左右。接下来再看看别墅的情况，如图 18.24 所示。

```
>>> price_by_district[price_by_district['type']!= '普通住宅']\
    .sort_values(['priceSquare'],ascending = False)
```

别墅与普通住宅稍有不同，其中金牛区和青羊区占据了前 3 位，南边的天府新区、高新区紧随其后，彭州、青白江仍位于最后。

	district	type	price	priceSquare
48	金牛	独栋别墅	2400.000000	49133.000000
56	青羊	双拼别墅	1623.333333	45571.833333
59	青羊	独栋别墅	1733.333333	43098.666667
27	武侯	双拼别墅	1800.000000	41470.500000
8	天府新区	独栋别墅	1684.765625	41310.500000
63	高新	联排别墅	1501.500000	39847.300000
13	天府新区南区	独栋别墅	1723.967033	38162.648352
...	...	...	...	...
46	都江堰	联排别墅	248.000000	13929.000000
14	天府新区南区	联排别墅	334.513483	13496.213483
16	彭州	叠拼别墅	437.000000	13025.500000
67	龙泉驿	叠拼别墅	280.857143	12857.952381
15	彭州	双拼别墅	290.000000	8869.000000
55	青白江	联排别墅	225.000000	8588.000000
18	彭州	独栋别墅	281.333333	8483.000000

53 rows × 4 columns

图 18.24　区域房价（别墅）

3. 房屋面积与价格的关系

很明显，房价肯定与房屋的大小户型有关，输入如下代码，可以得到如图 18.25 所示的图形。

```
>>> import seaborn as sns
>>> sns.lmplot('space','priceSquare',data = df[df['type'] == '普通住宅'])
```

显然，整体上房价和面积还是存在正比关系，不过也存在一些异常点，有兴趣的读者可以进一步对此进行分析，说不定还能买到性价比极高的房产哦！

4. 房价与装修的关系

很多人说买装修好的二手房会比较划算，实际情况是不是如此呢？运行如下代码，来看看各区不同装修状态的房产价格如何，如图 18.26 所示。

```
>>> district_status_group = apartment_df.\
        groupby(['district','status']).mean()
>>> district_status_vis = district_status_group.\
        reset_index()[['district','status','priceSquare']]
>>> district_status_vis.sample(10)
```

从图 18.26 可以看出，基本上没有装修的房产和已装修的房产价格差距很小，说明前面说法确实有一定道理。不过对任何事情我们都应该大胆假设，小心求证。会不会是装修的

第18章 用数据解读成都房价

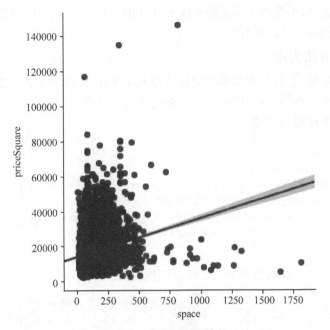

图 18.25　房价与面积的关系

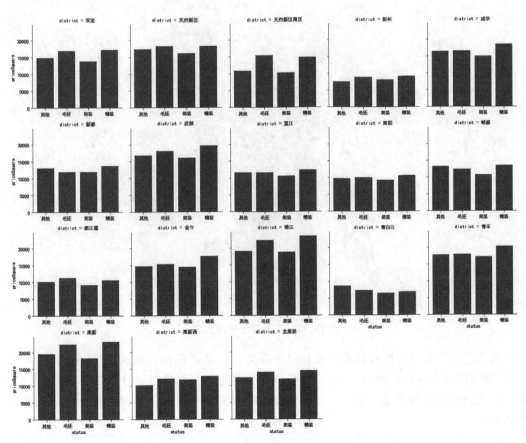

图 18.26　各区不同类型房产均价

房子房龄相对更老,而毛坯房大多是刚买没有几年的房呢？因为爬取的数据里面没有房龄信息,显然无法直接得出这一结论。

5. 成都房价热力图

通过前面的分析,我们对成都房价应该已经有了基本了解。如果想要进一步将房产位置和价格结合起来分析,就需要使用热力图来完成这一工作。首先运行如下代码来看看成都的二手房主要来自哪些区域。

```
>>> import folium
>>> from folium import plugins
>>> price_heatmap = folium.Map(location = cd_coords, zoom_start = 11)
>>> price_heatmap.add_child(plugins.HeatMap(\
    [[row["lat"],row["lon"]] for name, row in apartment_df.iterrows()]))
>>> price_heatmap.save("../data/price_heatmap.html")
>>> price_heatmap
```

运行上述代码可以得到如图18.27所示的热力图。

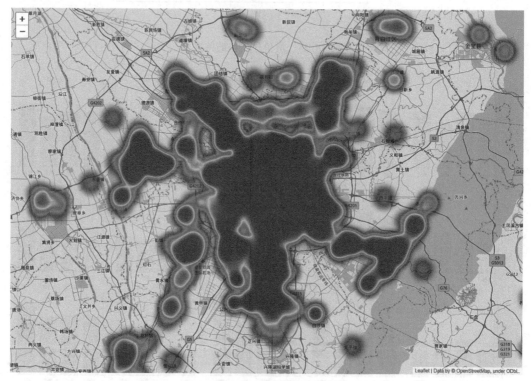

图18.27　二手房分布热力图

从二手房分布热力图可以看出成都二手房交易主要还是在主城区,之后是温江、双流、郫县、龙泉以及高新区。同时,北边三环路到绕城高速之间似乎没有什么二手房,也许未来这一区域会有大量新楼盘。接下来让我们看看房价的热力图,首先定义一个绘图辅助函数,代码如下。

```
>>> def map_points(df, lat_col = 'lat', lon_col = 'lon', zoom_start = 11, \
```

```python
                    plot_points = False, pt_radius = 15, \
                    draw_heatmap = False, heat_map_weights_col = None, \
                    heat_map_weights_normalize = True, heat_map_radius = 15):

    middle_lat = df[lat_col].median()
    middle_lon = df[lon_col].median()
    curr_map = folium.Map(location = [middle_lat, middle_lon],
                          zoom_start = zoom_start)
    # add points to map
    if plot_points:
        for _, row in df.iterrows():
            folium.CircleMarker([row[lat_col], row[lon_col]],
                                radius = pt_radius,
                                popup = row['name'],
                                fill_color = "#3db7e4",
                                ).add_to(curr_map)

    # add heatmap
    if draw_heatmap:
        # convert to (n, 2) or (n, 3) matrix format
        if heat_map_weights_col is None:
            cols_to_pull = [lat_col, lon_col]
        else:
            # normalize
            if heat_map_weights_normalize:
                df[heat_map_weights_col] = \
                    df[heat_map_weights_col] /\
                    df[heat_map_weights_col].sum()
            cols_to_pull = [lat_col, lon_col, heat_map_weights_col]
        lat_lon = df[cols_to_pull].values
        curr_map.add_child(plugins.HeatMap(lat_lon,
            radius = heat_map_radius))
    curr_map.save('../data/priceSquare_heatmap.html')

    return curr_map
```

map_points()函数可以针对输入数据绘制基于 heat_map_weights_col 值的热力图，运行如下代码，将得到如图 18.28 所示的热力图。

```
>>> apartment_df_geo = apartment_df.dropna()
>>> map_points(apartment_df_geo, plot_points = False, draw_heatmap = True, \
        heat_map_weights_normalize = False, \
        heat_map_weights_col = 'priceSquare', heat_map_radius = 9)
```

如图 18.29 所示，进一步放大热力图可以发现，南边的玉林区域房价存在区域高点，西边永陵路区域、东北方向红星路附近都存在区域高点。有意思的是，传统的富人区桐梓林却没有多少二手房，原因要么是数据不够，要么就是该区域二手房源确实很少。

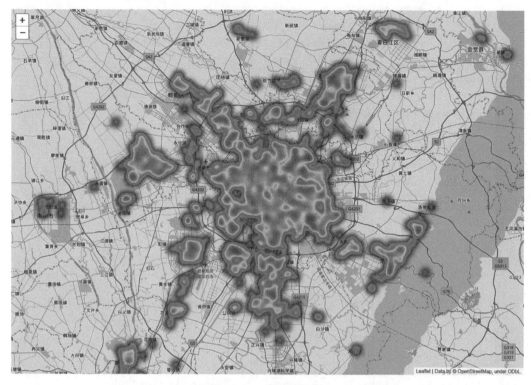

图 18.28 房价热力图

图 18.29 放大房价热力图

18.2.5 思考

现在我们对成都房价已经算是有了初步了解,这些是不是就够了呢?在分析的过程中会不会有新的问题产生呢?例如,投资者可能会关注买房的区域内二手房是否好卖;如果能结合租房数据,还可以查看这里的租售比如何,某个区域的交通与房价的关系,学区房的影响,等等。数据分析是一个永无止境的过程,我们不断提出问题,寻找答案,之后再次检视问题,提出新问题。以上这些问题,就留给读者朋友吧!

第 19 章 时间序列分析

CHAPTER 19

> 时间是人能消费的最有价值的东西。
>
> ——狄奥佛拉斯塔

生活中我们会碰到大量与时间有关的数据,如投资者每天关注的股票价格、每月的经济数据;普通老百姓每天关注的气温;企业、零售商关注的每日销售数据和库存等。这些数据都称为时间序列数据(Time Series Data),即在不同时间上收集到的数据,用于描述现象随时间变化的情况。正所谓"时间从来不语,却回答了所有的问题",这类数据反映了事物、现象等随时间的变化状态或程度。本章将为大家介绍如何在利用 Python 进行时间序列分析。

19.1 认识时间序列数据

19.1.1 读入时间序列数据

作为一名个人投资者,最关心的事情肯定是自己购买的股票每天的收盘价如何。而某一股票每天的收盘价就是一个典型的时间序列数据。例如,招商银行的每日收盘价如下。

```
>>> df = pd.read_csv('../data/stock/600036.xls', \
        usecols=['date','close'],parse_dates=['date'],sep='\t')
>>> df.head()
    date        close
0   2014-01-20  5.97
1   2014-01-21  6.03
2   2014-01-22  6.20
3   2014-01-23  6.02
4   2014-01-24  5.93
```

上面的数据中按照时间顺序记录了每天招商银行的收盘价,这就是我们所说的时间序列。对于时间序列,有时也会选择在读入数据时将时间数据所在列作为其索引。例如,对上述数据,使用如下代码读入时将时间列(date)作为索引。

```
>>> df = pd.read_csv('../data/stock/600036.xls', \
        usecols=['date','close'],\
```

```
              parse_dates = ['date'],index_col = 'date',sep = '\t')
>>> df.head()
              close
date
2014 - 01 - 20   5.97
2014 - 01 - 21   6.03
2014 - 01 - 22   6.20
2014 - 01 - 23   6.02
2014 - 01 - 24   5.93
```

很多时候,对于时间序列,某一时间不只是观察某一个变量的值,我们还会观察多个变量的值。例如,对于股票信息,会同时观察一天的开盘价、收盘价、最高价、最低价、成交量,如图 19.1 所示。

```
>>> df = pd.read_csv('../data/stock/600036.xls', \
              parse_dates = ['date'],index_col = 'date',sep = '\t')
>>> df.head()
```

date	open	high	low	close	vol
2014-01-20	6.01	6.10	5.92	5.97	27537862
2014-01-21	6.04	6.18	5.98	6.03	25159216
2014-01-22	6.06	6.28	5.98	6.20	50123656
2014-01-23	6.17	6.21	5.99	6.02	38634112
2014-01-24	5.98	6.06	5.89	5.93	52264196

图 19.1　多个变量信息

19.1.2　时间序列数据的可视化

对于时间序列数据,其可视化也非常简单,通常将时间作为 X 轴,将观测数据作为 Y 轴。例如前面的招商银行每日收盘价,可以用如下代码可视化,得到图 19.2。

```
>>> def plot_df(df, x, y, title = "", xlabel = '日期', ylabel = '股价', dpi = 100):
        plt.figure(figsize = (16,5), dpi = dpi)
        plt.plot(x, y, color = 'red')
        plt.gca().set(title = title, xlabel = xlabel, ylabel = ylabel)
        plt.show()
>>> plot_df(df, x = df.index, y = df.close, title = '招商银行收盘价')
```

从图 19.2 可以看出,招商银行的股价从 2014 年初的 6 元左右,涨到了 2019 年 10 月的 35 元左右。5 年时间,基本上有 6 倍的回报,从投资的角度看,长期持有这类股票是最好的策略。不过从时间序列数据分析的角度看,这一时间序列数据存在着明显的趋势性。下面再来看一个澳大利亚糖尿病药品的月销售数据,如图 19.3 所示。

```
# 数据来源于 fpp pacakge in R.
>>> df_drug = pd.read_csv('../data/a10.csv', \
              parse_dates = ['date'], index_col = 'date')
```

图 19.2　招商银行收盘价

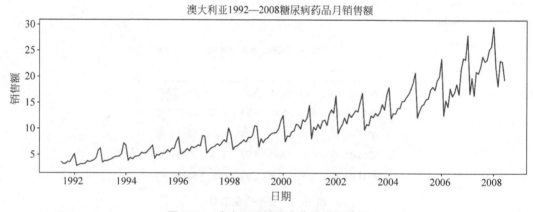

图 19.3　澳大利亚糖尿病药品销售数据

```
>>> plot_df(df_drug, x = df_drug.index, y = df_drug.value, \
        title = '澳大利亚1992-2008糖尿病药品月销售额', ylabel = '销售额')
```

从图 19.3 可以清晰地看出，该数据与前面招商银行的股价数据类似，也存在强烈的趋势性，即逐年增长。不过除了趋势性特征以外，这一时间序列数据还存在另一特征——季节性。从图 19.3 看出糖尿病药品的销售随着季节变化总是存在相同的波峰和波谷。为了进一步观察这类特征，可以按照月份来对比每年的销售数据，代码如下。

```
>>> df_drug.reset_index(inplace = True)
# 提取年和月信息
>>> df_drug['year'] = [d.year for d in df_drug['date']]
>>> df_drug['month'] = [d.strftime('%b') for d in df_drug['date']]
>>> years = df_drug['year'].unique()
# 用不同颜色用来绘制每年销售
>>> np.random.seed(100)
>>> mycolors = np.random.choice(list(mpl.colors.XKCD_COLORS.keys()), \
        len(years), replace = False)
# 绘图
>>> plt.figure(figsize = (16,12), dpi = 80)
>>> for i, y in enumerate(years):
```

```
            if i > 0:
                plt.plot('month', 'value', \
                    data = df_drug.loc[df_drug.year == y, :], \
                    color = mycolors[i], label = y)
                plt.text(df_drug.loc[df_drug['year'] == y, :].shape[0] - .9, \
                    df_drug.loc[df_drug['year'] == y, \
                    value'][-1:].values[0], y, \
                    fontsize = 12, color = mycolors[i])
>>> plt.gca().set(xlim = (-0.3, 11), ylim = (2, 30), \
        ylabel = '药品销售', xlabel = '月')
>>> plt.yticks(fontsize = 14, alpha = .7)
>>> plt.title("药品销售季节性数据", fontsize = 20)
>>> plt.show()
```

上述代码首先将索引还原成列 date，之后利用 date 信息创建了新的 year 和 month 列。紧接着在后面的绘图代码中，因为 1991 年数据不全，所以代码略过了该年 ($i>0$)。之后通过代码 df_drug.loc[df_drug.year==y, :] 过滤出一年的数据来绘制折线图，并利用 plt.text() 函数将 year 信息在右侧轴标记出来，最终得到图 19.4。

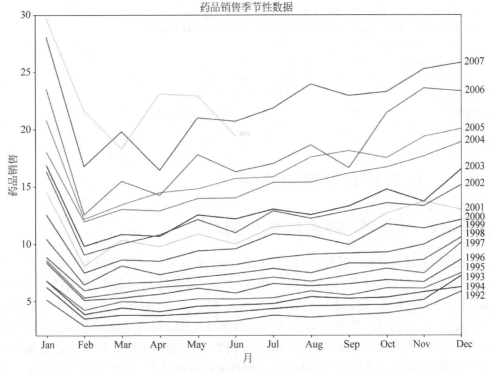

图 19.4　药品销售按月对比

从图 19.4 明显地看到数据存在季节性特征，即 1 月销售突然增加后立刻回落，而在 12 月又存在一次异常增加。这很可能是假期因素导致的药品销售的季节性变化。利用如图 19.5 所示的箱线图，可以很好地将该时间序列数据的季节性与趋势性特征完美展示出来。

从左侧图形可以看出药品销售逐年上升的趋势非常明显，而从右侧图形可以看出药品

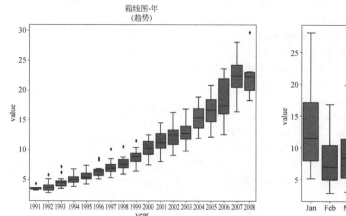
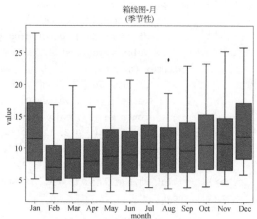

图 19.5　药品销售的季节性与趋势性特征

销售在 1 月与 12 月的季节性特征也非常明显。有兴趣的读者可以用如下代码得到上面的图形。

```
>>> fig, axes = plt.subplots(1, 2, figsize = (20,7), dpi = 80)
>>> sns.boxplot(x = 'year', y = 'value', data = df_drug, ax = axes[0])
# 去掉了 1991/2018
>>> sns.boxplot(x = 'month', y = 'value', \
    data = df_drug.loc[~df_drug['year'].isin([1991, 2008]), :])
>>> axes[0].set_title('箱线图 - 年\n(趋势)', fontsize = 18);
>>> axes[1].set_title('箱线图 - 月\n(季节性)', fontsize = 18)
>>> plt.show()
```

19.2　时间序列数据的分解

19.2.1　认识时间序列数据中的模式

通过前面的时间序列可视化，读者应该已经观察到了时间序列中的季节性特征和趋势性特征。实际上一个时间序列往往是以下几类变化形式的叠加或耦合：长期趋势（Secular Trend，T）、季节波动（Seasonal Variation，S）、循环波动（Cyclical Variation，C）、不规则波动（Irregular Variation，I）。其中，长期趋势是时间序列在长时期内呈现出来的持续向上或持续向下的变动；季节波动是指时间序列在一年内重复出现的周期性波动，它是诸如气候条件、生产条件、节假日或人们的风俗习惯等各种因素影响的结果；循环波动则是时间序列呈现出的非固定长度的周期性变动，循环波动的周期可能会持续一段时间，但与长期趋势不同，它不是朝着单一方向的持续变动，而是涨落相间的交替波动；不规则波动是指时间序列中除去长期趋势、季节变动和周期波动之后的随机波动，不规则波动通常总是夹杂在时间序列中，致使时间序列产生一种波浪形或震荡式的变动。不过时间序列并不一定总是同时包含长期趋势与季节性波动，图 19.6 给出了 3 个不同的例子，分别是只有长期趋势的时间序列、只有季节性波动的时间序列以及同时具有季节性与趋势特征的时间序列。

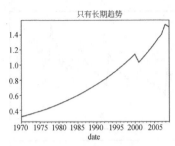 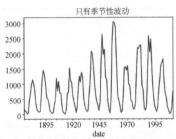 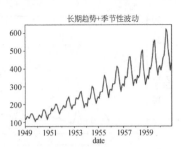

图 19.6　时间序列中的模式

如果以数学模型来表示，可以将任意时间序列 y_t 表示为如下的函数：
$$y_t = f(T_t, S_t, C_t, I_t)$$
更具体地，可以用加法模型或乘法模型对其进行分解（另外还有混合模型，本书不作讲解）。
- 加法模型：$y_t = T_t + S_t + C_t + I_t$
- 乘法模型：$y_t = T_t \times S_t \times C_t \times I_t$

19.2.2　Python 中进行时间序列数据的分解

Python 中的三方包 statsmodels 提供了经典的时间序列数据分解方式的实现，利用它可以将时间序列数据以加法或乘法模型进行分解，如图 19.7 和图 19.8 所示。

模型分解代码如下。

```
>>> from statsmodels.tsa.seasonal import seasonal_decompose
>>> df = pd.read_csv('../data/a10.csv', parse_dates=['date'], \
        index_col='date')
# 乘法
>>> result_mul = seasonal_decompose(df['value'], \
        model='multiplicative', extrapolate_trend='freq')
# 加法
>>> result_add = seasonal_decompose(df['value'], \
        model='additive', extrapolate_trend='freq')
# 绘图
>>> plt.rcParams.update({'figure.figsize': (10,10)})
>>> result_mul.plot().suptitle('乘法模型分解', fontsize=15)
>>> result_add.plot().suptitle('加法模型分解', fontsize=15)
>>> plt.show()
```

其中，seasonal_decompose()函数完成了所有的模型分解工作，通过 model 参数可以选择使用加法模型还是乘法模型，extrapolate_trend 参数指明了数据的插值方式，读者可以通过帮助更详细地了解其使用方法。如果读者仔细观察图 19.7 与图 19.8 中的 residuals 图（实际上 residuals 就是前面提到的 I），就会发现加法模型中的 residuals 还是存在一定的固定模式，而在乘法模型中则相对随机。因此，对于此数据，乘法模型显然更适合。如果想查看具体的分解值，那么可以通过 result_mul 对象得到，代码如下。

```
# Values = (Seasonal * Trend * Resid)
>>> df_reconstructed = pd.concat([result_mul.seasonal, \
        result_mul.trend, result_mul.resid, \
```

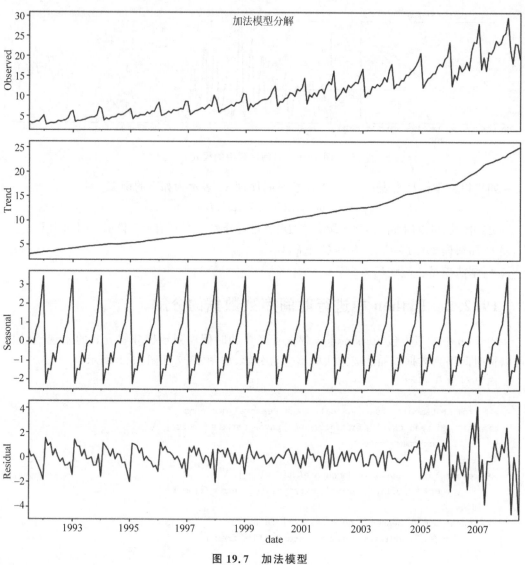

图 19.7 加法模型

```
            result_mul.observed], axis = 1)
>>> df_reconstructed.columns = ['seas', 'trend',\
        'resid', 'actual_values']
>>> df_reconstructed.head()
                seas        trend       resid       actual_values
date
1991-07-01      0.987845    3.060085    1.166629    3.526591
1991-08-01      0.990481    3.124765    1.027745    3.180891
1991-09-01      0.987476    3.189445    1.032615    3.252221
1991-10-01      1.048329    3.254125    1.058513    3.611003
1991-11-01      1.074527    3.318805    0.999923    3.565869
```

如果将上面输出中的 seas、trend、resid 列相乘,就可以得到与 actual_values 列一样的值。

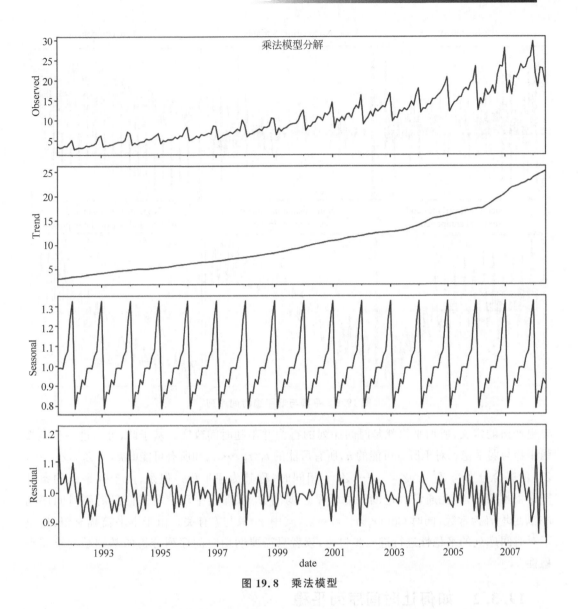

图 19.8 乘法模型

19.3 时间序列的平稳性

19.3.1 认识平稳与非平稳时间序列

平稳性(Stationary)可以说是时间序列的内部逻辑,也就是说每一期的序列值与前几期之间存在一种一致的结构性变化关系,只有这样,我们才能建立模型去分析并预测。其根本原因在于统计学或计量经济学是从数量规律的角度研究问题,如果事物本身的变化毫无规律,这时候还要用统计或计量去分析,那就毫无意义了。图 19.9 是来自 R 语言的 TSTutorial (Stationary Time Series TSTutorial v1.2.1)中一些关于平稳与非平稳时间序列的示例。

从图 19.9 中可以大致看出平稳与非平稳时间序列的区别。不过从数学意义上我们需

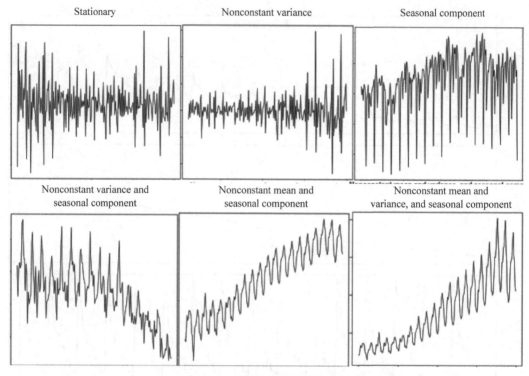

图 19.9 平稳与非平稳时间序列

要更严格的定义,所谓平稳就是时间序列的行为并不随时间改变。基于此,可以进一步定义强平稳与弱平稳。对于所有可能的 n,所有可能的 $t_1,t_2,\cdots,t_n$ 和所有可能的 k,当 $Z_{t_1},Z_{t_2},\cdots,Z_{t_n}$ 的联合分布与 $Z_{t_1-k},Z_{t_2-k},\cdots,Z_{t_n-k}$ 相同时,称其为强平稳。但是,由于强平稳的条件经常很难满足,因此通常假定的平稳性是较弱的方式,即弱平稳。弱平稳只需要时间序列 r_t 满足均值为常数,同时 $\mathrm{Cov}(r_t,r_{t-l})=\gamma_l$,其中 γ_l 只与 l 有关。由于本书篇幅有限,这里不对时间序列的平稳性进行进一步讨论,读者只需要明白时间序列分析的基础是要求其平稳性。

19.3.2 如何让时间序列平稳

既然时间序列的平稳性很重要,那么如何让其平稳呢?理论上几乎所有的时间序列通过一系列合适的变换,都可以变为平稳时间序列。典型的方法有:

- 差分,如一阶或更多;
- 进行对数变换去除指数趋势;
- 求 n 次方根;
- 将上述方法组合。

虽然通过可视化的方式,我们可以对时间序列的平稳性进行判断,又或者可以通过计算均值、方差、协方差来判断,不过更多的时候,我们会使用单位根检验(Unit Root Tests)的方式来进行判断。典型的方法有:

- Augmented Dickey Fuller Test(ADF Test);

- Kwiatkowski-Phillips-Schmidt-Shin Test(KPSS Test);
- Philips Perron Test(PP Test)。

下面以 statsmodels 包中提供的 ADF 检验与 KPSS 检验为例来进行讲解。

```
>>> from statsmodels.tsa.stattools import adfuller, kpss
>>> df = pd.read_csv('../data/a10.csv', parse_dates=['date'])
# ADF Test
>>> result = adfuller(df['value'].values, autolag='AIC')
>>> print('ADF Statistic:', result[0])
>>> print('p-value:', result[1])
>>> for key, value in result[4].items():
        print('Critial Values:', key, value)
# KPSS Test
>>> result = kpss(df['value'].values, regression='c')
>>> print('\nKPSS Statistic: %f' % result[0])
vprint('p-value: %f' % result[1])
>>> for key, value in result[3].items():
        print('Critial Values:', key, value)
ADF Statistic: 3.14518568930673
p-value: 1.0
Critial Values: 1% -3.465620397124192
Critial Values: 5% -2.8770397560752436
Critial Values: 10% -2.5750324547306476

KPSS Statistic: 1.313675
p-value: 0.010000
Critial Values: 10% 0.347
Critial Values: 5% 0.463
Critial Values: 2.5% 0.574
Critial Values: 1% 0.739
```

对于 ADF 检验,其空假设是非平稳,因此只有 $p<0.05$ 时,才判断时间序列为平稳。而 KPSS 检验则是用于判断趋势的平稳性,其空假设是序列平稳,因此 $p<0.05$ 代表拒绝空假设。上面的数据显然是非平稳的,可以对其进行一阶或二阶差分后再次检验,代码如下。

```
# 一阶差分
>>> df['value_df1'] = df['value'].diff(1)
>>> result = adfuller(df['value_df1'][1:].values, autolag='AIC')
>>> print('ADF Statistic:', result[0])
>>> print('p-value:', result[1])
# 二阶差分
>>> df['value_df2'] = df['value_df1'].diff(1)
>>> result = adfuller(df['value_df2'][2:].values, autolag='AIC')
>>> print('ADF Statistic:', result[0])
>>> print('p-value:', result[1])
ADF Statistic: -2.495172147449673
p-value: 0.11665341686470398
ADF Statistic: -10.292304706517216
p-value: 3.543916358531434e-18
```

显然经过二阶差分后，基本上数据已经符合平稳性要求。上述代码中的差分由 diff() 函数完成。该函数是用来将数据进行某种移动之后与原数据进行比较得出差异数据，这一过程有两个步骤，首先会执行 df.shift()，然后再将该数据与原数据作差，即 df-df.shift()。

19.4 利用 ARIMA 模型分析家具销售

19.4.1 ARIMA 模型简介

时间序列分析中一类常用的模型就是 ARIMA 模型，其实 ARIMA 并不是一个特定的模型，而是一类模型的总称。它的 3 个参数（p,d,q）分别表示自相关（p 阶 AR 模型），d 次差分，滑动平均（q 阶 MA 模型）。在 $p=d=0$ 时，ARIMA 模型即 MA(q) 模型；在 $d=q=0$ 时，ARIMA 模型即 AR(p) 模型。

具体而言，AR 模型代表 Auto Regressive（自回归），描述当前值和历史值之间的关系。AR(p) 中的 p 表示滞后 p 阶的 AR 模型，即当前时间点与前 p 个时间点的关系。当 $p=1$ 时，表示当前时间点与前一个时间点的关系，通常可以通过偏相关函数（Partial Auto Correlation Function，PACF）图，观察判断 p 参数的选取。I 代表差分，目的是将不平稳的时间序列转化为平稳的时间序列，或弱平稳时间序列。差分的方法就是求差，如一阶差分就是时间序列 $r_1,r_2,\cdots,r_n$ 减去 $r_2,r_3,\cdots,r_{n-1}$ 来获取差值序列，利用获得的差值序列再进行差分，就是二阶差分。I(d) 中的 d 表示做多少阶的差分。而 MA 即 Moving Average，是滑动平均的意思，它描述了自回归部分的误差累计。其中 MA(q) 中的 q 表示前 q 个时间点的时间差，可以通过自相关函数（Auto Correlation Function，ACF）图，观察判断 q 参数的选取。将 AR 模型与 MA 模型结合就得到了 ARMA 模型，而 3 个模型结合就得到了 ARIMA 模型，即 ARIMA(p,d,q) 代表了 p 阶自回归滞后项，q 阶滑动平均滞后项，d 阶差分。

19.4.2 数据准备

首先查看一下待分析的数据，这是一个家具销售的数据集。利用如下代码完成数据准备，并可视化数据，如图 19.10 所示。

```
>>> df = pd.read_excel("../data/Superstore.xls")
>>> furniture = df.loc[df['Category'] == 'Furniture']
>>> cols = ['Row ID', 'Order ID',  'Ship Date', 'Ship Mode',\
        'Customer ID', 'Customer Name', 'Segment', 'Country', 'City',\
        'State','Postal Code', 'Region', 'Product ID', 'Category', \
        'Sub-Category','Product Name',  'Quantity', 'Discount',\
        'Profit']
>>> furniture.drop(cols, axis=1, inplace=True)
>>> furniture = furniture.sort_values('Order Date')
>>> furniture = furniture.groupby('Order Date')['Sales'].\
        sum().reset_index()
>>> furniture = furniture.set_index('Order Date')
>>> y = furniture['Sales'].resample('MS').mean()
>>> y.plot(figsize=(15, 6))
>>> plt.show()
```

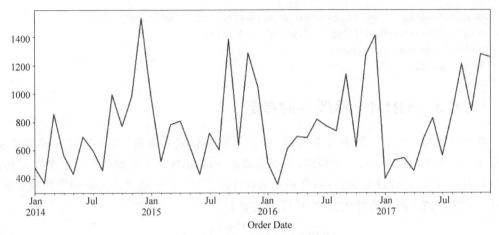

图 19.10 家具销售数据可视化

从图 19.10 可以看出,该数据存在明显的季节性特征。将该时间序列数据分解,得到图 19.11,代码如下。

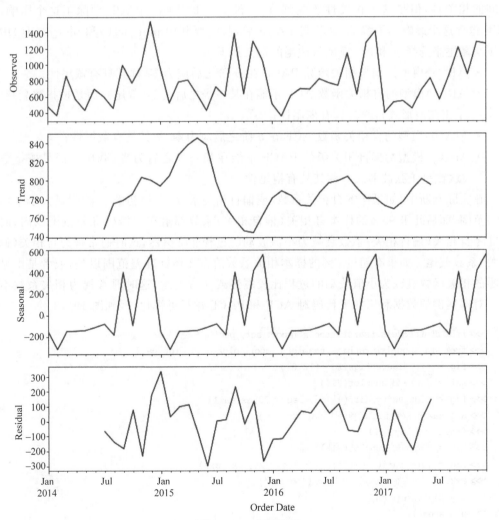

图 19.11 数据分解

```
>>> decomposition = sm.tsa.seasonal_decompose(y, model = 'additive')
>>> plt.rcParams.update({'figure.figsize': (10,10)})
>>> fig = decomposition.plot()
>>> plt.show()
```

19.4.3　ARIMA 模型中的参数

建立 ARIMA 模型一般有 3 个阶段,分别是模型识别和定阶、参数估计和模型检验。ARIMA 模型的识别问题和定阶问题,主要是确定 p,d,q 这 3 个参数。要确定参数 p 和 q,就需要用到自相关函数(ACF)与偏自相关函数(PACF)。ACF 描述的是时间序列观测值与其过去的观测值之间的线性相关性,计算公式如下。

$$\text{ACF}(k) = \rho_k = \frac{\text{Cov}(y_t, y_{t-k})}{\text{Var}(y_t)}$$

其中,k 代表滞后期数。而 PACF 描述的是在给定中间观测值的条件下,时间序列观测值预期与过去的观测值之间的线性相关性。举例说明,假设 $k=3$,那么我们描述的是 y_t 和 y_{t-3} 之间的相关性,但是这个相关性还受到 y_{t-1} 和 y_{t-2} 的影响。PACF 剔除了这个影响,而 ACF 包含这个影响。了解了 ACF 与 PACF 后,就需要利用 plot_acf() 和 plot_pacf() 中的拖尾与截尾来选择 p 和 q。拖尾与截尾的定义如下:

- AR(p) 模型的偏自相关函数 PACF 在 p 阶之后应为零,称其具有截尾性;
- AR(p) 模型的自相关函数 ACF 不能在某一步之后为零(截尾),而是按指数衰减(或呈正弦波形式),称其具有拖尾性;
- MA(q) 模型的自相关函数 ACF 在 q 阶之后应为零,称其具有截尾性;
- MA(q) 模型的偏自相关函数 PACF 不能在某一步之后为零(截尾),而是按指数衰减(或呈正弦波形式),称其具有拖尾性。

在实际判断中,如果样本自相关系数(或偏自相关系数)在最初的 d 阶明显大于 2 倍标准差范围,而后几乎 95% 的样本自相关(偏自相关)系数都落在 2 倍标准差范围以内,而且由非零自相关(偏自相关)系数衰减为小值波动的过程非常突然,这时通常视为自相关(偏自相关)系数截尾。如果有超过 5% 的样本相关系数落在 2 倍标准差范围以外,或者是由显著非零的相关函数衰减为小值波动的过程比较缓慢或非常连续,这时通常视为相关系数不截尾。对本案例的数据利用如下代码对 ACF 和 PACF 进行可视化,得到图 19.12。

```
>>> from statsmodels.tsa.stattools import acf, pacf
>>> from statsmodels.graphics.tsaplots import plot_acf, plot_pacf
>>> fig = plt.figure(figsize = (12,8))
>>> ax1 = fig.add_subplot(211)
>>> fig = plot_acf(y.diff()[1:], lags = 20, ax = ax1)
>>> ax1.xaxis.set_ticks_position('bottom')
>>> fig.tight_layout()
>>> ax2 = fig.add_subplot(212)
>>> fig = plot_pacf(y.diff()[1:], lags = 20, ax = ax2)
>>> ax2.xaxis.set_ticks_position('bottom')
>>> fig.tight_layout()
>>> plt.show()
```

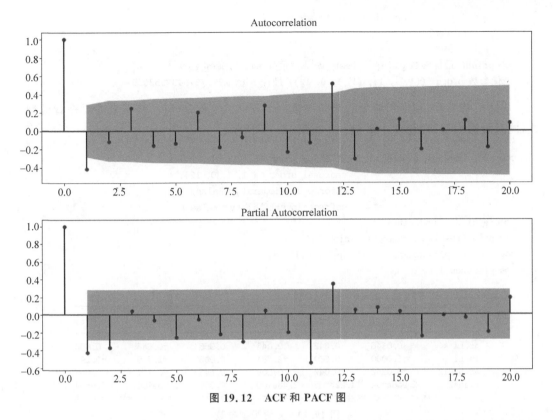

图 19.12　ACF 和 PACF 图

从图 19.12 大致可以判断 $p=1, q=1$ 可能是一个不错的选择。不过通过观察法不一定具有严谨性，这时考虑采用 AIC（Akaike Information Criterion）、BIC（Bayesian Information Criterion）等指标作为判断标准。这里以 AIC 为例，首先构建各种 p, q, d 的组合，之后通过最小 AIC 来得到最佳组合，代码如下。

```
>>> import itertools
>>> p = d = q = range(0, 2)
>>> pdq = list(itertools.product(p, d, q))
>>> seasonal_pdq = [(x[0], x[1], x[2], 12) for x in \
        list(itertools.product(p, d, q))]
>>> best_param = ()
>>> min_aic = 0
>>> for param in pdq:
        for param_seasonal in seasonal_pdq:
            try:
                mod = sm.tsa.statespace.SARIMAX(y, \
                    order = param, seasonal_order = param_seasonal, \
                    enforce_stationarity = False, \
                    enforce_invertibility = False)
                results = mod.fit()
                if min_aic == 0:
                    min_aic = results.aic
                elif results.aic < min_aic :
                    best_param = (param, param_seasonal)
```

```
                min_aic = results.aic
        except:
            continue
>>> print("最优参数 p,d,q: ",best_param,"最佳 aic:", min_aic)
最优参数 p,d,q: ((1, 1, 1), (1, 1, 0, 12)) 最佳 aic: 297.7875439553055
```

从输出结果看,基本和前面的判断一致,$p=q=1$,差分 $d=1$。接下来需要查看模型参数,同时画出模型诊断图,如图 19.13 和图 19.14 所示。

```
>>> mod = sm.tsa.statespace.SARIMAX(y, order = (1, 1, 1),
                        seasonal_order = ( 1, 1, 0, 12),
                        enforce_stationarity = False,
                        enforce_invertibility = False )
>>> results = mod.fit()
>>> print(results.summary().tables[1])
>>> results.plot_diagnostics(figsize = (16, 8))
>>> plt.show()
```

```
=====================================================================
             coef      std err        z      P>|z|    [0.025    0.975]
---------------------------------------------------------------------
ar.L1      0.0146      0.342      0.043    0.966    -0.655    0.684
ma.L1     -1.0000      0.360     -2.781    0.005    -1.705   -0.295
ar.S.L12  -0.0253      0.042     -0.609    0.543    -0.107    0.056
sigma2    2.958e+04   1.22e-05   2.43e+09  0.000    2.96e+04  2.96e+04
=====================================================================
```

图 19.13　查看模型参数

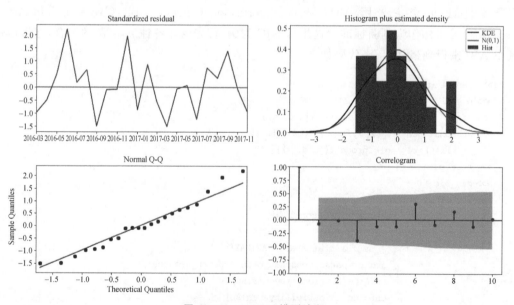

图 19.14　ARIMA 模型诊断

从输出结果来看,模型虽然不够完美,但是残差(Residuals)基本还是符合正态分布的。假设选用此模型,接下来就可以利用它来进行预测了。例如,如下代码完成了 2017 年 1 月

1日后的销售数据的预测,其可视化结果如图19.15所示。

```
>>> pred = results.get_prediction(start = \
        pd.to_datetime('2017 - 01 - 01'),dynamic = False)
>>> pred_ci = pred.conf_int()
>>> ax = y['2014':].plot(label = '实际值')
>>> pred.predicted_mean.plot(ax = ax, label = '预测值',alpha = .7,\
        figsize = (14, 7))
>>> ax.fill_between(pred_ci.index, pred_ci.iloc[:, 0],\
        pred_ci.iloc[:, 1], color = 'k', alpha = .2)
>>> ax.set_xlabel('日期')
>>> ax.set_ylabel('家具销售')
>>> plt.legend()
>>> plt.show()
```

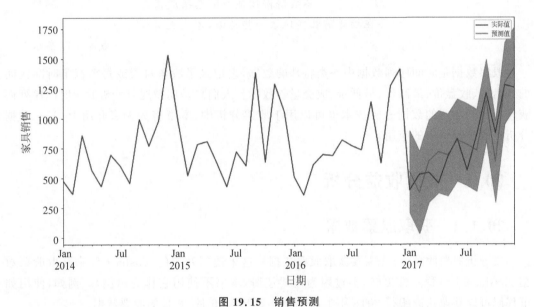

图 19.15　销售预测

从预测结果来看,我们对后一时间周期数据的预测结果还是比较不错的。

19.5　留给读者的思考

时间序列分析是一门专门的学科,本章只是给出了几个简单的示例。这里向读者推荐两本书进行更系统的学习。第一本是 Ruey S. Tsay 的《金融时间序列分析》,这是一本关于金融时间序列分析的经典书籍。第二本是 Springer 出版社的 *Time Series Analysis With Applications in R*,书中提供了大量基于 R 语言的示例。

第 20 章 股票数据分析

CHAPTER 20

> 不要懵懵懂懂地随意买股票，
> 要在投资前扎实地做一些功课，才能成功。
> ——威廉·欧奈尔

股票数据是时间序列数据中一类特殊的数据，它记录了股票每天或每个特定时间区间的开盘价、收盘价、最高价、最低价、成交量等数据。人们总是期望通过分析股票时间序列而获利。我们学习的数据分析技术也可以用于股票分析中，本章将为大家介绍 Python 数据分析在股票投资中的应用。

20.1 股票收益分析

20.1.1 获取股票数据

要分析股票收益，首先需要获取股票数据。这里使用开源的 Tushare 库来获取股票数据（Tushare Pro 稳定性更好，不过因为需要注册，本书不使用它作为示例）。例如，使用如下代码可以获取招商银行 2018 年 1 月 1 日至 2019 年 6 月 30 日的股票数据。

```
>>> import pandas as pd
>>> import numpy as np
>>> import matplotlib.pyplot as plt
>>> import matplotlib as mpl
>>> import seaborn as sns
>>> import datetime
>>> from datetime import datetime,date
>>> import tushare as ts
>>> pd.set_option('display.max_columns', 10)
>>> pd.set_option('display.max_rows', 10)
>>> %matplotlib inline
#招商银行
>>> zsyh = ts.get_hist_data('600036',start = '2018-01-01',\
        end = '2019-06-30')
>>> zsyh.sort_index(inplace = True)
```

其中，ts.get_hist_data() 函数用来获取指定股票的数据，而 zsyh.sort_index(inplace =

True)则将数据按照时间顺序进行排列。获取了股票数据后,可以对其收盘价可视化,如图20.1所示。

```
>>> plt.figure(figsize = (8,6))
>>> zsyh['close'].plot()
```

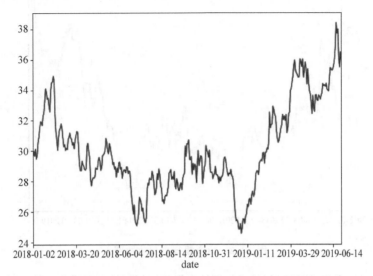

图20.1 招商银行收盘价可视化

20.1.2 计算每日收益

相对于股价,投资者更关心的是股票的每日收益率,因此我们需要用当日收盘价减去前一日收盘价来进行计算,代码如下。

```
>>> zsyh_pc = round((zsyh['close']/ zsyh['close'].shift(1) - 1),4)
>>> zsyh_pc.head()
```

上述代码中shift(1)将数据后移,因此zsyh['close']/ zsyh['close'].shift(1)得到的就是当日收盘价与昨日收盘价的比值,减去1后就得到了每天的涨跌幅。不过Pandas中其实已经提供了收益计算函数pct_change(),利用如下代码可以得到与前面一样的结果。

```
>>> zsyh['pct'] = zsyh['close'].pct_change()
```

相对于每日收益,长期投资者可能更关心累积收益率,此时可以用如下代码进行计算。

```
>>> cum_daily_return = (1 + zsyh['pct']).cumprod()
>>> cum_daily_return.head()
date
2018 - 01 - 02    1.000000
2018 - 01 - 03    1.011812
2018 - 01 - 04    1.001350
2018 - 01 - 05    1.016537
2018 - 01 - 08    0.994938
Name: pct, dtype: float64
```

cumprod()函数完成了累积的工作,最后将上面的数据可视化,得到图20.2。

```
>>> cum_daily_return.plot(figsize = (8,6))
```

图 20.2　招商银行累积收益图

从图20.2可以看出,这段时间如果长期持有招商银行还是有不错收益的,达到了20%左右。

20.1.3　多只股票收益比较

采用类似的方法,可以对多只股票的收益进行比较,首先来获取股票数据,代码如下。

```
#招商银行
>>> zsyh = ts.get_hist_data('600036',start = '2018 - 01 - 01',\
        end = '2019 - 06 - 30')
#贵州茅台
>>> gzmt = ts.get_hist_data('600519',start = '2018 - 01 - 01',\
        end = '2019 - 06 - 30')
#上海汽车
>>> shqc = ts.get_hist_data('600104',start = '2018 - 01 - 01',\
        end = '2019 - 06 - 30')
#中国平安
>>> zgpa = ts.get_hist_data('601318',start = '2018 - 01 - 01',\
        end = '2019 - 06 - 30')
#中信证券
>>> zxzq = ts.get_hist_data('600030',start = '2018 - 01 - 01',\
        end = '2019 - 06 - 30')
#保利地产
>>> bldc = ts.get_hist_data('600048',start = '2018 - 01 - 01',\
        end = '2019 - 06 - 30')
```

接下来将以上股票的收盘价合并到一个新的DataFrame中,如图20.3所示。

```
>>> zsyh['id'] = "招商银行"
>>> gzmt['id'] = "贵州茅台"
>>> zgpa['id'] = "中国平安"
```

```
>>> bldc['id'] = "保利地产"
>>> zxzq['id'] = "中信证券"
>>> shqc['id'] = "上海汽车"
>>> stocks = stocks.append([gzmt[['id','close']],zxzq[['id','close']],\
                           shqc[['id','close']],bldc[['id','close']],\
                           zgpa[['id','close']]],sort = True)
>>> stocks = stocks.reset_index()
>>> stocks_c = stocks.pivot("date","id","close")
>>> stocks_c.head()
```

id date	上海汽车	中信证券	中国平安	保利地产	招商银行	贵州茅台
2018-01-02	31.77	18.45	72.62	14.61	29.63	704.00
2018-01-03	31.55	18.63	71.00	14.50	29.98	715.70
2018-01-04	31.60	18.68	71.19	14.50	29.67	737.02
2018-01-05	31.93	18.88	70.86	15.29	30.12	738.50
2018-01-08	32.41	19.57	69.98	15.60	29.48	752.02

图 20.3 多只股票数据

最后，将多只股票收益率可视化，如图 20.4 所示，可以看出贵州茅台、招商银行、中国平安、中信证券在这一年多里有不错的收益，而保利地产和上海汽车则是负收益。

```
>>> stocks_pct = stocks_c.pct_change()
>>> stocks_pct.fillna(0, inplace = True)
>>> cum_daily_return = (1 + stocks_pct).cumprod()
>>> cum_daily_return.plot(figsize = (8,6))
```

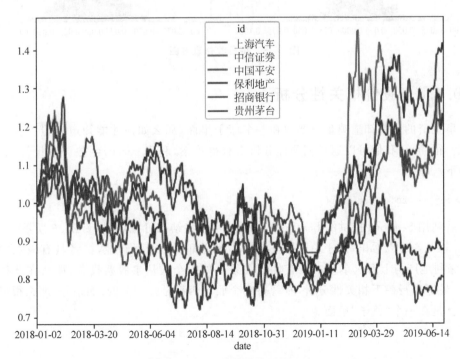

图 20.4 多只股票收益率对比

尽管股票累积收益各有不同,如果观察图 20.5 所示的每日收益,就会发现各只股票的每日收益基本都符合均值为 0 的正态分布。某种意义上,这也说明了股价每日涨跌大多数情况下其实是随机的。

```
>>> stocks_pct.hist(bins = 20, sharex = True, figsize = (12,8));
```

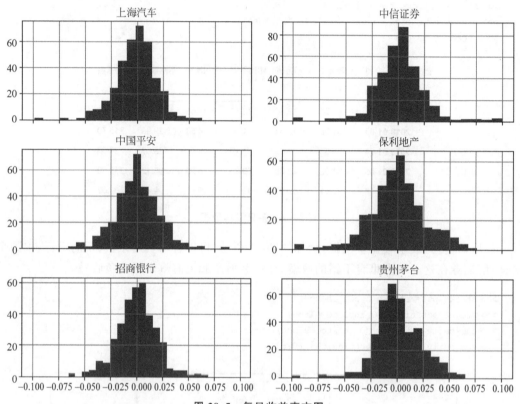

图 20.5　每日收益直方图

20.1.4　股价相关性分析

从事投资的人都知道鸡蛋不要放在一个篮子里面,那么如何才能知道鸡蛋不在一个篮子里呢?很简单,我们可以通过相关性分析来获得答案,利用 corr() 函数可以计算相关性,代码如下。

```
>>> corrs = stocks_pct.corr()
```

之后利用 Seaborn 提供的 heatmap() 函数,可以将结果可视化,如图 20.6 所示。

从图 20.6 可以看出,由于中国平安与招商银行都属于金融行业,二者具有极强的相关性;而保利地产与上海汽车基本没有什么关系。如果个人从事股票投资,那么在选择好了股票后,最好进行一下相关性分析,看看持仓个股是否都是强相关的,如果是,那么很可能你的投资就是在一个"篮子"里面。

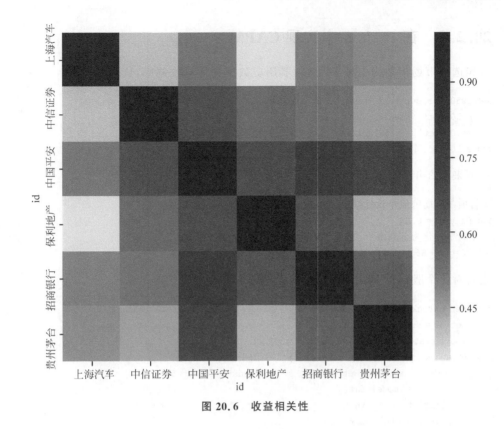

图 20.6 收益相关性

20.2 CAPM 资产定价模型选股

20.2.1 CAPM 公式

资本资产定价模型（Capital Asset Pricing Model，CAPM）是由美国学者 William Sharpe、John Lintner、Jack Treynor 和 Jan Mossin 等人于 1964 年在资产组合理论和资本市场理论的基础上发展起来的，主要研究证券市场中资产的预期收益率与风险资产之间的关系，以及均衡价格是如何形成的，是现代金融市场价格理论的支柱，广泛应用于投资决策和公司理财领域。下面让我们来看看 CAPM 在个人投资中的应用。CAPM 的公式定义如下：

$$R_i - R_f = \alpha + \beta(R_m - R_f) + \varepsilon$$

其中，R_i 代表个股；R_f 代表无风险资产，通常使用银行存款或国债年化收益率代替；R_m 代表市场指数收益率，即大盘收益率。在 CAPM 模型中，假设 α 服从正态分布，并且所有资产的 α 应该为 0 或接近于 0，如果有显著偏差，说明个股有异常收益。而 $\beta=1$ 代表个股收益与大盘的收益波动一致，$\beta<1$ 则说明个股波动程度小于大盘，$\beta>1$ 则说明个股波动程度大于大盘。如果某只股票的 $\alpha>1$，而 $\beta<1$，显然这种股票就是投资者想要的股票。

20.2.2　在 Python 中实现 CAPM

首先选定市场指数为上证 50，获取其历史数据并计算收益率，代码如下。

```
>>> sz50 = ts.get_hist_data('sz50', start = '2018 - 01 - 01', end = '2019 - 06 - 30')
>>> sz50.sort_index(inplace = True)
>>> sz50['pct'] = sz50['close'].pct_change()
>>> sz50['pct'].fillna(0, inplace = True)
```

接下来以 3 年期国债年化收益率作为无风险利率，计算 R_f，代码如下。

```
#目前 3 年期国债年化收益率大约为 4%
>>> Rf_year = 0.04
#年利率转化为日利率
>>> Rf = (1 + Rf_year) ** (1/365) - 1
```

之后对比个股以及 50 指数的收益，代码如下。

```
>>> ERet = stocks_pct - Rf
>>> ERet_50 = sz50['pct'] - Rf
>>> import statsmodels.api as sm
>>> for stock in ['中信证券','招商银行','中国平安','保利地产']:
        model = sm.OLS(ERet[stock], sm.add_constant(ERet_50))
        result = model.fit()
        print(stock + '\n')
        print(result.summary())
        print('\n')
```

实际上 CAPM 公式就是一个线性回归问题，因此上述代码直接使用了最小二乘法来求解，利用 statsmodels 中的 OLS()函数来完成。从输出结果来看，保利地产的截距为负，说明 $α<0$，也就是其收益弱于上证 50，同时其 $β=1.3468$，说明波动大于指数。很显然投资者应该避免投资保利地产。剩下的 3 只个股的 $α>0$，说明收益强于指数，同时招商银行的波动又最小，投资者可能会考虑买入招商银行股票。

20.3　留给读者的思考

前面在分析多只股票收益时，书中的代码存在大量重复，读者可以考虑写一个函数来完成这一功能。另外，对于股票数据分析，除了本章提到的方法，读者还可以尝试自己构建移动平均线来验证交易策略。读者也可以试试流行的深度学习方法，用长短期记忆网络（Long Short Term Memory，LSTM）来预测股价，或者对股票进行聚类分析，用数据分析来寻找价值低估股、财报造假股等。最后衷心希望读者能学以致用！

第 21 章 大规模数据处理

CHAPTER 21

> 海纳百川，有容乃大；
> 壁立千仞，无欲则刚。
>
> ——林则徐

人类是数据的创造者和使用者，自结绳记事起，数据就已慢慢产生。随着计算机和互联网的广泛应用，人类产生、创造的数据量呈爆炸式增长。中国已成为全球数据总量最大，数据类型最丰富的国家之一。仿佛一夜之间，所有人都开始讨论大数据了，企业都在讨论 Hadoop、Hive、MapReduce 等。那么面对大规模数据时，我们使用 Pandas 能处理吗？本章将讨论利用 Pandas 处理大规模数据的一些方法。

21.1 不同规模数据处理工具的选择

不知道为什么，个人感觉我们做事总是一窝蜂而上。突然之间，所有人都在讨论大数据；之后大家又言必称机器学习、人工智能、深度学习；再后来，各个企业都说自己在做区块链。对于 Pandas 也一样，许多人还没有将其研究透，就觉得 Pandas 无法处理大规模数据，应该学习一个新的工具了。很多企业在没有相应技术储备，同时自己数据量并不大时，盲目追求大，反而是一种灾难。以下是作者在不同规模数据处理上的一些经验，供读者在选择数据处理工具时参考。

- 如果数据大小只有几十兆字节（MB），也许用 Excel、Pandas 就是不错的选择。
- 如果数据达到了几十兆字节（MB）到几吉字节（GB），此时 Pandas 或数据库都是不错的选择，Pandas 相比数据库有时还更具灵活性与高效性。
- 如果数据规模从几吉字节（GB）到几十吉字节（GB），此时 Pandas 和数据库都能胜任。如果选择采用 Pandas 处理这些数据，可以提前考虑进行数据类型转换，或者使用下一节提到的方法。作者曾经用自己的一台 16GB 内存的笔记本电脑，对一个 20GB 的数据文件进行分析，处理起来毫无压力。
- 如果数据已经超过了几百吉字节（GB），进入 TB 级，此时开始考虑采用大数据系统无疑是不错的选择。

为了给大家一个更直观的判断，我们再举一个例子。假设有一数据集，一共有 20 列，每列需要 40B 来存储（极端假设所有 UTF-8 编码的中文字符都需要 4B），那么存储一行数据需要 800B，存储 100 万行数据需要 760MB 左右，存储 1000 万行不到 8GB。读者据此可以判断，有多少情况下需要处理的数据是超过了这个规模的。

21.2 利用 Pandas 处理大规模数据

21.2.1 文件分块读入

由于 Pandas 是首先将数据文件读入到内存中再进行分析，于是很多人就认为内存大小决定了能处理的数据的大小。其实我们可以对此进行变通，如将文件分块读入进行处理。

```
>>> csv_file = '../data/gapminder-FiveYearData.csv'
>>> chunksize = 500
>>> for gm_chunk in pd.read_csv(csv_file, chunksize = chunksize):
        print(gm_chunk.shape)
(500, 6)
(500, 6)
(500, 6)
(204, 6)
```

上述代码就将文件分块读入到 gm_chunk 中，此时我们可以对每个块单独进行数据过滤，之后再合并进行处理。

21.2.2 使用数据库

对于数据文件超过内存，除了使用 Pandas 分块读入分析的方法，还可以考虑与数据库结合来应对文件大小超过系统内存的情况。如下代码先建立了一个数据库 csv_database.db，这里为了简单，使用的是 SQLite，对于 MySQL、PostgreSQL，方法也是一样。之后利用 pd.read_csv() 函数提供的分块读取文件的功能，每次读取一部分数据。最后我们将其以 append 的方式添加到了数据库的 service 表中。

```
>>> import pandas as pd
>>> from sqlalchemy import create_engine
>>> csv_database = create_engine(r'sqlite:///d:/data-ana-book/data/csv_database.db')
>>> file = '../data/311-service-requests.csv'
>>> chunksize = 100000
>>> i = 0
>>> j = 1
>>> for df in pd.read_csv(file, chunksize = chunksize, \
            iterator = True, low_memory = False):
        df = df.rename(columns = {c: c.replace(' ', '') for c in df.columns})
        df.index += j
        i += 1
        df.to_sql('service', csv_database, if_exists = 'append')
        j = df.index[-1] + 1
```

将数据放到数据库中后，就可以利用 pd.read_sql_query() 函数来执行各种 SQL 语句，选择特定数据来进行分析。例如，如下代码从数据库中将 Descriptor = "Loud Talking" 的数据筛选了出来。

```
>>> df = pd.read_sql_query('SELECT Descriptor,\
        ComplaintType FROM service where \
        Descriptor = "Loud Talking" ', csv_database)
    Descriptor      ComplaintType
0   Loud Talking    Noise - Street/Sidewalk
1   Loud Talking    Noise - Commercial
2   Loud Talking    Noise - Street/Sidewalk
3   Loud Talking    Noise - Street/Sidewalk
4   Loud Talking    Noise - Park
```

21.2.3 使用 DASK

DASK 是一款用于分析计算的灵活并行计算库，在进行大规模的数据分析时，本机内存往往不够，同时又不想使用 Spark 等大数据工具的话，DASK 是一个不错的替代选择。通常 DASK 有两种应用场景，一种是利用 dask.array、dask.dataframe 等来分析大型数据集，这与数据库、Spark 等类似；另一种应用场景就是自定义任务计划，这与 Luigi、Airflow、Celery 和 Makefiles 类似。

本书将介绍第一种应用场景，由于 DASK 的 API 使用和 Pandas 很相似，对于从 Pandas 数据分析过渡来的用户使用起来非常方便。下面同样以刚才的数据为例，演示一下如何使用 DASK 来处理大规模数据。首先导入 DASK 库，使用 read_csv() 函数读入文件。

```
>>> import dask.dataframe as dd
>>> df = dd.read_csv('../data/311-service-requests.csv', dtype = 'str')
```

与 Pandas 不同的是，此时数据文件并不会读入到内存，同样地，我们可以用 head() 函数查看数据的前几行，如图 21.1 所示。

```
>>> df.head(2)
```

	Unique Key	Created Date	Closed Date	Agency	Agency Name	...	Ferry Direction	Ferry Terminal Name	Latitude	Longitude	Location
0	26589651	10/31/2013 02:08:41 AM	NaN	NYPD	New York City Police Department	...	NaN	NaN	40.70827532593202	-73.79160395779721	(40.70827532593202, -73.79160395779721)
1	26593698	10/31/2013 02:01:04 AM	NaN	NYPD	New York City Police Department	...	NaN	NaN	40.721040535628305	-73.90945306791765	(40.721040535628305, -73.90945306791765)

2 rows × 52 columns

图 21.1　查看前两行数据

还可以使用 Pandas 中类似的方式过滤数据并统计，代码如下。

```
>>> radiator_df = df[df['Descriptor'] == 'RADIATOR']
>>> radiator_df['Descriptor'].count()
dd.Scalar < series - ..., dtype = int32 >
```

不过此时你会发现 DASK 采用了与 MapReduce/Spark 一样的方法，只有最后计算时才会输出结果，前面的 count() 函数只会在系统标记，因此需要调用 compute() 函数才会触发最后的计算。

```
>>> radiator_df.compute()
```

只有触发了计算才会得到最终的结果。读者如果对 DASK 感兴趣，可以访问网站 https://dask.org/ 了解更多关于 DASK 的使用方法。

21.3 其他可选方法

除了上面提到的方法，Python 还可以利用如下方法来处理大规模数据。
- 使用 Pytables，详见 http://www.pytables.org。
- 使用 HDF(Hierarchical Data Format)格式文件。
- 对读入的数据预先指定数据类型来降低内存占用。
- 使用 Koalas 在 Spark 上扩展 Pandas 代码，数据科学家可以从单个机器迁移到分布式环境，而无须学习新的框架。

21.4 留给读者的思考

没试过，你永远不知道自己的极限在哪里！应用工具也是如此，与其频繁变换新工具，不如将一个工具研究透彻。对一个工具或一门开发语言，我们开始学习时是看山是山，但是随着学习的深入，会发现看山不是山。最后当我们跳出这一工具，开始学习其他工具时，会发现看山还是山。

图书资源支持

感谢您一直以来对清华大学出版社图书的支持和爱护。为了配合本书的使用，本书提供配套的资源，有需求的读者请扫描下方的"书圈"微信公众号二维码，在图书专区下载，也可以拨打电话或发送电子邮件咨询。

如果您在使用本书的过程中遇到了什么问题，或者有相关图书出版计划，也请您发邮件告诉我们，以便我们更好地为您服务。

我们的联系方式：

地　　址：北京市海淀区双清路学研大厦 A 座 701

邮　　编：100084

电　　话：010-83470236　010-83470237

资源下载：http://www.tup.com.cn

客服邮箱：tupjsj@vip.163.com

QQ：2301891038（请写明您的单位和姓名）

用微信扫一扫右边的二维码，即可关注清华大学出版社公众号。

教学资源·教学样书·新书信息

人工智能科学与技术
人工智能|电子通信|自动控制

资料下载·样书申请

书圈